本源量子系列

量子计算与编程入门

Introduction to Quantum Computing and Programming

郭国平　陈昭昀　郭光灿　著

科 学 出 版 社

北 京

内 容 简 介

本书是关于量子计算与编程入门的专业书籍，书中详细介绍了量子计算的背景知识、基础概念、实现的硬件基础和一些重要量子算法的编程。全书共 5 章，主要内容包括：背景知识、量子计算基础、量子计算机硬件基础、量子算法与编程、量子计算前沿话题，书末附有量子计算数学基础、量子编程工具的安装与配置、量子化学工具的安装与使用。

本书可作为量子计算与编程的入门书籍，供量子计算爱好者学习和了解未来科技发展方向；亦可作为量子计算入门课程的教程或参考书，供研究生、教师和科研人员阅读参考。

图书在版编目(CIP)数据

量子计算与编程入门/郭国平，陈昭昀，郭光灿著. —北京：科学出版社，2020.5

ISBN 978-7-03-064990-4

Ⅰ.①量… Ⅱ.①郭… ②陈… ③郭… Ⅲ.①量子计算机 Ⅳ.①TP385

中国版本图书馆 CIP 数据核字 (2020) 第 072251 号

责任编辑：周　涵/责任校对：杨　然
责任印制：赵　博/封面设计：无极书装

科 学 出 版 社 出版
北京东黄城根北街 16 号
邮政编码：100717
http://www.sciencep.com

涿州市般润文化传播有限公司印刷
科学出版社发行　各地新华书店经销
*

2020 年 5 月第 一 版　开本：720×1000　B5
2025 年 2 月第四次印刷　印张：24　1/4
字数：489 000
定价：198.00 元
(如有印装质量问题，我社负责调换)

序

当传统计算模式趋近瓶颈时,下一代计算模式的重大变革也即将到来。"在不久的将来,量子计算可以改变世界"已经成为了共识。

在加拿大量子计算公司 D-Wave 的一份官方资料中,公司 CTO 乔迪·罗斯 (Geordie Rose) 认为量子计算可以撬动制药、化工、生物科技 3 个总价值 3.1 万亿美元的市场。

一些大公司和政府已经开始将量子计算研究视为一场竞赛。谷歌、IBM、英特尔和微软都在持续扩大他们的量子计算研究团队,国内阿里巴巴、百度、本源量子等一批企业也在飞速成长中。

合肥本源量子计算科技有限责任公司 (以下简称本源量子) 作为从中国科学院量子信息重点实验室孵化出来的企业,是国内量子计算技术领域的先行者。

创始人郭国平教授在实用化量子计算领域取得了多个重要成果,所带领的研究团队人才济济,研究方向覆盖固态量子芯片研究、量子测控仪器仪表研制、量子语言和量子算法。

这本《量子计算与编程入门》教材正是由这支具有深厚技术背景的研究团队精心编写。

作者们从量子计算发展的源头,详细介绍了这一令世界各国都在"倾力一搏"的科技,同时也通过书中对于量子计算机结构及量子计算编程技术的详细阐释,描绘出当前量子计算的发展现状和未来图景。

最让我感到惊喜的是,这本书中量子计算前沿话题部分,深入浅出地介绍了利用 QPanda 测试量子系统噪声、量子机器学习与量子神经网络、使用单振幅和部分振幅量子虚拟机、将量子程序编译到不同的量子芯片上四种有趣的研究话题。

量子计算研究发轫几十年来,国内出版了一些量子计算相关的书籍,随着时间的推移和前沿技术的发展,这些书籍的内容也亟待调整和更新。

本源量子最新推出的这本《量子计算与编程入门》,从学科知识架构、基础理论讲解、编程实例引用、前沿话题介绍等方面都为后续的教材编写做了很好的示范。

最后，我也衷心地希望本源研发团队后续能推出更多量子计算教材，为国内有志于量子计算学习的读者们提供更多选择。

陈国良

中国科学院院士、南京邮电大学教授

2019 年 8 月

前　言

自量子计算研究受到广泛关注的几十年来，国内出版了一些与之相关的书籍，但内容较为单薄，涵盖内容并不全面，与当前量子计算行业真实的技术发展状况尚有一段距离，并不能给目标读者带来较高的阅读与学习价值。

在量子计算研究进入发展快车道之际，集聚力量，重新编写出一套体系完整、内容全面、能够为新时期量子计算人才培养服务的专业教材，无论是从当前还是从未来来看，都是一件具有积极意义的工作。

作为本源量子教材编写出版计划的第一本教材，书中对于量子计算的背景知识、量子计算基础、量子计算机硬件基础、量子算法与编程、量子计算前沿话题等都进行了清晰介绍。

第 1 章背景知识，主要介绍了量子计算的发展现状以及量子力学的发展历史，通过了解量子计算的基本概念和量子计算软件，对量子计算入门起到导引作用。

第 2 章量子计算基础，从量子系统、观测量和计算基下的测量、复合系统与联合测量等量子计算基础理论的讲解，逐步带你进入量子计算世界。本章还介绍了量子逻辑门、量子线路、量子计算的 if 和 while 等内容。

第 3 章量子计算机硬件基础，主要解析本源量子基于量子计算研发的各种硬件产品。学完本章你将了解量子计算信号传输的重要性、量子计算控制系统的不可或缺性及量子计算芯片的基本情况。

第 4 章量子算法与编程，深入介绍了量子算法的基础知识及运用。内容涵盖量子算法简介、量子-经典混合算法、几种主流的量子算法及本源自主研发的量子语言 QRunes 和量子编程软件 QPanda 2。

第 5 章量子计算前沿话题，包括利用 QPanda 测试量子系统噪声、量子机器学习与量子神经网络、使用单振幅和部分振幅量子虚拟机、将量子程序编译到不同的量子芯片上等行业前沿知识。

在附录中，著者收录了学习量子计算所需的基础数学内容和本源量子编程工具的安装与配置方法，期望为读者们学习量子计算与编程提供更多参考。

尽管量子计算时代何时真正开始，还存在着所谓类似叠加的不确定性，但必须承认，量子计算技术产生的成果正越来越多地应用到我们的生活之中。

本源量子联合创始人郭光灿院士说："要成为科学强国不是一代人的事，必须要有传承，这离不开量子信息人才的教育和培养。"希望本套教材的问世，能为量子计算教育事业的发展，为量子计算人才的培养，做出应有的贡献。

著　者

2019 年 8 月

目 录

第1章

背景知识

1.1 三问量子计算

1.1.1 什么是量子计算

量子计算是一种遵循量子力学规律调控量子信息单元进行计算的新型计算模式。在理解量子计算的概念时，通常将它和经典计算相比较。如图 1.1.1 所示，经典计算使用二进制的数字电子方式进行运算，而二进制总是处于 0 或 1 的确定状态。量子计算和现有的计算模式完全不同，它借助量子力学的叠加特性，能够实现计算状态的叠加，它不仅包含 0 和 1，还包含 0 和 1 同时存在的叠加态 (superposition)。

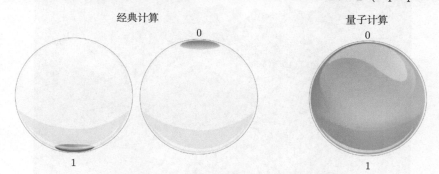

图 1.1.1 经典计算与量子计算的区别

普通计算机中的 2 位寄存器在某一时间仅能存储 4 个二进制数 (00、01、10、11) 中的一个，而量子计算机中的 2 位量子比特 (quantum bit，简记为 qubit) 寄存器可同时存储这四种状态的叠加状态。随着量子比特数目的递增，对于 n 个量子比特而言，量子信息可以处于 2 种可能状态的叠加，配合量子力学演化的并行性，可以展现比传统计算机更快的处理速度；加上量子纠缠 (entanglement) 等特性，理论上，量子计算机相较于当前使用最强算法的经典计算机，在一些具体问题上，有更快的处理速度和更强的处理能力。

1.1.2 为什么我们需要量子计算

根据摩尔定律，集成电路上可容纳的晶体管数目每隔 18 ～ 24 个月增加一倍，性能也相应增加一倍。例如，当前智能手机的 CPU 芯片，业内已经能够达到 5nm 的工艺节点，但是随着芯片元件集成度的不断提高，芯片内部单位体积内散热也相应增加，再由于现有材料散热速度优先，就会因 "热耗效应" 产生计算上限；另外，元器件尺寸的不断缩小，在纳米甚至更小尺度下经典计算世界的物理规律将不再适用，产生 "尺寸效应"。受到来自这两个方面的阻碍，再加之信息化社会的计算数据每日都在海量剧增，人类必须另觅他途，寻找新的计算方式，而量子计算可能是一个答案 (图 1.1.2)。

图 1.1.2　寻找新的计算方式

　　量子计算的基本思想是利用量子力学的规则和思想来处理问题和信息，遵循这样的思维导向可以轻易了解到量子计算的优势所在。在传统的计算机中，每当输入对应数量的信息，计算机即会相应地输出对应的数据；而如今将量子力学应用在计算机硬件设备中并且输入信息，就不仅是有序提供一些输入和读出数据那么简单，利用量子叠加态定律可实现一键式处理多个输入的强并行性；与传统的程序相比，这是一个指数级的加速和飞跃。除了理论意义上的计算速度的增长，量子计算还具有在不同领域发挥作用的现实可能性。

　　1. 大数据检索

　　在当前的大数据和人工智能时代，量子计算可以解决海量的数据检索问题，以及当前令人束手无策的物流优化问题，实现成本节省和减少碳排放等。在海量信息充斥和庞杂的时代，强大的数据分析和梳理工具无疑对人们的生活和工作有着很大帮助 (图 1.1.3)。

图 1.1.3　大数据检索

　　2. 量子模拟

　　在量子模拟方面，特别是生化制药中，量子模拟有望利用相应的量子算法在更长的时间范围内准确地进行分子模拟，从而实现当前技术水平无法做到的精确建模，这有助于加速寻找能够挽救生命的新型药物，并显著地缩短药物的开发周期。

在这方面的一个领域特别有希望,模拟化学刺激对大量亚原子粒子的影响,称为量子化学 (图 1.1.4)。

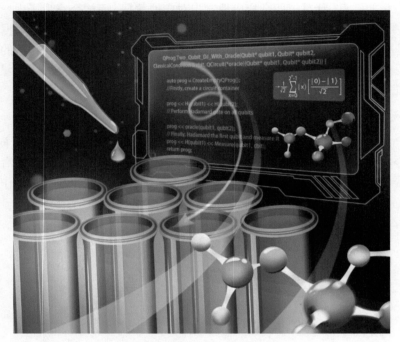

图 1.1.4　量子化学

量子计算机可以帮助加快对比不同药物对一系列疾病的相互作用和影响的过程,来确定最佳药物。此外,量子计算还可以带来真正的个性化医疗,利用基因组学的先进技术为每个病人量身定制治疗计划;基因组测序产生了大量的数据,整条DNA 链的表达需要强大的计算能力和存储容量。一些公司正在迅速减少人类基因组测序所需的成本和资源。从理论上来说,量子计算机将使基因组测序更加高效,更容易在全球范围内扩展。

利用量子计算机,还能够分析全世界范围内的 DNA 数据模式,以便在更深层次上了解基因组成,并有可能发现以前未知的疾病模式。

3. 金融服务

金融分析师工作中通常依赖由市场和投资组合表现的概率和假设组成的算法。量子计算可以帮助消除数据盲点,防止毫无根据的金融假设造成损失。

具体来说,量子计算影响金融服务行业的方式是解决复杂的优化问题,如投资组合风险优化和欺诈检测。量子计算可以更好地确定有吸引力的投资组合，因为有成千上万的资产具有相互关联的依赖性，并且可以更有效地识别关键的欺诈模式 (图 1.1.5)。

图 1.1.5　金融服务

4. 人工智能

在人工智能方面，量子计算能有效提高机器学习的深度和速度，突破人工智能发展的瓶颈。量子机器学习可以帮助人工智能以类似人类的方式，更有效地执行复杂的任务，例如，使人形机器人能够在不可预知的情况下实时做出优化决策。在量子计算机上训练人工智能可以提高计算机视觉识别、模式识别、语音识别、机器翻译等性能 (图 1.1.6)。

5. 现代农业

量子计算机可以更有效地制造肥料。几乎所有的肥料都是由氨制成，提高生产氨 (或替代物) 的能力则意味着更便宜、更低能耗的肥料；高质量的肥料将有利于环境，并有助于养活地球上不断增长的人口；但由于催化剂组合数量是无限的，所以在改进制造或替代氨的工艺方面进展甚微 (图 1.1.7)。

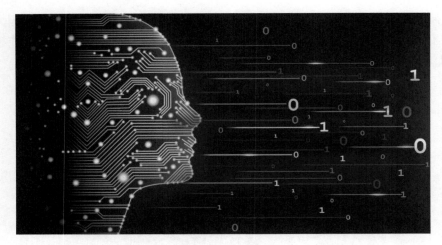

图 1.1.6　人工智能

图 1.1.7　现代农业

　　从本质上讲，如果没有 1900 年代被称为 Haber-Bosch Process 的工业技术，则无法人工模拟这一过程，因为它需要极高的热量和压力将氮、氢和铁转化成氨。如果用今天的超级计算机进行数字化测试，找出合适的催化剂组合来制造氨，那么则需要几个世纪的时间；但是，量子计算机能够快速分析化学催化过程，并提出最佳的催化剂组合来产生氨。

6. 云计算

量子云计算正在成为富有前景的领域 (图 1.1.8)。量子云平台可以简化编程,并提供对量子计算机的低成本访问。IBM、谷歌和阿里巴巴在内的大公司均在部署量子云计算项目,本源量子的云平台早在 2017 年就已上线,不断迭代更新的强大功能为量子编程和量子计算提供了全新的视角和可能性。

图 1.1.8　量子云计算

7. 网络安全

量子计算机可以用来破解保护敏感数据和电子通信安全的密码,同时,量子计算机也可以用来保护数据免受量子黑客攻击,这需要一种被称为量子加密的技术 (图 1.1.9)。量子加密是一种将纠缠光子 (entangled photons) 通过量子密钥分配 (QKD) 进行远距离传输的想法,目的是保护敏感的通信。最重要的一点是,如果量子加密通信被人截获,加密方案将立即显示中断迹象,并显示通信不安全。这依赖于测量量子系统的行为会破坏系统的原理,被称为 "测量效应"。

随着量子计算资源成本的下降以及量子基础知识的普及,更多的相关行业者将会出现,量子计算将会在各个行业中有越来越多的应用,特别是在那些传统计算机效率低下的领域,量子计算机的作用将会愈发明显。

图 1.1.9   量子加密

1.1.3   什么样的机构参与量子计算的研发

近年来，世界各个科技强国都高度重视量子计算研究，纷纷发布自己的量子信息科技战略，企图抢占下一轮科技发展的制高点，争取早日实现 "量子霸权"。其中，D-Wave、谷歌、IBM、Rigetti Computing、1Qbit 等都是研发量子计算的世界领军机构 (图 1.1.10)。

1. D-Wave

D-Wave Systems，总部位于加拿大，致力于量子计算机的研发和探索。于 2011 年 5 月 11 日正式发布了全球第一款商用型量子计算机 "D-Wave One"。该机器采用了 128-qubit(量子比特) 的处理器，理论运算速度已经远远超越现有任何超级电子计算机，不过严格来说，这还算不上真正意义的通用量子计算机，只是借助一些量子力学方法解决特殊问题的机器。通用任务方面还远不是传统硅处理器的对手，而且编程方面也需要重新学习，此外，为尽可能降低量子比特的能级，需要利用低温超导状态下的铌产生量子比特，D-Wave 的工作温度需保持在绝对零度附近 (20mK)。

2017 年 1 月，D-Wave 公司推出 D-Wave 2000Q，其声称该系统由 2000 个量子比特构成，可以用于求解最优化、网络安全、机器学习和采样等问题。对于测试一些基准问题，如最优化问题和基于机器学习的采样问题，D-Wave 2000Q 胜过当前高度专业化的算法 1000 ～ 10000 倍。

图 1.1.10　量子计算的研发机构

2. 谷歌

全球最大的搜索引擎公司也在量子计算方面有所涉足和进展。2016 年，谷歌与加州大学合作布局超导量子计算，报道了 9 位超导量子比特的高精度操控，并购买了初创企业 D-Wave 公司的量子退火机，探索人工智能领域。

3. 微软

微软在 2018 年宣布，争取在五年内造出第一台拥有 100 个拓扑量子比特的量子计算机，并且将其整合到 Azure 云业务当中。

微软的量子技术采用 "拓扑量子比特 (topological qubit)" 进行计算，而不是普通的 "逻辑量子比特 (logical qubit)"。拓扑量子比特通过基本粒子的拓扑位置和拓扑运动来处理信息，无论外界如何干扰基本粒子的运动路径，从拓扑角度来看，只要它还是连续变化，两个对换位置的基本粒子都是完全等价的。也就是说，用拓扑量子比特进行计算，对于外界的干扰有极强的容错能力，这样一来基于拓扑量子比特的计算机就可以把规模做得很大，能力做得很强。

4. 英特尔

在 CES 2018 (国际消费类电子产品展览会), 英特尔正式展示了 49 量子比特的超导量子计算芯片, 这块 49 量子比特的量子计算芯片大小与消费级 X86 CPU 相当。与传统计算芯片一样, 量子计算芯片在计算单元数量增加、密度增大的情况下, 会产生一定的干扰。而现阶段量子计算对于内部、外部干扰极其敏感, 以至于只能在超低温超导条件下运行。英特尔将 49 量子比特芯片做到这种密度和大小, 具有里程碑式的意义。

5. IBM

IBM 在 CES 2019 正式亮相了 Q System One, 将其宣传为 "世界上为商用和科研打造的首个全面集成化的通用量子计算系统", 拥有 20 个量子比特的计算力。IBM 表示, 它的主要成就是将一个实验性的量子计算机在可靠性 (和外观) 上与大型量子计算机更接近。量子计算需要极其精细的环境, 量子芯片需要保持在绝对零度, 并且受到的电波动或物理振动干扰要尽可能最小。IBM 表示, Q System One 可以最大限度地减少这些问题。

6. 阿里巴巴

2015 年, 阿里巴巴与中国科学院联合成立了量子计算机实验室, 主攻量子计算机难题。

2018 年 5 月 8 日, 阿里巴巴宣布已经研制出世界上运算最快的量子线路模拟器 "太章", 并已成功模拟了 $81(9 \times 9)$ 比特 40 层基准的谷歌随机量子线路。

对于阿里巴巴的核心业务在线购物平台而言, 量子计算机处理电商平台的搜索、购买、交易等海量数据的效率将提高数十倍。阿里早已布局云计算领域, 目前阿里的云计算已经服务全球超 18 个国家与地区, 在阿里巴巴 2018 财年 (从 2017 年 4 月 1 日至 2018 年 3 月 31 日), 云计算业务收入已到 133.90 亿元。量子计算机的出现将会极大地提高阿里云计算的能力, 并能够更加高效精准地利用大数据。

7. 百度

2018 年 3 月 8 日上午, 百度宣布成立量子计算研究所, 开展量子计算软件和信息技术应用业务研究。百度全力推动 "百度量子、量子百度" 的研究规划, 计划五年时间里组建世界一流的量子计算研究所, 并在之后的五年将量子计算逐渐融入百度的业务中来。

8. 本源量子

2017 年 9 月 11 日，本源量子计算科技有限责任公司成立。作为国内首家以量子计算为主营业务的新势力公司，以量子芯片、量子测控、量子软件、量子云、量子计算机以及未来的量子人工智能等为核心业务，目前已研制出量子比特处理器玄微 XW B2-100、量子测控一体机 OriginQ Quantum AIO，并且上线了本源量子计算云平台，发布了完全自主的高级量子编程语言 QRunes、量子编程软件开发工具 QPanda 等产品 (图 1.1.11)。通过与中国科学院量子信息重点实验室的强强联合，本源量子的未来发展不可限量。

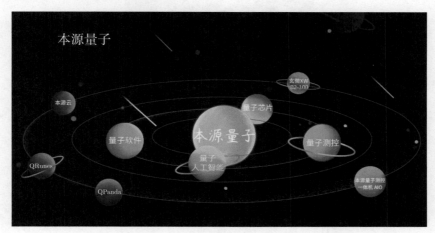

图 1.1.11　本源量子

1.2　量子计算的发展历史

1.2.1　量子力学的发展

理想黑体可以吸收所有照射到它表面的电磁辐射，并将这些辐射转化为热辐射，其光谱特征仅与该黑体的温度有关，与黑体的材质无关，黑体也是理想的发射体。1859 年，古斯塔夫 • 基尔霍夫 (Gustav Kirchhoff，图 1.2.1) 证明了黑体辐射 (图 1.2.2) 发射能量 E 只取决于温度 T 和频率 ν，即 $E = J(T, \nu)$，然而这个公式中的函数 J 却成为了一个物理挑战 [1]。

1879 年，约瑟夫 • 斯特藩 (Josef Stefan，图 1.2.3) 通过实验提出，热物体释放的总能量与温度的四次方成正比。1884 年，路德维希 • 玻尔兹曼 (Ludwig Boltzmann,

图 1.2.4) 对黑体辐射得出了同样的结论，这一结论基于热力学和麦克斯韦电磁理论，后被称为斯特藩–玻尔兹曼 (Stefan-Boltzmann) 定律 [1]。

图 1.2.1　古斯塔夫·基尔霍夫

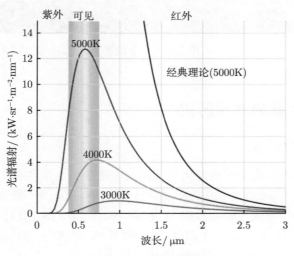

图 1.2.2　黑体辐射

图 1.2.3　约瑟夫·斯特藩

图 1.2.4　路德维希·玻尔兹曼

1896 年，德国物理学家威廉·维恩 (Wilhelm Wien，图 1.2.5) 提出了基尔霍夫挑战的解决方案。尽管他的解决方案与实验观察结果非常接近，但是这个公式只有在短波 (高频)、温度较低时才与实验结果相符，在长波区域完全不适用 [1]。

图 1.2.5　威廉·维恩

1900 年，为了解决威廉·维恩提出的维恩近似公式在长波范围内偏差较大的问题，普朗克 (Planck，图 1.2.6) 应用玻尔兹曼将连续能量分为单元的技术，提出固定单元大小使之正比于振动频率, 这样可以导出精确的黑体辐射光谱, 量子化 (图 1.2.7) 的概念就此诞生 [1]。

图 1.2.6 普朗克

图 1.2.7 量子化

1901 年, 里奇和莱维–齐维塔 T (Levi-Civita, Tullio, 图 1.2.8) 出版了《绝对微分学》(*Absolute Differential Calculus*)。1869 年, 克里斯多菲 (Christoffel, 图 1.2.9) 发现了 "协变微分", 这让里奇将张量分析 (图 1.2.10) 理论扩展到 n 维黎曼空间。里奇和莱维–齐维塔的定义被认为是张量最一般的形式, 这项工作并不是用量子理论来完成的, 但正如经常发生的那样, 体现物理理论所必需的数学恰好在正确的时刻出现了 [1]。

图 1.2.8 莱维–齐维塔

图 1.2.9 克里斯多菲

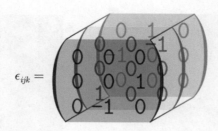

$$\epsilon_{ijk} =$$

图 1.2.10　张量分析

1905 年，爱因斯坦 (Einstein，图 1.2.11) 研究了光电效应 (photoelectric effect)。光电效应是在光的作用下，某些金属或半导体释放出电子。但是光的电磁理论给出的结果与实验证据不符，为此爱因斯坦提出了光量子理论来解决这个难题。到 1906 年，爱因斯坦已经正确地推测出，能量的变化发生在量子材料振荡器的跳跃变化中，跳跃变化是 $h\nu$ 的倍数，其中 h 是普朗克常数，ν 是频率 [2]。

$$E = h\nu$$

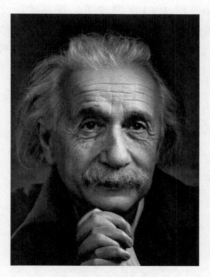

图 1.2.11　爱因斯坦

1913 年，尼尔斯·玻尔 (Niels Bohr，图 1.2.12) 发表了一篇关于氢原子的革命性论文，他发现了光谱线的主要规律。阿瑟·康普顿 (Arthur Compton，图 1.2.13) 在 1923 年从静止的电子行为导出了光子 (光量子) 散射的相对论运动学 [2]。

图 1.2.12　尼尔斯·玻尔

图 1.2.13　阿瑟·康普顿

　　1924 年，玻色 (Bose，图 1.2.14) 发表了一篇基础论文，为光子提出了不同的状态，他还提出光子的数量没有守恒的概念。玻色假设这时不考虑粒子的统计独立性，将粒子放入多个单元中，只需要谈论单元的统计独立性，时间证明玻色的这些做法都是正确的 [2]。

图 1.2.14　玻色

1924 年 11 月，德布罗意 (de Broglie，图 1.2.15) 写出了一篇题为《量子理论的研究》的博士论文。文中运用了两个最亮眼的公式：$E = h\nu$ 和 $E = mc^2$。这都是爱因斯坦最著名的关系式，前者对光子能量而言，后者对实物粒子能量而言。德布罗意把两个公式综合再做出假设，他认为光量子的静止质量不为零，而像电子等一类实物粒子则具有频率的周期过程，所以在论文中他得出一个石破天惊的结论 —— 任何实物微粒都伴随着一种波动，这种波称为相位波，后人也称之为物质波或德布罗意波 (图 1.2.16) [3,4]。

图 1.2.15　德布罗意

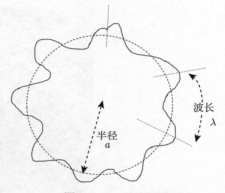

图 1.2.16　德布罗意波

1926 年，薛定谔 (Schrödinger，图 1.2.17) 发表了一篇论文，给出了氢原子的方程式，并宣告了波动力学的诞生，同时引入了与每个动力学变量相关的算符。

图 1.2.17　薛定谔

继德布罗意之后，从另一个方面对微观物理理论做出根本性突破的是直接受到玻尔影响的 23 岁的海森伯 (Heisenberg，图 1.2.18)。1924 年他前往哥本哈根研究量子论，1925 年发表了一篇有历史意义的论文《对于一些运动学和力学关系的量子论的重新解释》[3]。

图 1.2.18　海森伯

海森伯认为他当时是受了爱因斯坦建立狭义相对论时否定牛顿绝对时间概念的启发。他抛弃了玻尔的电子轨道概念及其有关的古典运动学的量，取而代之以可观察到的辐射频率和强度的这些光学量，同时把玻尔的对应原理加以扩充，使它不是用来猜测量子论某一特殊问题的解，而是用来猜测新力学理论的数学方案。这套新的数学方案，在当时一般物理学家看来是非常陌生的，海森伯的老师玻恩 (Born) 发现，海森伯创造的这套数学就是矩阵论，是数学家在 70 多年前就已创造出了的，它是普通数的一种推广。它的最奇特的特征是："两个矩阵的相乘是不可对易的，即 $pq \neq qp$"。为了进一步搞清楚海森伯论文所揭示的数学问题，玻恩找约尔丹合作。当年 9 月他们写了一篇长论文，用数学的矩阵方法把海森伯的思想发展成为量子力学的系统理论。这就是矩阵力学，也通称为量子力学 [3]。

1925 年 7 月，海森伯应邀到剑桥讲学，在卡文迪什 (Cavendish) 实验室作了一系列报告，最后介绍了他的量子力学新思想，但这些新思想当时并未引起狄拉克 (图 1.2.19) 注意。8 ～ 9 月间，狄拉克从他的导师福勒处读到海森伯第一篇量子力学论文的校样，开始时他不感兴趣，觉得太烦琐了，把它搁在一边。十来天后再去仔细读一下，"突然认识到，它对我们所关切的困难，提供了全部解决的线索"，可是狄拉克不满足于海森伯的表达方式，试图使它同 19 世纪发展起来的古典力学的推广形式相适应 [3]。

图 1.2.19　狄拉克

1925 年 11 月 7 日狄拉克完成论文《量子力学的基本方程》，使用了一种比矩阵更为方便和普适的数学工具 —— 法国数学物理学家泊松于 1809 年为研究行星运动而创造的 "泊松括号"。它是古典力学中最有力的分析工具之一，能用极其简单的形式把古典力学的基本方程表示出来，狄拉克借助这种工具，应用对应原理，轻而易举地把古典方程改造成为量子力学方程。两个月后，他发布了第二篇论文，用他的方法来处理氢原子。在这篇论文中，他把量子力学变数称为 "q 数"，而把古典物理学的变数称为 "c 数"。c 数是可对易的；q 数则不可对易，也不能比较大小。但为了得到可以同实验相比较的结果，必须设法用 c 数来表示 q 数。不久，他又发表题为《量子代数学》的论文，使量子力学成为一个概念上自主的和逻辑上一致的 (即自洽的) 理论体系 [3]。

就在海森伯的量子力学新思想通过玻恩和狄拉克的工作得到重大进展的时候，德布罗意的物质波理论也通过薛定谔的工作而取得辉煌成就。爱因斯坦 1925 年 2 月发表的关于量子统计理论的论文引起了薛定谔对德布罗意思想的极大兴趣，当年 12 月薛定谔写了一篇题为《关于爱因斯坦的气体理论》的论文中讲到："按照德布罗意–爱因斯坦运动粒子的波动理论，粒子不过是波动背景上的一种 '波峰' 而已。" 当时他试图把德布罗意波推广到束缚粒子上，得到一个巧妙的解。他随即把这方法用于氢原子中的电子，并且充分考虑到电子运动的相对论性力学，但结果同实验不一致，他很失望，断定他的方法不好，于是束之高阁。事实上，薛定谔最初的相对论性波动方程是正确的，不过它所描述的是没有自旋的粒子，而电子的自旋刚于 1925 年 11 月发现，对它的意义还不很了解 [3]。粒子自旋如图 1.2.20 所示。

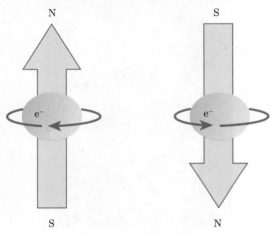

图 1.2.20　粒子自旋

薛定谔受到挫折后不久，放弃了相对论的考虑，重新用他原来的方法来处理氢原子的电子问题，结果同实验非常接近，受到这一结果的鼓舞，1926 年他一连发表了 6 篇论文，1～6 月的 4 篇都用一个题目：《作为本征值问题的量子化》。这些论文大大发展了德布罗意的物质波思想，加深了对微观客体的波粒二象性的理解，为数学上解决原子物理学、核物理学、固体物理学和分子物理学问题提供了一种方便而适用的基础，波动力学就这样诞生了 [3]。

现在，在同一微观领域中，出现了两种同样有效但形式上完全不同的物理理论。一方面是海森伯的矩阵力学，它在数学运算中所碰到的是不可对易的量和以前罕见的计算规则，并且蔑视任何图像解释；它是一种代数方法，从所观察到光谱线的分立性着手，强调不连续性，尽管它弃绝空间和时间中的古典描述，但是从根本上来说，它的基本概念还是粒子。另一方面是薛定谔的波动力学，它所依据的则是人们所熟悉的微分方程这种数学工具；它类似于古典的流体力学，并且提供了一种容易形象化的表示；它是一种分析方法，从推广古典的运动定律着手，强调连续性，而且它的基本概念是波动 [3]。

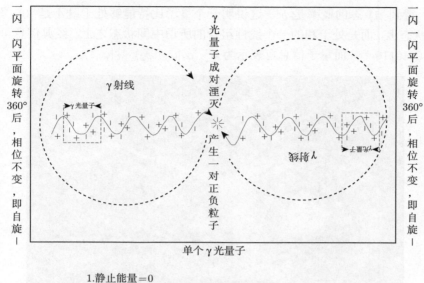

1.静止能量＝0
2.能量: $E = h\nu$, 即普朗克常数 h 6.626×10^{-27}erg·s ×频率 ν
3.波长: 自普朗克长度1.616×10^{-33}cm至极超长波ULF10^{8}cm
4.自旋: 玻色子, 即一闪一闪平面旋转360°后, 相位不变

图 1.2.21　单个光量子的示意图

　　1926 年 3 月, 薛定谔发现波动力学和矩阵力学在数学上是完全等价的, 同时, 泡利等也独立地发现了这种等价性。由于这两种理论所研究的对象是一样的, 所得到的结果又是完全一致的, 只不过着眼点和处理方法各不相同, 因此, 这两种理论就通称为量子力学, 薛定谔波动方程通常作为量子力学的基本方程, 这个方程在微观物理学中的地位就像牛顿运动定律在古典物理学中的地位一样 [3]。

1.2.2　量子计算的发展

　　类似经典计算之于宏观物理的关系, 量子计算同样也与微观物理有着千丝万缕的联系。

　　在微观物理中, 量子力学衍生了量子信息科学。量子信息科学是以量子力学为基础, 把量子系统 "状态" 所带的物理信息, 进行信息编码、计算和传输的全新技术。在量子信息科学中, 量子比特是其信息载体, 对应经典信息里的 0 和 1, 量子比特两个可能的状态一般表示为 $|0\rangle$ 和 $|1\rangle$。在二维复向量空间中, $|0\rangle$ 和 $|1\rangle$ 作为单位向量构成了这个向量空间的一组标准正交基, 量子比特的状态是用一个叠加态表示的, 如 $|\varphi\rangle = a|0\rangle + b|1\rangle$, 其中 $a^2 + b^2 = 1$, 而且测量结果为 $|0\rangle$ 态的概率

是 a^2，得到 $|1\rangle$ 态的概率是 b^2。这说明一个量子比特能够处于既不是 $|0\rangle$ 又不是 $|1\rangle$ 的状态上，而是处于和的一个线性组合的所谓中间状态之上。经典信息可表示为 $0110010110\cdots$，而量子信息可表示为 $\sum_i(\alpha_i|\varphi_1\rangle|\varphi_2\rangle\cdots|\varphi_n\rangle)$。

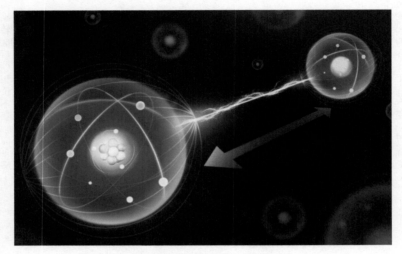

图 1.2.22　量子纠缠示意图

　　一个经典的二进制存储器只能存一个数：要么存 0，要么存 1，但一个二进制量子存储器却可以同时存储 0 和 1 这两个数。两个经典二进制存储器只能存储以下四个数中的一个数：00，01，10 或 11，倘若使用两个二进制量子存储器，则以上四个数可以同时被存储下来。按此规律，推广到 N 个二进制存储器的情况，理论上，n 个量子存储器与 n 个经典存储器分别能够存 2^n 个数和 1 个数。

　　由此可见，量子存储器的存储能力是呈指数增长的，它与经典存储器相比，具有更强大的存储数据的能力，尤其是当 n 很大时 (如 $n=250$)，量子存储器能够存储的数据量比宇宙中所有原子的数目还要多 [5]。量子信息技术内容广泛，由于它是量子力学与信息科学形成的一个交叉学科 (图 1.2.23)，所以它有很多分支，最主要的两支为量子通信和量子计算。量子通信主要研究的是量子介质的信息传递功能进行通信的一种技术，而量子计算则主要研究量子计算机和适合于量子计算机的量子算法。由于这个量子计算分支具有巨大的潜在应用价值和重大的科学意义，获得了世界各国的广泛关注和研究。

　　对于量子计算的真正发展，业界普遍认为源自 20 世纪最丰富多彩的科学家、诺贝尔奖获得者理查德·费曼 (Richard Feynman，图 1.2.24) 在 1982 年一次公开演讲中提出的两个问题：

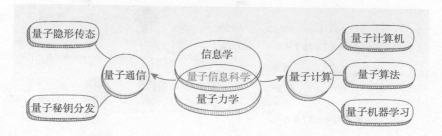

图 1.2.23 量子信息科学

图 1.2.24 理查德·费曼

(1) 经典计算机是否能够有效地模拟量子系统?

虽然在量子理论中,仍用微分方程来描述量子系统的演化,但变量的数目却远远多于经典物理系统。所以费曼针对这个问题的结论是:不可能,因为目前没有任何可行的方法,可以求解出这么多变量的微分方程。

(2) 如果放弃经典的图灵机模型,是否可以做得更好?

费曼提出如果拓展一下计算机的工作方式,不使用逻辑门来建造计算机,而是一些其他的东西,比如分子和原子。如果使用这些量子材料,它们具有非常奇异的性质,尤其是波粒二象性,是否能建造出模拟量子系统的计算机?于是他提出了这个问题并做了一些验证性实验,然后他推测,这个想法也许可以实现。由此,基于量子力学的新型计算机的研究被提上了科学发展的历程 (图 1.2.25)。

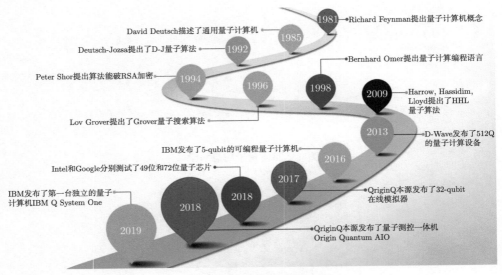

图 1.2.25　发展历程

此后，计算机科学家们一直在努力攻克这一艰巨挑战。伴随时代发展的趋势，在 20 世纪 90 年代，量子计算机的算法发展得到了巨大的进步：

1992 年，Deutsch 和 Jozsa 提出了 D-J 量子算法，开启了如今量子计算飞速发展的大幕。

1994 年，Peter Shor 提出了 Shor 算法，这一算法在大数分解方面比目前已知的最有效的经典质因数分解算法快得多，因此对 RSA 加密极具威胁性，该算法带来巨大影响力的同时也进一步坚定了科学家们发展量子计算机的决心。

1996 年，Lov Grover 提出了 Grover 量子搜索算法，该算法被公认为继 Shor 算法后的第二大算法。

1998 年，Bernhard Omer 提出量子计算编程语言，拉开了量子计算机可编程的帷幕。

2009 年，MIT 三位科学家 Harrow，Hassidim 和 Lloyd 联合开发了一种求解线性系统的 HHL 量子算法。众所周知，线性系统是很多科学家和工程领域的核心，由于 HHL 算法在特定条件下实现了相较于经典算法有指数加速效果，这是未来能够在机器学习、人工智能科技得以突破的关键性技术。

自 2010 年以后，在量子计算软硬件方面各大研究公司均有不同程度的突破。

2013 年，加拿大 D-Wave 系统公司发布了 512Q 的量子计算设备。

2016 年，IBM 发布了 5-qubit 的可编程量子计算机。

2017 年，本源量子发布了 32 位量子计算虚拟系统，同时还建立了以 32 位量子计算虚拟系统为基础的本源量子计算云平台。

2018 年初，Google 测试了 72 位量子芯片。

2018 年 12 月 6 日，本源量子发布了国内第一款量子计算机控制系统 Origin Quantum AIO。

2019 年 1 月，IBM 发布了世界上第一台独立的量子计算机 IBM Q System One。

1.3　量子计算软件介绍

1.3.1　量子语言

由于当前量子计算机的通用体系架构未得到统一，在硬件层面上的技术路线也未最终确定，所以目前还无法确定哪种量子机器指令集相对更科学、更合理。现阶段在量子计算编程领域的研究者们大多从 "量子线路图" "量子计算汇编语言" "量子计算高级编程语言" 的方式入手，不断寻找未来可能最受量子计算机发展欢迎的编程语言。

自 20 世纪 80 年代以来，专业从事物理和计算复杂性研究的学者提出了诸多量子算法，他们多数不具备计算机编程思维，使用图形化的方式表示量子程序、量子算法，在某种程度上来说，曾是最简洁的量子编程语言。直到现在，在量子比特数量较少的前提条件下，量子线路图是大多数从事量子计算的研究者一开始采用的最广泛的形式，目前大多数的量子计算平台 (如本源量子云平台、IBM Q 平台) 均支持这一编程方式。图 1.3.1 为本源量子云平台图形量子线路。

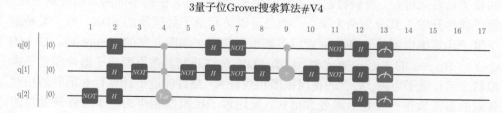

图 1.3.1　本源量子云平台图形量子线路

随着量子计算技术研究的不断深入，人类能够使用的量子比特数量也逐步增长，在这种情况下，量子线路图的编程方式显然无法适应研究需要了，量子汇编语言应运而生。类似于经典计算语言，量子汇编语言在最基本的层面上是能够被量子计算机直接识别和执行的一种机器指令集，它是量子计算机设计者通过量子计算机的物理结构赋予量子计算机的操作功能。从最早提出的 QASM 到本源推出的初代量子计算汇编语言 QRunes、Rigetti 提出的 QUIL，这些汇编语言基本都属于量子计算汇编语言这个范畴。

在经典计算世界，高级编程语言分为命令式和函数式两大类，而在量子计算编程领域，同样适用。命令式量子编程语言有可以将经典代码和量子代码组合在同一程序中的 QCL、微软开发的 Q#、适用于量子退火器的 QMASM；函数式量子编程语言包括 Peter Selinger 定义的两种密切相关的量子编程语言 QFC 和 QPL、微软研究院 StationQ 工作的 LIQUi、Quipper。

由于每个量子机器必须由经典设备控制，现有的量子编程语言包含经典控制结构，例如循环和条件执行，并允许对经典和量子数据进行操作。量子编程语言有助于使用高级构造表达量子算法。

1.3.2　量子软件开发包

使用量子语言进行量子编程，是一件顺理成章的事，但是在开发工程师的眼中，用量子语言进行量子编程只是最基础的一种方法，如何最大效率地使用量子语言构建最为便捷或功能足够强大的量子程序是一直追求的目标。

随着量子语言的不断成熟，量子计算行业中各类量子软件开发包层出不穷，它们提供着各种量子编程工具，诸如各类数据库、代码示例、程序开发的流程和指南，允许开发人员在特定量子平台上创造量子软件应用程序等。

在量子计算行业，量子软件开发包是指一个提供了创建和操作量子程序的量子计算工具集，以及提供了模拟量子程序的方法包，并且允许开发者使用基于云的量子设备来运行、检验自己所开发的量子计算程序。根据不同的后端处理系统，量子软件开发工具分为两大类：一类是可以访问量子处理器的 SDK；另一类是基于量子计算模拟器的 SDK。前者以苏黎世联邦理工学院开发的 ProjectQ、IBM 的 Qiskit、Rigetti 的 Forest 为代表，这类 SDK 允许开发者在原型量子器件和量子模拟器上运行量子电路；后者的使用范围相对较大，是目前量子计算行业采取的相对普遍的量子软件开发包后端处理形式，采用量子模拟器制作的量子软件开发包的好处是 —— 它们不需要跟量子芯片产生直接的物理关联，用户在自己的电脑上通过 SDK 模拟量子计算芯片的物理功能，执行量子计算过程，获得量子计算模拟成果，并可利用量子虚拟机、模拟器的程序优点，模拟量子算法，同时可在通用量子计算机问世之后快速对接使用。微软的 Q#开发套件、Google 的 Criq 以及本源的

QPanda 均属于量子软件开发工具。

1.3.3　量子云平台

自 1982 年费曼提出建造量子计算机的设想以来，近半个世纪的时间里人类一直在坚持不懈地实现这一目标。2000 年以后，虽然世界各国在量子计算机的硬件研发方面不断取得进步，但是由于量子态非常"挑剔"—— 它们需要在非常低的温度下储存，否则可能会受到干扰和破坏。

就目前的技术和工艺，还远远达不到像经典计算机那样在常温下批量制造、运行，这就间接限制了量子计算机的现实应用。在这样的背景下，越来越多的量子计算公司、研究机构发布了各自的量子云平台，已知的包括 IBM 的 Quantum Experience、Rigetti 的 Forest、本源量子云平台 (图 1.3.2) 等，主要的目的是在量子计算领域占得先机。

图 1.3.2　本源量子云平台

量子云平台，全称应该是量子云计算平台。一定程度上可以理解为用户与各家公司、研究机构的量子计算机之间的介质平台。用户通过量子云平台经由调度服务器和互联网向部署在远程的量子计算机提交任务，量子计算机在处理这些任务后再通过调度服务器和互联网将结果返回给用户。这一过程如图 1.3.3 所示。

个人用户在本地的经典计算机上通过 web 界面或量子软件编写量子线路、量子代码，然后将编写的内容提交给远程调度服务器，调度服务器安排用户任务按照次序传递给后端量子计算机，量子计算机完成任务后，将计算结果一一返回给调度服务器，调度服务器再将计算结果变成可视化的统计分析发送给用户，至此完成整个量子计算过程。

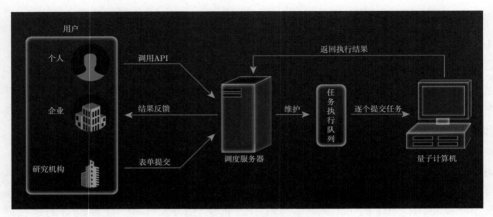

图 1.3.3　量子计算流程图

第 2 章
量子计算基础

2.1 量子力学基础理论

2.1.1 量子系统

对于一个非物理专业的人而言，量子力学概念晦涩难懂。鉴于此，本章节仅介绍量子力学的一些基础概念加之部分数学的相关知识，甚至不涉及薛定谔方程，就足够开始量子计算机的应用。这如同不需去了解 CPU 的工作原理以及经典计算机的组成原理，但仍能在日常生活中使用经典计算机或者编写经典程序一样。

在本章里，彻底抛去数学公式，纯粹去介绍宽泛的概念，目的仅仅想让读者都能了解这个问题 ——"量子究竟是什么"。

如果不想被量子的诡异事实所颠覆，并且对于线性代数很有把握的话，那么可以直接过渡到本教材的后面章节开始学习。

1. 量子化 (quantization) 与量子态 (quantum state)

简而言之，量子态就是一个微观粒子的状态。

描述一个粒子的状态时，总要找一些能够用来区分微观粒子的属性。如图 2.1.1 所示，在宏观世界中，假设一个人在一栋楼中活动，如果他在一层，就称处于"1 态"；在二层，就称处于 "2 态"；在地下一层，就称处于 "−1 态"。微观粒子也有这样的属性，比如它的位置。

但是假设这个人正在上楼梯，进入到一个模糊的状态，这样就不太容易区分到底是在 "1 态" 还是 "2 态"，此时就需要找一些客观存在的参数去描述这一方面的属性，比如所处的海拔。通常，在日常生活中，这些描述都是连续的，因为这些参数会被分割成更小的部分。

图 2.1.1　一个人在一栋楼中活动

　　然而，无限分割下去，直到不得不靠"几个原子"这种单位去描述物体的长度时，量子效应就出场了。薛定谔方程告诉人们，一定会遇到不可分割的最小单位，这种最小单位，统称为量子。这种现象，被称为量子化。这是量子的第一个特性。

　　量子化的属性有很多种，但在此优先考虑一种——能量。经过长期探索得知，原子的光谱只会有几个峰值，而不是连续的谱线，这代表了原子内电子的能量只会出现几种情况，电子不可能具有几种情况之外的中间值，这就是能量的量子化。每一种能量，被称为一个"能级"。

　　同样以一栋楼为例，在微观的世界里面，一栋楼的楼梯被拆掉了，这使得微观粒子要么在一楼，要么在二楼，仅存在于整数的楼层，但是，这不代表微观粒子就失去了上下楼的机会。这里就是量子的第二个特性——跃迁。

　　当一个原子中的电子获得了来自原子外的能量时，它就有可能克服能级之间能量的差距，跳跃到另外一个态上面，并且这个电子也可以将自己的能量释放出来，跳跃到能量较低的能级上面。当然，能级本身是稳定的，不管怎么跃迁，电子的能量都只能处在这几个能级上，这是原则。

最后，回顾一下什么是量子态呢？你可以想象一下电子处在不同的能级 (类似宏观世界的楼层) 上面，给这些 "楼层" 命名称 $|1F\rangle$, $|2F\rangle$, $|3F\rangle$, $\cdots$，电子处于不同的能级就说明它处在不同的量子态，这样就可以区分出来不同的量子态。如果能想象到此种情形，那就已经明白了什么是量子态了。

2. 量子叠加性 (quantum superposition)

如果仅仅是把能级建成大楼，然后把大楼的楼梯、电梯全拆掉，(并且不追问原因) 这件事情倒也不难理解，然而剩余部分，就无法用普通的现实去想象了。

量子叠加性是量子的第三个特性。量子理论中，薛定谔的猫的故事 (图 2.1.2) 是量子叠加性的一个典型示例，故事的末尾告诉我们：猫处于生与死的叠加态。什么是生与死的叠加态？既生又死？实际上，这个故事是关于量子叠加性的一个有争议的思想实验。

图 2.1.2　薛定谔的猫实验

首先，必须接受一个假设，即量子的世界里面，同时存在几个状态是可能的。就像这栋楼里面的每个人，在不去观察他们时，他们同时存在于所有楼层，这就是量子叠加性。

但或许大家会有疑问，即便在现实生活中，也无法得知一栋大楼里面任何一个人的位置，最多了解他在办公桌上坐着的概率比较大而已，那这样就是量子叠加性吗？很遗憾，并非如此。因为某一时刻，即便无法确定，但这个人肯定存在于这栋楼某一个位置，不可能出现在这栋楼不同的位置，量子叠加不是一种"概率性"存在，事实上，对于量子本身，它就是"同时存在"于很多状态的叠加上。经过无数的实验证明，当物体小到分子、原子、电子那个级别的时候，叠加是客观存在的，尽管无人知道原因。

那么为什么我们感受不到叠加性呢？如果每个粒子都有这种叠加性，那是不是作为粒子组合的人也应该具有叠加性呢？

一个宏观物体是由巨大数量的粒子构成的集合体。一个粒子虽然是叠加的，但是一群粒子就能开始体现统计的平均性，就像连续扔一百次硬币，还是有可能出现全部是正面的情况，但是扔一亿次硬币的时候（如果没有作假），那会得到一个趋于稳定的结果——正反面各一半。何况每个人身体里的粒子比一亿还要多几亿倍的几亿倍（差不多有 27～28 位数那么多），所以人是绝无可能有叠加性的。

3. 状态的演化 (evolution of state)

状态的演化是指量子态随时间发生变化。对于一个两能级的量子系统，量子状态的演化类似于地球上的位置随时间变化一样，量子态可以想象成一个单位球面上的点，它随时间演化就同球面上点的位置随时间发生变化类似。

4. 测量和坍缩 (measurement and collapse)

薛定谔宣称，不打开盒子，猫就处于生和死的"叠加态"（图 2.1.3），又称"当我们打开盒子，经过了我们的观察，猫就会坍缩到一个确定的生、死状态上"。

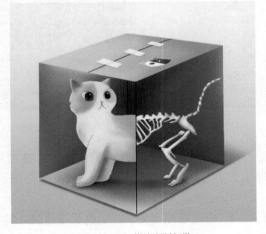

图 2.1.3　薛定谔的猫

　　什么叫作"观察"之后"坍缩"到确定的状态上? 难道不是这个装置而是第一个看到猫的人决定了猫的生死吗?

　　这里提出量子的第四个特性:"测量和坍缩假设"。测量和坍缩对量子态的影响仍然是一个争议话题,所以用了"假设"。这个特性的描述如下:

　　对于一个叠加态而言,可以去测量它,测量的结果一定是这一组量子化之后的、确定的、分立的态中的一个。测量得到任意的态的概率是这个叠加态和测量态的内积的平方,测量之后,叠加态就会坍缩到这个确定的态之上。

　　简而言之,如果一个微观粒子处在一楼和二楼叠加态的话,只能测出来它在一楼或者二楼,这个概率是由它们的叠加权重决定的,但是一旦对这个粒子进行测量,这个粒子的状态就会发生变化,不再是原来那个既在一楼又在二楼的叠加态,而是处在一个确定的状态 (一楼或者二楼)。换句话说,测量影响了这个粒子本身的状态。

　　在上一节中,已经说明了叠加本身是一种客观存在的现象,那么测量、观察这种主观的事情是如何影响到客观叠加的呢?

　　比较主流的理论是说因为微观粒子太小,测量仪器本身会对这个粒子产生一定的影响,导致粒子本身发生了变化。但是没有足够的证据证明这种说法。

　　回到薛定谔的猫。薛定谔之所以提出这个思想实验,是想让宏观事物 —— 猫和微观事物 —— 放射性原子,建立"纠缠",从而把量子力学的诡异现象从微观世界引到现实世界中来。"如果我们承认微观粒子具有这些 '叠加' '坍缩' 的性质的话,那猫也具有了" —— 这是薛定谔的思想。关于这个问题,目前并没有确切的证据证明猫不是处于这样的状态。

　　通过形象的描述介绍了量子力学的一些基础概念,下面将用数学的方式将这些概念重新表述一遍 (阅读下面的内容需要一定的数理基础,包括高等数学、线性代数、概率论中的基本概念)。

　　1) 态矢 (state vector)

　　量子态可用线性代数中的向量来描述,在物理学中,向量常称作矢量。在量子理论中,描述量子态的向量称为态矢,态矢分为左矢和右矢。

　　右矢 (ket): $|\psi\rangle = [c_1, c_2, \cdots, c_n]^{\mathrm{T}}$

　　左矢 (bra): $\langle\psi| = [c_1^*, c_2^*, \cdots, c_n^*]$

　　采用竖线和尖括号的组合描述一个量子态,其中每一个分量都是复数,右上角标 T 表示转置。这种形式表示量子态是一个矢量。右矢表示一个 $n \times 1$ 的列矢量,左矢表示一个 $1 \times n$ 的行矢量。另外,在讨论同一个问题时,如果左矢和右矢在括号内的描述相同的话,那么这两个矢量互为转置共轭。

2) 内积和外积

对于任意的两个量子态的矩阵 (坐标) 表示如下：

$$|\alpha\rangle = [a_1, a_2, \cdots, a_n]^{\mathrm{T}}$$

$$|\beta\rangle = [b_1, b_2, \cdots, b_n]^{\mathrm{T}}$$

其内积定义为

$$\langle \alpha | \beta \rangle = \sum_{i=1}^{n} a_i^* b_i$$

其外积定义为

$$|\alpha\rangle \langle \beta| = \left[a_i b_j^* \right]_{n \times n}$$

表示一个 $n \times n$ 矩阵。

5. 两能级系统 (two level system)

事物的二元化：0 和 1、无和有、高和低、开和关、天和地、阴和阳、生和死、产生和消灭。二元化是一种将事物关系简化的哲学，基于二进制的计算理论正是利用了这种哲学思想。

在谈论量子计算原理前，先了解经典计算机的工作流程。经典计算机就是在不断地处理 0、1 的二进制数码，它们代表着逻辑电路中的高低电平，对于这些二进制数码的产生、传输、处理、读取，最终反馈到像显示器这种输出设备上的信号，就是一个计算机的工作流程。

对于微观量子而言，有一个决定粒子性质的最直接参量 —— 能量。粒子的能量只会在几个分立的能级上面取值，限制取值的可能性种类为两种，这就构成了两能级系统。除了某些特殊的情况之外，这两个能级必定能找出来一个较低的，称为基态 (ground state)，记为 $|g\rangle$；另一个能量较高的，称为激发态 (excited state)，记为 $|e\rangle$。

量子计算机里面也由两种状态来构成基本计算单元，只不过这里的两种状态是指量子态的 $|e\rangle$ 和 $|g\rangle$，这就是一个两能级系统的特征。

以列矢量的方式将它们记为

$$|e\rangle = \begin{bmatrix} 1 \\ 0 \end{bmatrix}, \quad |g\rangle = \begin{bmatrix} 0 \\ 1 \end{bmatrix}$$

行矢量的形式记为

$$\langle e| = \begin{bmatrix} 1 & 0 \end{bmatrix}, \quad \langle g| = \begin{bmatrix} 0 & 1 \end{bmatrix}$$

和经典的比特类比，常将 $|e\rangle$ 记作 $|0\rangle$，将 $|g\rangle$ 记作 $|1\rangle$，并称为量子比特 (qubit)。

任意叠加态 $|\psi\rangle$ 可以写作 $|0\rangle$ 和 $|1\rangle$ 的线性组合

$$|\psi\rangle = \alpha |0\rangle + \beta |1\rangle$$

其中，复数 α 和 β 称为振幅 (amplitudes)，并且满足归一化条件

$$|\alpha|^2 + |\beta|^2 = 1$$

其中 $|\alpha|$ 表示复数 α 的模。

6. 状态的演化 (evolution of state)

量子态可以由态矢 (或称向量) 来表示，量子也可以有不同的状态，并且可以同时处于不同的状态，那么量子态是如何随时间演化呢? 如下例:

假设: 封闭的 (closed) 量子系统的演化 (evolution) 由酉变换 (unitary transformation) 来描述。具体地，在 t_1 时刻系统处于状态 $|\psi_1\rangle$，经过一个和时间 t_1 和 t_2 有关的酉变换 U，系统在 t_2 时刻的状态

$$|\psi_2\rangle = U |\psi_1\rangle$$

这里的酉变换 U 可以理解为是一个矩阵，并且满足

$$UU^\dagger = I$$

其中，$U^\dagger$ 表示对矩阵 U 取转置共轭。根据可逆矩阵的定义可知，U 也是一个可逆矩阵，因此酉变换也是一个可逆变换。

而在量子计算中，各种形式的酉矩阵被称作量子门。例如 Pauli 矩阵也是一组酉矩阵，

$$\sigma_0 \equiv I \equiv \begin{bmatrix} 1 & 0 \\ 0 & 1 \end{bmatrix} \qquad \sigma_1 \equiv \sigma_x \equiv X \equiv \begin{bmatrix} 0 & 1 \\ 1 & 0 \end{bmatrix}$$

$$\sigma_2 \equiv \sigma_y \equiv Y \equiv \begin{bmatrix} 0 & -\mathrm{i} \\ \mathrm{i} & 0 \end{bmatrix} \qquad \sigma_3 \equiv \sigma_z \equiv Z \equiv \begin{bmatrix} 1 & 0 \\ 0 & -1 \end{bmatrix}$$

以 X 门作用在量子态上为例，

$$X |0\rangle = \begin{bmatrix} 0 & 1 \\ 1 & 0 \end{bmatrix} \begin{bmatrix} 1 \\ 0 \end{bmatrix} = \begin{bmatrix} 0 \\ 1 \end{bmatrix} = |1\rangle$$

$$X\,|1\rangle = \begin{bmatrix} 0 & 1 \\ 1 & 0 \end{bmatrix} \begin{bmatrix} 0 \\ 1 \end{bmatrix} = \begin{bmatrix} 1 \\ 0 \end{bmatrix} = |0\rangle$$

再如 X 门作用在任意的量子态 $|\psi\rangle = \alpha\,|0\rangle + \beta\,|1\rangle$ 上

$$X\,|\psi\rangle = \begin{bmatrix} 0 & 1 \\ 1 & 0 \end{bmatrix} \begin{bmatrix} \alpha \\ \beta \end{bmatrix} = \begin{bmatrix} \beta \\ \alpha \end{bmatrix} = \beta|0\rangle + \alpha|1\rangle$$

从上述中看出,量子态的演化本质上可以看作是对量子态对应的矩阵作变换,即是作矩阵的乘法。由于 X 门和经典逻辑门中的非门类似,有时也常称 X 门为量子非门 (quantum NOT gate)。

7. 叠加态和测量 (superposition state and measurement)

按照态矢的描述,这两个矢量可以构成一个二维空间的基。任何一个态都可以写为这两个基在复数空间上的线性组合,即

$$|\psi\rangle = a|0\rangle + be^{i\theta}|1\rangle$$

其中,a, b 为满足归一化的实数;$e^{i\theta}$ 表示模为 1、幅角为 θ 的复数。

可以定义测量就是将量子态 $|\psi\rangle$ 投影到另一个态 $|\gamma\rangle$ 上。获得这个态的概率是它们内积的平方,即

$$P_{\gamma} = |\langle\psi|\gamma\rangle|^2$$

其他概率下会将量子态投影到它的正交态上去,即

$$P_{\gamma\perp} = 1 - P_{\gamma}$$

测量之后量子态就坍缩到测量到的态上。

8. 相位、纯态和混合态 (phase, pure state and mixed state)

如果将量子态初始化到某一个未知的叠加态上面,能否通过反复的测量得到它的表达式呢?看以下这两种情况:

$$|\psi_1\rangle = \frac{1}{\sqrt{2}}(|0\rangle + |1\rangle)$$

$$|\psi_2\rangle = \frac{1}{\sqrt{2}}(|0\rangle - |1\rangle)$$

发现在 $|0\rangle$, $|1\rangle$ 的方向上测量, 它们的表现都是一半概率为 0, 一半概率为 1, 根本不能区分。从这个现象可以知道无法通过概率得到态的相位信息 θ, 实际上, 量子态的相位是量子相干性的体现。

另一种情况, 假设左手抓着一个袋子, 这个袋子里面有无数的量子态, 它们全都是 $|\psi_1\rangle = \dfrac{1}{\sqrt{2}}(|0\rangle + |1\rangle)$ 这种叠加态; 另外, 有一个机器可以在 $|0\rangle$, $|1\rangle$ 的方向上测量。

每次拿出一个态, 对它进行测量, 不管它是 $|0\rangle$, 还是 $|1\rangle$, 都扔到右手边的另一个袋子里面, 如此反复, 这样右边袋子里面的态越来越多了。由于测量结果对于这两种情况是等概率的, 所以袋子里面约有一半的态是 $|0\rangle$, 另一半是 $|1\rangle$。

假设从右边的袋子里取出一个, 在不知道手上的态是什么情况下, 能说它和左边袋子里的态一样都是 $\dfrac{1}{\sqrt{2}}(|0\rangle + |1\rangle)$ 吗?

答案是不能。右边袋子里的态, 实际上是一种经典的概率叠加, 和等量的红球白球装在袋子里面一样。这样的态是不具有相位的。它只能表示为

$$\{|\psi_0\rangle = |0\rangle : P_0 = 0.5, |\psi_1\rangle = |1\rangle : P_1 = 0.5\}$$

这种类似于概率列表的形式。

所以, 定义纯态就是 "纯粹的量子态", 它不仅具有概率, 还具有相位 (也就是量子相干性)。混合态是纯态的概率性叠加, 它往往失去了 (部分或全部的) 相位信息。

9. 密度矩阵和布洛赫球 (density matrix and Bloch sphere)

态矢是对纯态的描述, 如果要描述一个混合态, 就必须写成态集合和概率的列表形式, 非常烦琐。因此采用密度矩阵来描述。

对于一个纯态而言, 密度矩阵的形式是

$$\rho = |\psi\rangle\langle\psi|$$

而对于一个混合态而言, 密度矩阵的形式是

$$\rho = \sum_i P_i |\psi_i\rangle\langle\psi_i|$$

其中, $\{P_i, |\psi_i\rangle\}$ 是系统所处的态及其概率。

密度矩阵有以下的性质:

对于一个两能级系统表述的态，不论是纯的还是混合的，都可以用密度矩阵 ρ 表示。

$\rho = \rho^2$ 当且仅当量子态是纯态时成立。

ρ 对角线上的分量表示整个系统如果经历一次测量，那么可以得到这个态的概率。如果只去操作和测量一个两能级系统，那么是分辨不出相同的密度矩阵的。

密度矩阵已经完备地表示了一个两能级系统可能出现的任何状态。为了更加直观地理解量子叠加态与逻辑门的作用，引入布洛赫球的概念，如图 2.1.4 所示，它能够方便地表示一个量子比特的任意状态。

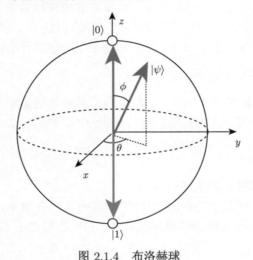

图 2.1.4   布洛赫球

如果量子态是一个纯态，那么它是球面上的点。点的 z 坐标衡量了它的 $|0\rangle$ 和 $|1\rangle$ 的概率，即

$$P_0\left(|\psi\rangle\right) = \frac{1+z}{2}$$

$$P_1\left(|\psi\rangle\right) = \frac{1-z}{2}$$

最上面表示 $|0\rangle$ 态，最下面表示 $|1\rangle$ 态。

再沿着平行于 xy 平面的方向，并且穿过这个点的 z 坐标，可以得到一个圆，这个圆就象征着相位的复平面；这个点在这个圆上交 x 轴的角度就是单位复数的幅角。经过这个过程可以将每个纯态都与球面上的点一一对应了起来。

对于混合态而言，因为根据之前的描述，混合态实际上是多个纯态的经典统计概率的叠加。对于每一个纯态分量，连接球心和球面上的点，可以形成一个矢量。

根据概率列表，对所有的纯态矢量进行加权平均，即可得到混合态的矢量，即得到了混合态对应的点。

混合态是布洛赫球内部的点，根据混合的程度不同，矢量的长度也不同。最大混合态是球心，它意味着这里不存在任何量子叠加性。

例如 $(1,0,0)$ 和 $(-1,0,0)$ 点在布洛赫球上就是在 x 方向上的顶点和 $-x$ 方向上的顶点。它们对应的量子态的概率分布就是 z 坐标，即为 0。所以，

$$P_0(|\psi_1\rangle) = P_0(|\psi_2\rangle) = 0.5$$

沿 xy 平面横切，得到一个圆，可以看到这两个点对应的幅角是 $\theta_1 = 0, \theta_2 = \pi$，由此推断出量子态分别为

$$|\psi_1\rangle = \frac{1}{\sqrt{2}}(|0\rangle + |1\rangle)$$

$$|\psi_2\rangle = \frac{1}{\sqrt{2}}(|0\rangle - |1\rangle)$$

如果将这两个态以 $1/2, 1/2$ 的概率混合，在布洛赫球上面的坐标将表示为 $(0,0,0)$，也就是球心。对应到密度矩阵的表述，为

$$\rho = \frac{1}{2}|\psi_1\rangle\langle\psi_1| + \frac{1}{2}|\psi_2\rangle\langle\psi_2| = \begin{bmatrix} 0.5 & 0 \\ 0 & 0.5 \end{bmatrix}$$

即为最大混合态。

2.1.2　观测量和计算基下的测量

量子比特 (qubit) 不同于经典的比特 (bit)，一个量子比特 $|\psi\rangle$ 可以同时处于 $|0\rangle$ 和 $|1\rangle$ 两个状态，可用线性代数中的线性组合 (linear combination) 来表示为

$$|\psi\rangle = \alpha|0\rangle + \beta|1\rangle$$

在量子力学中常称量子比特 $|\psi\rangle$ 处于 $|0\rangle$ 和 $|1\rangle$ 的叠加态 (superpositions)，其中 α、β 都是复数 (complex number)，两维复向量空间的一组标准正交基 (orthonormal basis) $|0\rangle$ 和 $|1\rangle$ 组成一组计算基 (computational basis)。

量子比特的信息不能直接获取，而是通过测量来获取量子比特的可观测的信息。可观测量在量子理论中由自伴算子 (self-adjoint operators) 来表征，自伴的有时也称厄米 (Hermitian)。量子理论中的可观测量与经典力学中的动力学量，如位置、动量和角动量等对应，而系统的其他特征，如质量或电荷，并不在可观测量的类别之中，它是作为参数被引入到系统的哈密顿量 (Hamiltonian)。

在量子力学中测量 (measure) 会导致坍塌，即是说测量会影响到原来的量子状态，因此量子状态的全部信息不可能通过一次测量得到。当对量子比特 $|\psi\rangle$ 进行测量时，仅能得到该量子比特概率 $|\alpha|^2$ 处在 $|0\rangle$ 态，或概率 $|\beta|^2$ 处在 $|1\rangle$ 态。由于所有情况的概率和为 1，则有 $|\alpha|^2 + |\beta|^2 = 1$。

当对量子进行测量时，会发生什么变化呢？

假设：量子测量是由测量算子 (measurement operators) 的集合 $\{M_i\}$ 来描述，这些算子可以作用在待测量系统的状态空间 (state space) 上。指标 (index) i 表示在实验上可能发生的结果。如果测量前的量子系统处在最新状态 $|\psi\rangle$，那么结果 i 发生的概率为

$$p(i) = \langle\psi| M_i^\dagger M_i |\psi\rangle$$

并且测量后的系统状态变为

$$\frac{M_i |\psi\rangle}{\sqrt{\langle\psi| M_i^\dagger M_i |\psi\rangle}}$$

由于所有可能情况的概率和为 1，即

$$1 = \sum_i p(i) = \sum_i \langle\psi| M_i^\dagger M_i |\psi\rangle$$

因此，测量算子需满足

$$\sum_i M_i^\dagger M_i = I$$

该方程被称为完备性方程 (completeness equation)。

再如，在计算基下单量子比特的测量。单量子比特在计算基下有两个测量算子，分别是 $M_0 = |0\rangle\langle 0|$，$M_1 = |1\rangle\langle 1|$。注意到这两个测量算子都是自伴的，即

$$M_0^\dagger = M_0, \quad M_1^\dagger = M_1$$

且

$$M_0^2 = M_0, \quad M_1^2 = M_1$$

因此

$$M_0^\dagger M_0 + M_1^\dagger M_1 = M_0 + M_1 = I$$

该测量算子满足完备性方程。

设系统被测量时的状态是 $|\psi\rangle = \alpha |0\rangle + \beta |1\rangle$，则测量结果为 0 的概率为

$$p(0) = \langle\psi| M_0^\dagger M_0 |\psi\rangle = \langle\psi| M_0 |\psi\rangle = |\alpha|^2$$

对应测量后的状态为

$$\frac{M_0 |\psi\rangle}{\sqrt{\langle\psi| M_0^\dagger M_0 |\psi\rangle}} = \frac{M_0 |\psi\rangle}{|\alpha|} = \frac{\alpha}{|\alpha|} |0\rangle$$

测量结果为 1 的概率为

$$p\,(1) = \langle\psi| M_1^\dagger M_1 |\psi\rangle = \langle\psi| M_1 |\psi\rangle = |\beta|^2$$

测量后的状态为

$$\frac{M_1 |\psi\rangle}{\sqrt{\langle\psi| M_1^\dagger M_1 |\psi\rangle}} = \frac{M_1 |\psi\rangle}{|\beta|} = \frac{\beta}{|\beta|} |1\rangle$$

量子测量有很多种方式，比如投影测量 (projective measurements)、POVM (positive operator-valued measure)。下面我们来介绍投影测量。

为什么要介绍投影测量呢？因为当测量算子具有酉变换性质时，投影测量和一般测量等价。

投影测量由一个可观测量 (observable) Λ 来描述，可观测量 Λ 是一个待观测系统的状态空间上的自伴算子。可观测量 Λ 可以写成谱分解的形式

$$\Lambda = \sum_i \lambda_i P_i$$

这里的 P_i 为在 Λ 的特征值 λ_i 对应特征空间上的投影。测量的可能结果对应于可观测量 Λ 的特征值 λ_i。在对状态 $|\psi\rangle$ 测量之后，得到结果 i 的概率为

$$p_i = p\,(\lambda = \lambda_i) = \langle\psi| P_i |\psi\rangle$$

若测量后，结果 i 发生，则量子系统最新的状态为

$$\frac{P_i |\psi\rangle}{\sqrt{p_i}}$$

投影测量有一个重要的特征就是很容易计算投影测量的平均值 $E\,(\Lambda)$。

$$\begin{aligned}
E\,(\Lambda) &= \sum_i \lambda_i p_i \\
&= \sum_i \lambda_i \langle\psi| P_i |\psi\rangle \\
&= \langle\psi| \left(\sum_i \lambda_i P_i\right) |\psi\rangle \\
&= \langle\psi| \Lambda |\psi\rangle
\end{aligned}$$

这个公式它能够简化很多计算。观测量 Λ 的平均值通常也记作 $\langle \Lambda \rangle \equiv \langle \psi | \Lambda | \psi \rangle$。因此，观测量 Λ 的标准差 (standard deviation) $\Delta(\Lambda)$ 满足

$$[\Delta(\Lambda)]^2 = \left\langle (\Lambda - \langle \Lambda \rangle)^2 \right\rangle = \langle \Lambda^2 \rangle - \langle \Lambda \rangle^2$$

标准差是一个刻画典型分散程度的度量。

2.1.3 复合系统与联合测量

拥有两个或两个以上的量子比特的量子系统通常被称为复合系统 (composite system)。单量子比特系统的描述与测量已有所了解，那么多个量子比特的系统该如何描述以及怎样去测量呢？单量子比特系统与多量子比特系统之间又有怎样的关系呢？首先，解决这些问题，需要认识一个新的运算 —— 张量积 (tensor product)。

1. 张量积

张量积是两个向量空间形成一个更大向量空间的运算。在量子力学中，量子的状态由希尔伯特空间 (Hilbert space) 中的单位向量来描述。

设 H_1 和 H_2 分别为 n_1 和 n_2 维的希尔伯特空间。H_1 和 H_2 的张量积为一个 mn 维的希尔伯特空间 $H \equiv H_1 \otimes H_2$，对于 H_1 中的每一个向量 $|h_1\rangle$ 和 H_2 中的每一个向量 $|h_2\rangle$ 在 H 中都有唯一的向量 $|h_1\rangle \otimes |h_2\rangle$，并且 H 中向量可表示为向量 $|h_1\rangle \otimes |h_2\rangle$ 的线性叠加。还要满足以下基本性质：

(i) 对任意 $|h_1\rangle \in H_1$，$|h_2\rangle \in H_2$，以及任意复数 $c \in \mathbb{C}$，都有

$$c(|h_1\rangle \otimes |h_2\rangle) = (c|h_1\rangle) \otimes |h_2\rangle = |h_1\rangle \otimes (c|h_2\rangle)$$

(ii) 对任意 $|h_1^1\rangle, |h_1^2\rangle \in H_1$，任意 $|h_2\rangle \in H_2$，都有

$$(|h_1^1\rangle + |h_1^2\rangle) \otimes |h_2\rangle = |h_1^1\rangle \otimes |h_2\rangle + |h_1^2\rangle \otimes |h_2\rangle$$

(iii) 对任意 $|h_1\rangle \in H_1$，任意 $|h_2^1\rangle, |h_2^2\rangle \in H_2$，都有

$$|h_1\rangle \otimes (|h_2^1\rangle + |h_2^2\rangle) = |h_1\rangle \otimes |h_2^1\rangle + |h_1\rangle \otimes |h_2^2\rangle$$

$|h_1\rangle \otimes |h_2\rangle$ 经常被简写为 $|h_1\rangle |h_2\rangle$，$|h_1, h_2\rangle$ 或 $|h_1 h_2\rangle$。

如果 $|i\rangle$ 和 $|j\rangle$ 分别为 H_1 和 H_2 的标准正交基，那么 $|i\rangle \otimes |j\rangle$ 为 $H \equiv H_1 \otimes H_2$ 的标准正交基。例如，现在有两个二维的希尔伯特空间 H_1 和 H_2，并且都有一组标准正交基 $\{|0\rangle, |1\rangle\}$，那么 H 的标准正交基为 $\{|00\rangle, |01\rangle, |10\rangle, |11\rangle\}$。因此，任意给定 H 中的向量 $|\psi\rangle$ 都可以表示成这组标准正交基的线性组合

$$|\psi\rangle = \varepsilon_{00}|00\rangle + \varepsilon_{01}|01\rangle + \varepsilon_{10}|10\rangle + \varepsilon_{11}|11\rangle$$

其中，$\varepsilon_{ij} \equiv \langle ij \mid \psi \rangle$，$i,j \in \{0,1\}$。

设 A 和 B 分别为 H_1 和 H_2 上的线性算子，那么算子 $A \otimes B$ 作用到 H 中的任意向量

$$|\psi\rangle = \sum_{ij} \varepsilon_{ij} |ij\rangle = \sum_{ij} \varepsilon_{ij} |i\rangle \otimes |j\rangle$$

被定义为

$$(A \otimes B) |\psi\rangle = (A \otimes B) \left(\sum_{ij} \varepsilon_{ij} |i\rangle \otimes |j\rangle \right) \equiv \sum_{ij} \varepsilon_{ij} (A |i\rangle) \otimes (B |j\rangle)$$

可以证明以这种方式定义 $A \otimes B$ 为 $H_1 \otimes H_2$ 上的线性算子。

对于 H 中的两个任意向量 $|\alpha\rangle = \sum_{ij} \alpha_{ij} |ij\rangle$ 和 $|\beta\rangle = \sum_{ij} \beta_{ij} |ij\rangle$，这两个向量的内积被定义为

$$\langle \alpha | \beta \rangle \equiv \sum_{ij} \alpha_{ij}^* \beta_{ij}$$

也可以证明这种函数满足之前的内积定义。

这样的表达形式优点是表示比较简练，缺点是不太容易有直观的认识。下面给出线性算子张量积的矩阵表示的运算规则 —— 克罗内克积 (Kronecker product)。设 A 是 $m \times n$ 的矩阵，B 是 $p \times q$ 的矩阵。$A \otimes B$ 的矩阵形式定义为

$$A \otimes B \equiv \begin{bmatrix} A_{11}B & A_{12}B & \cdots & A_{1n}B \\ A_{21}B & A_{22}B & \cdots & A_{2n}B \\ \vdots & \vdots & & \vdots \\ A_{m1}B & A_{m2}B & \cdots & A_{mn}B \end{bmatrix}$$

这里 $A \otimes B$ 是一个 $mp \times nq$ 的矩阵，$A_{ij}B$ 表示矩阵 A 中的第 i 行、第 j 列元素与矩阵 B 相乘。

例如，Pauli 矩阵 σ_x 和 σ_y 作张量积生成的矩阵为

$$\sigma_x \otimes \sigma_y = \begin{bmatrix} 0 \cdot \sigma_y & 1 \cdot \sigma_y \\ 1 \cdot \sigma_y & 0 \cdot \sigma_y \end{bmatrix} = \begin{bmatrix} 0 & 0 & 0 & -i \\ 0 & 0 & i & 0 \\ 0 & -i & 0 & 0 \\ i & 0 & 0 & 0 \end{bmatrix}.$$

举个反例就可以验证张量积并不满足交换律。

$$\sigma_y \otimes \sigma_x = \begin{bmatrix} 0 \cdot \sigma_x & -\mathrm{i} \cdot \sigma_x \\ \mathrm{i} \cdot \sigma_x & 0 \cdot \sigma_x \end{bmatrix} = \begin{bmatrix} 0 & 0 & 0 & -\mathrm{i} \\ 0 & 0 & -\mathrm{i} & 0 \\ 0 & \mathrm{i} & 0 & 0 \\ \mathrm{i} & 0 & 0 & 0 \end{bmatrix}$$

可以看出 $\sigma_x \otimes \sigma_y \neq \sigma_y \otimes \sigma_x$。

两个向量作张量积该如何表示呢？其实在给定基下，向量的坐标表示也可以看作一个特殊的矩阵。例如向量 $|\alpha\rangle = \alpha_0 |0\rangle + \alpha_1 |1\rangle$ 和 $|\beta\rangle = \beta_0 |0\rangle + \beta_1 |1\rangle$ 在标准正交基 $\{|0\rangle, |1\rangle\}$ 下的矩阵表示分别为 $|\alpha\rangle = [\alpha_1, \alpha_2]^\mathrm{T}$ 和 $|\beta\rangle = [\beta_1, \beta_2]^\mathrm{T}$。因此，$|\alpha\rangle \otimes |\beta\rangle$ 的矩阵表示为

$$|\alpha\rangle \otimes |\beta\rangle = \begin{bmatrix} \alpha_1 |\beta\rangle \\ \alpha_2 |\beta\rangle \end{bmatrix} = \begin{bmatrix} \alpha_1 \beta_1 \\ \alpha_1 \beta_2 \\ \alpha_2 \beta_1 \\ \alpha_2 \beta_2 \end{bmatrix}$$

借助张量积，就可以由子系统来生成复合系统。

假设：复合物理系统的状态空间由子物理系统状态空间的张量积生成，即是说，如果有被 1 到 n 标记的系统，第 i 个系统的状态为 $|\psi_i\rangle$，那么生成的整个系统的联合状态为 $|\psi_1\rangle \oplus |\psi_2\rangle \otimes \cdots \otimes |\psi_n\rangle$。

复合系统有单量子系统不具有的另一个奇特现象就是纠缠。在数学上，设态 $|\psi\rangle \in H_1 \otimes H_2$，若不存在 $|\alpha\rangle \in H_1, |\beta\rangle \in H_2$，使得

$$|\psi\rangle = |\alpha\rangle \otimes |\beta\rangle$$

则称 $|\psi\rangle$ 是纠缠的 (entangled)；否则，称 $|\psi\rangle$ 不处于纠缠态 (entangled state)。

例如，在双量子比特系统中，$|\psi_1\rangle = 1/\sqrt{2}\,(|00\rangle - |11\rangle)$ 处于纠缠态。而 $|\psi_2\rangle = 1/\sqrt{2}\,(|00\rangle + |01\rangle)$ 是非纠缠的，这是因为 $|\psi_2\rangle$ 还可分成 $1/\sqrt{2}\,|0\rangle \otimes (|0\rangle + |1\rangle)$。

2. 复合系统的状态演化

已知两能级的量子系统的状态是通过酉变换来实现演化的，那么复合系统的状态该如何随时间发生演化呢？复合系统可以看成是子系统的张乘，因此以下假设可以说明复合系统中量子态的变化。

假设：复合系统中量子态的演化是由复合系统的子系统中量子态的演化对应的酉变换作张量生成的变换来描述，即是说，如果有被 1 到 n 标记的系统，第 i 个系

统在 t_1 时刻的状态为 $|\psi_i^1\rangle$，那么生成的整个系统的联合状态 $|\psi^1\rangle$ 为 $|\psi_1^1\rangle \otimes |\psi_2^1\rangle \otimes \cdots \otimes |\psi_n^1\rangle$；在 t_2 时刻，通过酉变换 U_i 将第 i 个系统的状态演化为 $|\psi_i^2\rangle$，那么在 t_2 时刻，复合系统的状态通过变换 $U_1 \otimes U_2 \otimes \cdots \otimes U_n$ 演化为 $|\psi_1^2\rangle \otimes |\psi_2^2\rangle \otimes \cdots \otimes |\psi_n^2\rangle$。

　　例如，复合系统 H 由两能级系统 H_1 和 H_2 复合而成，在 t_1 时刻，两个系统的状态都为 $|0\rangle$，则复合系统的状态为 $|00\rangle$；在时刻 t_2，第一个系统经过 X 门，状态变为 $|1\rangle$，第二个系统经过 Z 门，状态为 $|0\rangle$，那么复合系统的状态经过变换

$$X \otimes Z = \begin{bmatrix} 0 & 1 \\ 1 & 0 \end{bmatrix} \otimes \begin{bmatrix} 1 & 0 \\ 0 & -1 \end{bmatrix} = \begin{bmatrix} 0 & 0 & 1 & 0 \\ 0 & 0 & 0 & -1 \\ 1 & 0 & 0 & 0 \\ 0 & -1 & 0 & 0 \end{bmatrix}$$

变为

$$[X \otimes Z]\,|00\rangle = \begin{bmatrix} 0 & 0 & 1 & 0 \\ 0 & 0 & 0 & -1 \\ 1 & 0 & 0 & 0 \\ 0 & -1 & 0 & 0 \end{bmatrix} \begin{bmatrix} 1 \\ 0 \\ 0 \\ 0 \end{bmatrix} = \begin{bmatrix} 0 \\ 0 \\ 1 \\ 0 \end{bmatrix} = |10\rangle$$

　　本质上复合系统中量子态的演化也是矩阵的乘法，与单个子系统相比，只不过是多了张量积的运算。

2.2　量子程序

2.2.1　量子计算原理

　　经典计算中，最基本的单元是比特，而最基本的控制模式是逻辑门，可以通过逻辑门的组合来达到控制电路的目的。类似地，处理量子比特的方式就是量子逻辑门，使用量子逻辑门，有意识地使量子态发生演化，所以量子逻辑门是构成量子算法的基础。

1. 酉变换

　　酉变换是一种矩阵，也是一种操作，它作用在量子态上得到的是一个新的量子态。使用 U 来表达酉矩阵，$U^\dagger$ 表示酉矩阵的转置复共轭矩阵，二者满足运算关系 $UU^\dagger = I$，所以酉矩阵的转置复共轭矩阵也是一个酉矩阵，说明酉变换是一种可逆变换。

一般酉变换在量子态上的作用是变换矩阵左乘以右矢进行计算的。例如，一开始有一个量子态 $|\varphi_0\rangle$，经过酉变换 U 之后得到

$$|\psi\rangle = U|\varphi_0\rangle$$

或者也可以写为

$$\langle\psi| = \langle\varphi_0|U^\dagger$$

由此可见，两个矢量的内积经过同一个酉变换之后保持不变。

$$\langle\varphi|\psi\rangle = \langle\varphi|U^\dagger U|\psi\rangle$$

类似地，也可以通过酉变换表示密度矩阵的演化

$$\rho = U\rho_0 U^\dagger$$

这样就连混合态的演化也包含在内了。

2. 矩阵的指数函数

一旦定义了矩阵乘法，就可以利用函数的幂级数来定义矩阵的函数，这其中就包含矩阵的指数函数。如果 A 是一个矩阵，那么 $\exp(A) = 1 + A + \dfrac{A^2}{2!} + \dfrac{A^3}{3!} + \cdots$ 就为矩阵 A 的指数函数形式。

如果 A 是一个对角矩阵，即 $A = \mathrm{diag}(A_{11}, A_{22}, A_{33}, \cdots)$，则由此验证

$$A^n = \mathrm{diag}(A_{11}^n, A_{22}^n, A_{33}^n, \cdots)$$

从而得到

$$\exp(A) = \mathrm{diag}(\mathrm{e}^{A_{11}}, \mathrm{e}^{A_{22}}, \mathrm{e}^{A_{33}}, \cdots)$$

如果 A 不是一个对角矩阵，则利用酉变换可以将它对角化，$D = UAU^\dagger$，从而有

$$A^n = U^\dagger D^n U$$

那么，类似地

$$\exp(A) = U^\dagger \exp(D) U$$

必须要引起注意的是

$$\exp(A + B) \neq \exp(A)\exp(B) \neq \exp(B)\exp(A)$$

当 A 是表示数的时候等号是成立的, 那么, 当 A 表示是矩阵时, 等式成立要满足什么条件?

通常, 下面这种表达形式被称为以 A 为生成元生成的酉变换

$$U(\theta) = \exp(-\mathrm{i}\theta A)$$

这种矩阵的指数运算可以利用数值计算软件 Matlab 中的 expm, 或者 Mathematica 中的 MatrixExp 命令进行方便的计算。

3. 单位矩阵

$$I = \begin{bmatrix} 1 & 0 \\ 0 & 1 \end{bmatrix}$$

以单位矩阵为生成元, 可以构建一种特殊的酉变换。

$$u(\theta) = \exp(-\mathrm{i}\theta I) = \begin{pmatrix} \mathrm{e}^{-\mathrm{i}\theta} & 0 \\ 0 & \mathrm{e}^{-\mathrm{i}\theta} \end{pmatrix} = \exp(-\mathrm{i}\theta)I$$

它作用在态矢上面, 相当于对于态矢整体 (或者说每个分量同时) 乘以一个系数。如果将这种态矢代入密度矩阵的表达式中, 会发现这一项系数会被消去。

这项系数称为量子态的整体相位。因为任何操作和测量都无法分辨两个相同的密度矩阵, 所以量子态的整体相位一般情况下是不会对系统产生任何影响的。

4. 单量子比特逻辑门

在经典计算机中, 单比特逻辑门只有一种 —— 非门 (NOT gate), 但是在量子计算机中, 量子比特情况相对复杂, 存在叠加态、相位, 所以单量子比特逻辑门会有更加丰富的种类。

5. 泡利矩阵

泡利矩阵 (Pauli matrices) 有时也被称作自旋矩阵 (spin matrices)。有以下三种形式, 分别是

$$\sigma_x = \begin{pmatrix} 0 & 1 \\ 1 & 0 \end{pmatrix} \qquad \sigma_y = \begin{pmatrix} 0 & -\mathrm{i} \\ \mathrm{i} & 0 \end{pmatrix} \qquad \sigma_z = \begin{pmatrix} 1 & 0 \\ 0 & -1 \end{pmatrix}$$

三个泡利矩阵所表示的泡利算符代表着对量子态矢量最基本的操作。如将 σ_x 作用到 $|0\rangle$ 态上, 经过矩阵运算, 得到的末态为 $|1\rangle$ 态。泡利矩阵的线性组合是完

备的二维酉变换生成元，即所有满足 $UU^{\dagger} = I$ 的 U 都能通过下面这种方式得到

$$U = e^{-i\theta(a\sigma_x + b\sigma_y + c\sigma_z)}$$

其中，a, b, c 均为实数，表示归一化的单位向量 (a, b, c)，即 a, b, c 的平方和为 1。单位向量 (a, b, c) 的物理含义为旋转轴，即 U 作用在某个量子态上，该量子态会绕单位向量 (a, b, c) 旋转 2θ，从而得到新的量子态。

介绍单量子逻辑门时，会使用图 2.2.1 来表示：

$$|\psi_0\rangle \quad\quad\quad U \quad\quad\quad |\psi_1\rangle$$

图 2.2.1　单量子逻辑门

横线表示一个量子比特从左到右按照时序演化的路线，方框表示量子逻辑门，这个图标表示一个名为 U 的逻辑门作用在这条路线所代表的量子比特上。对于一个处于 $|\psi_0\rangle$ 的量子态，将这个量子逻辑门作用在上面时，相当于将这个量子逻辑门代表的酉矩阵左乘这个量子态的矢量，然后得到下一个时刻的量子态 $|\psi_1\rangle$。即

$$|\psi_1\rangle = U|\psi_0\rangle$$

这个表达式对于所有的单比特门或者多比特门都是适用的。对于一个有 n 个量子比特的量子系统，它的演化是通过一个 $2^n \times 2^n$ 的酉矩阵来表达。

6. 常见逻辑门以及含义

1) Hadamard (H) 门

Hadamard 门是一种可将基态变为叠加态的量子逻辑门，有时简称为 H 门。Hadamard 门作用在单比特上，它将基态 $|0\rangle$ 变成 $(|0\rangle + |1\rangle)/\sqrt{2}$，将基态 $|1\rangle$ 变成 $(|0\rangle - |1\rangle)/\sqrt{2}$。

Hadamard 门矩阵形式为

$$H = \frac{1}{\sqrt{2}} \begin{bmatrix} 1 & 1 \\ 1 & -1 \end{bmatrix}$$

其在线路上显示如图 2.2.2 所示：

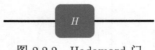

$$H$$

图 2.2.2　Hadamard 门

假设，Hadamard 门作用在任意量子态 $|\psi\rangle = \alpha|0\rangle + \beta|1\rangle$ 上面，得到新的量子态为

$$|\Psi'\rangle = H|\psi\rangle = \frac{1}{\sqrt{2}}\begin{bmatrix} 1 & 1 \\ 1 & -1 \end{bmatrix}\begin{bmatrix} \alpha \\ \beta \end{bmatrix} = \frac{1}{\sqrt{2}}\begin{bmatrix} \alpha+\beta \\ \alpha-\beta \end{bmatrix} = \frac{\alpha+\beta}{\sqrt{2}}|0\rangle + \frac{\alpha-\beta}{\sqrt{2}}|1\rangle$$

2) Pauli-X 门

Pauli-X 门作用在单量子比特上，它是经典计算机 NOT 门的量子等价，将量子态进行翻转，量子态变化方式为

$$|0\rangle \rightarrow |1\rangle$$

$$|1\rangle \rightarrow |0\rangle$$

Pauli-X 门矩阵形式为泡利矩阵 σ_x，即

$$X = \sigma_x = \begin{bmatrix} 0 & 1 \\ 1 & 0 \end{bmatrix}$$

Pauli-X 门矩阵又称 NOT 门，其在线路上显示如图 2.2.3 所示：

图 2.2.3　Pauli-X 门

假设，NOT 门作用在任意量子态 $|\psi\rangle = \alpha|0\rangle + \beta|1\rangle$ 上面，得到新的量子态为

$$|\Psi'\rangle = X|\psi\rangle = \begin{bmatrix} 0 & 1 \\ 1 & 0 \end{bmatrix}\begin{bmatrix} \alpha \\ \beta \end{bmatrix} = \begin{bmatrix} \beta \\ \alpha \end{bmatrix} = \beta|0\rangle + \alpha|1\rangle$$

3) Pauli-Y 门

Pauli-Y 门作用在单量子比特上，作用效果为绕布洛赫球 Y 轴旋转角度 π，Pauli-Y 门的矩阵形式为泡利矩阵 σ_y，即

$$Y = \sigma_y = \begin{bmatrix} 0 & -\mathrm{i} \\ \mathrm{i} & 0 \end{bmatrix}$$

其在线路上显示如图 2.2.4 所示：

图 2.2.4　Pauli-Y 门

假设，Pauli-Y 门作用在任意量子态 $|\psi\rangle = \alpha\,|0\rangle + \beta\,|1\rangle$ 上面，得到新的量子态为

$$|\Psi'\rangle = Y\,|\psi\rangle = \begin{bmatrix} 0 & -\mathrm{i} \\ \mathrm{i} & 0 \end{bmatrix} \begin{bmatrix} \alpha \\ \beta \end{bmatrix} = \begin{bmatrix} -\mathrm{i}\beta \\ \mathrm{i}\alpha \end{bmatrix} = -\mathrm{i}\beta\,|0\rangle + \mathrm{i}\alpha\,|1\rangle$$

4) Pauli-Z 门

Pauli-Z 门作用在单量子比特上，作用效果是绕布洛赫球 Z 轴旋转角度 π，Pauli-Z 门矩阵形式为泡利矩阵 σ_z，即

$$Z = \sigma_z = \begin{bmatrix} 1 & 0 \\ 0 & -1 \end{bmatrix}$$

其在线路上显示如图 2.2.5 所示：

图 2.2.5　Pauli-Z 门

假设，Pauli-Z 门作用在任意量子态 $|\psi\rangle = \alpha\,|0\rangle + \beta\,|1\rangle$ 上面，得到新的量子态为

$$|\Psi'\rangle = Z\,|\psi\rangle = \begin{bmatrix} 1 & 0 \\ 0 & -1 \end{bmatrix} \begin{bmatrix} \alpha \\ \beta \end{bmatrix} = \begin{bmatrix} \alpha \\ -\beta \end{bmatrix} = \alpha\,|0\rangle - \beta\,|1\rangle$$

5) 旋转门 (rotation operators)

分别用不同的泡利矩阵作为生成元是构成 RX, RY, RZ 的方法。

(1) $RX\,(\theta)$ 门

RX 门由 Pauli-X 矩阵作为生成元生成，其矩阵形式为

$$RX\,(\theta) \equiv \mathrm{e}^{-\mathrm{i}\theta X/2} = \cos\left(\frac{\theta}{2}\right)I - \mathrm{i}\sin\left(\frac{\theta}{2}\right)X = \begin{bmatrix} \cos\left(\dfrac{\theta}{2}\right) & -\mathrm{i}\sin\left(\dfrac{\theta}{2}\right) \\ -\mathrm{i}\sin\left(\dfrac{\theta}{2}\right) & \cos\left(\dfrac{\theta}{2}\right) \end{bmatrix}$$

其在线路上显示如图 2.2.6 所示：

图 2.2.6　$RX(\theta)$ 门

假设，$RX(\pi/2)$ 门作用在任意量子态 $|\psi\rangle = \alpha|0\rangle + \beta|1\rangle$ 上面, 得到新的量子态为

$$|\Psi'\rangle = RX\left(\pi/2\right)|\psi\rangle = \frac{\sqrt{2}}{2}\begin{bmatrix} 1 & -\mathrm{i} \\ -\mathrm{i} & 1 \end{bmatrix}\begin{bmatrix} \alpha \\ \beta \end{bmatrix}$$

$$= \frac{\sqrt{2}}{2}\begin{bmatrix} \alpha - \mathrm{i}\beta \\ \beta - \mathrm{i}\alpha \end{bmatrix} = \frac{\sqrt{2}\left(\alpha - \mathrm{i}\beta\right)}{2}|0\rangle + \frac{\sqrt{2}\left(\beta - \mathrm{i}\alpha\right)}{2}|1\rangle$$

(2) $RY(\theta)$ 门

RY 门由 Pauli-Y 矩阵作为生成元生成, 其矩阵形式为

$$RY\left(\theta\right) \equiv \mathrm{e}^{-\mathrm{i}\theta Y/2} = \cos\left(\frac{\theta}{2}\right)I - \mathrm{i}\sin\left(\frac{\theta}{2}\right)Y = \begin{bmatrix} \cos\left(\dfrac{\theta}{2}\right) & -\sin\left(\dfrac{\theta}{2}\right) \\ \sin\left(\dfrac{\theta}{2}\right) & \cos\left(\dfrac{\theta}{2}\right) \end{bmatrix}$$

其在线路上显示如图 2.2.7 所示:

图 2.2.7　$RY(\theta)$ 门

假设，$RY(\pi/2)$ 门作用在任意量子态 $|\psi\rangle = \alpha|0\rangle + \beta|1\rangle$ 上面, 得到新的量子态为

$$|\Psi'\rangle = RY\left(\frac{\pi}{2}\right)|\psi\rangle = \frac{\sqrt{2}}{2}\begin{bmatrix} 1 & -1 \\ 1 & 1 \end{bmatrix}\begin{bmatrix} \alpha \\ \beta \end{bmatrix} = \frac{\sqrt{2}}{2}\begin{bmatrix} \alpha - \beta \\ \alpha + \beta \end{bmatrix}$$

$$= \frac{\sqrt{2}\left(\alpha - \beta\right)}{2}|0\rangle + \frac{\sqrt{2}\left(\alpha + \beta\right)}{2}|1\rangle$$

(3) $RZ(\theta)$ 门

RZ 又称相位转化门 (phase-shift gate), 其由 Z 门为生成元生成, 矩阵形式为

$$RZ\left(\theta\right) \equiv \mathrm{e}^{-\mathrm{i}\theta Z/2} = \cos\left(\frac{\theta}{2}\right)I - \mathrm{i}\sin\left(\frac{\theta}{2}\right)Z = \begin{bmatrix} \mathrm{e}^{-\mathrm{i}\theta/2} & 0 \\ 0 & \mathrm{e}^{\mathrm{i}\theta/2} \end{bmatrix}$$

上式还可以写为

$$RZ\left(\theta\right) = \begin{bmatrix} \mathrm{e}^{-\mathrm{i}\theta/2} & \\ & \mathrm{e}^{\mathrm{i}\theta/2} \end{bmatrix} = \mathrm{e}^{-\mathrm{i}\theta/2}\begin{bmatrix} 1 & \\ & \mathrm{e}^{\mathrm{i}\theta} \end{bmatrix}$$

由于矩阵

$$\begin{bmatrix} \mathrm{e}^{-\mathrm{i}\theta/2} & \\ & \mathrm{e}^{\mathrm{i}\theta/2} \end{bmatrix} \text{ 和 } \begin{bmatrix} 1 & \\ & \mathrm{e}^{\mathrm{i}\theta} \end{bmatrix}$$

只差一个整体相位 (global phases) $\mathrm{e}^{-\mathrm{i}\theta/2}$, 只考虑单门的话, 两个矩阵做成的量子逻辑门是等价的, 即有时 RZ 门的矩阵形式写作

$$RZ\left(\theta\right) = \begin{bmatrix} 1 & 0 \\ 0 & \mathrm{e}^{\mathrm{i}\theta} \end{bmatrix}$$

RZ 量子逻辑门作用在基态上的效果为

$$RZ\left|0\right\rangle = \begin{bmatrix} 1 & 0 \\ 0 & \mathrm{e}^{\mathrm{i}\theta} \end{bmatrix}\begin{bmatrix} 1 \\ 0 \end{bmatrix} = \begin{bmatrix} 1 \\ 0 \end{bmatrix} = \left|0\right\rangle$$

$$RZ\left|1\right\rangle = \begin{bmatrix} 1 & 0 \\ 0 & \mathrm{e}^{\mathrm{i}\theta} \end{bmatrix}\begin{bmatrix} 0 \\ 1 \end{bmatrix} = \begin{bmatrix} 0 \\ \mathrm{e}^{\mathrm{i}\theta} \end{bmatrix} = \mathrm{e}^{\mathrm{i}\theta}\left|1\right\rangle$$

由于全局相位没有物理意义, 并没有对计算基 $\left|0\right\rangle$ 和 $\left|1\right\rangle$ 做任何的改变, 而是在原来的态上绕 Z 轴逆时针旋转 θ 角。

其在线路上显示如图 2.2.8 所示:

图 2.2.8　$RZ(\theta)$ 门

假设, $RZ(\pi/2)$ 门作用在任意量子态 $\left|\psi\right\rangle = \alpha\left|0\right\rangle + \beta\left|1\right\rangle$ 上面, 得到新的量子态为

$$\left|\psi'\right\rangle = RZ\left(\frac{\pi}{2}\right)\left|\psi\right\rangle = \begin{bmatrix} 1 & 0 \\ 0 & \dfrac{\sqrt{2}(1+\mathrm{i})}{2} \end{bmatrix}\begin{bmatrix} \alpha \\ \beta \end{bmatrix}$$

$$= \begin{bmatrix} \alpha \\ \dfrac{\sqrt{2}(1+\mathrm{i})}{2}\beta \end{bmatrix} = \alpha\left|0\right\rangle + \frac{\sqrt{2}(1+\mathrm{i})}{2}\beta\left|1\right\rangle$$

RX, RY, RZ 意味着将量子态在布洛赫球上分别绕着 X, Y, Z 轴旋转 θ 角度, 所以, RX, RY 能带来概率幅的变化, 而 RZ 只有相位的变化。那么, 共同使用这三种操作能使量子态在整个布洛赫球上自由移动。

6) 多量子比特逻辑门

不论是在经典计算还是量子计算中，两量子比特门无疑是建立量子比特之间联系的最重要桥梁。不同于经典计算中的与或非门及它们的组合，量子逻辑门要求所有的逻辑操作必须是酉变换，所以输入和输出的比特数量是相等的。

在描述两量子比特门之前，必须要将之前对于单量子比特的表示方式扩展一下。联立两个量子比特或者两个以上的量子比特时，就用到复合系统中量子态演化的假设。

对于一个 n 量子比特 $|x_{n-1}\cdots x_0\rangle$，$n$ 量子比特系统的计算基就有 2^n 单位正交矢量组成，借助于经典比特的进位方式对量子比特进行标记，从左到右依次是二进制中的从高位到低位，也就是说 $|x_{n-1}\cdots x_0\rangle$ 中 x_{n-1} 为高位，x_0 为低位。

比如对于一个 2 量子比特的系统，其计算基分别记作

$$|00\rangle = \begin{bmatrix} 1 \\ 0 \\ 0 \\ 0 \end{bmatrix} \quad |01\rangle = \begin{bmatrix} 0 \\ 1 \\ 0 \\ 0 \end{bmatrix}$$

$$|10\rangle = \begin{bmatrix} 0 \\ 0 \\ 1 \\ 0 \end{bmatrix} \quad |11\rangle = \begin{bmatrix} 0 \\ 0 \\ 0 \\ 1 \end{bmatrix}$$

在基态 $|01\rangle$ 中，左侧的 0 对应的位为高位，1 对应的位为低位。

在介绍 2 量子比特逻辑门时，会使用如图 2.2.9 的图标：

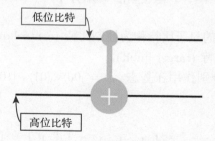

图 2.2.9　2 量子比特逻辑门

每根线表示一个量子比特演化的路线，这和单比特门中的横线是类似的，不一样的是这两根线有位次之分，从上到下依次分别表示从低位到高位的量子比特演

化的路线。这个图标横跨两个量子比特，它代表将一个两比特门作用在这两个量子比特上，这个图标代表的是 $CNOT$ 门。

7) $CNOT$ 门

控制非门 (control-NOT)，通常用 $CNOT$ 进行表示，是一种普遍使用的 2 量子比特门。

若低位为控制比特，那么它具有如下的矩阵形式：

$$CNOT = \begin{bmatrix} 1 & 0 & 0 & 0 \\ 0 & 0 & 0 & 1 \\ 0 & 0 & 1 & 0 \\ 0 & 1 & 0 & 0 \end{bmatrix}$$

对应的 $CNOT$ 门在线路中显示如图 2.2.10 所示：

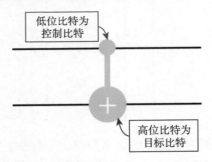

图 2.2.10 $CNOT$ 门

含实点的路线对应的量子比特称为控制比特 (control qubit)，含 + 号的路线对应的量子比特为目标比特 (target qubit)。

假设，$CNOT$ 门分别作用在基态 $|\psi\rangle = |00\rangle$、$|01\rangle$、$|10\rangle$、$|11\rangle$ 上面，得到新的量子态为

$$|\psi'\rangle = CNOT\,|00\rangle = \begin{bmatrix} 1 & 0 & 0 & 0 \\ 0 & 0 & 0 & 1 \\ 0 & 0 & 1 & 0 \\ 0 & 1 & 0 & 0 \end{bmatrix} \begin{bmatrix} 1 \\ 0 \\ 0 \\ 0 \end{bmatrix} = \begin{bmatrix} 1 \\ 0 \\ 0 \\ 0 \end{bmatrix} = |00\rangle$$

$$|\psi'\rangle = CNOT\,|01\rangle = \begin{bmatrix} 1 & 0 & 0 & 0 \\ 0 & 0 & 0 & 1 \\ 0 & 0 & 1 & 0 \\ 0 & 1 & 0 & 0 \end{bmatrix} \begin{bmatrix} 0 \\ 1 \\ 0 \\ 0 \end{bmatrix} = \begin{bmatrix} 0 \\ 0 \\ 0 \\ 1 \end{bmatrix} = |11\rangle$$

$$|\psi'\rangle = CNOT\,|10\rangle = \begin{bmatrix} 1 & 0 & 0 & 0 \\ 0 & 0 & 0 & 1 \\ 0 & 0 & 1 & 0 \\ 0 & 1 & 0 & 0 \end{bmatrix} \begin{bmatrix} 0 \\ 0 \\ 1 \\ 0 \end{bmatrix} = \begin{bmatrix} 0 \\ 0 \\ 1 \\ 0 \end{bmatrix} = |10\rangle$$

$$|\psi'\rangle = CNOT\,|11\rangle = \begin{bmatrix} 1 & 0 & 0 & 0 \\ 0 & 0 & 0 & 1 \\ 0 & 0 & 1 & 0 \\ 0 & 1 & 0 & 0 \end{bmatrix} \begin{bmatrix} 0 \\ 0 \\ 0 \\ 1 \end{bmatrix} = \begin{bmatrix} 0 \\ 1 \\ 0 \\ 0 \end{bmatrix} = |01\rangle$$

由于低位比特为控制比特，高位比特为目标比特，所以当低位比特位置对应为 1 时，高位比特就会被取反；当低位比特位置为 0 时，不对高位比特做任何操作。

若高位比特为控制比特，那么它具有如下的矩阵形式：

$$CNOT = \begin{bmatrix} 1 & 0 & 0 & 0 \\ 0 & 1 & 0 & 0 \\ 0 & 0 & 0 & 1 \\ 0 & 0 & 1 & 0 \end{bmatrix}$$

$CNOT$ 门在线路中显示如图 2.2.11 所示：

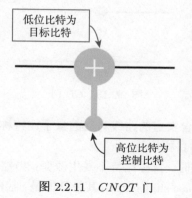

图 2.2.11　$CNOT$ 门

假设，高位比特为控制比特，$CNOT$ 门分别作用在基态 $|\psi\rangle = |00\rangle$、$|01\rangle$、$|10\rangle$、$|11\rangle$ 上，那么，可以计算 4 个两量子比特的计算基经 $CNOT$ 门的演化结果如图 2.2.12 所示：

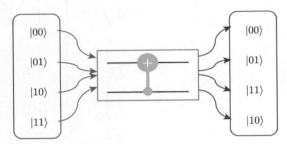

图 2.2.12　演化结果

从上例可以看出 $CNOT$ 门的含义是当控制比特为 $|0\rangle$ 态时，目标比特不发生改变；当控制比特为 $|1\rangle$ 态时，对目标比特执行 X 门 (量子非门) 操作。要注意的是，控制比特和目标比特的地位是不能交换的。

8) CR 门

控制相位门 (controlled phase gate) 和控制非门类似，通常记为 CR (CPhase) 门，其矩阵形式如下：

$$CR(\theta) = \begin{bmatrix} 1 & 0 & 0 & 0 \\ 0 & 1 & 0 & 0 \\ 0 & 0 & 1 & 0 \\ 0 & 0 & 0 & e^{i\theta} \end{bmatrix}$$

CR 门在线路中显示如图 2.2.13 所示：

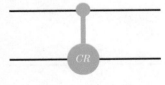

图 2.2.13　CR 门

在 CR 门的图标中，含实点的路线对应的量子比特称为控制比特，含 CR 字母的路线对应的量子比特为目标比特。

当控制比特为 $|0\rangle$ 态时，目标比特不发生改变；当控制比特为 $|1\rangle$ 态时，对目标比特执行相转变门 (phase-shift gate)，其特殊的是，控制相位门里交换控制比特

和目标比特的角色，矩阵形式不会发生任何改变。

9) $iSWAP$ 门

$iSWAP$ 门的主要作用是交换两个比特的状态，并且赋予其 $\pi/2$ 相位。经典电路中也有 $SWAP$ 门，但是 $iSWAP$ 是量子计算中特有的。$iSWAP$ 门在某些体系中是较容易实现的两比特逻辑门，它是由 $\sigma_x \otimes \sigma_x + \sigma_y \otimes \sigma_y$ 作为生成元生成，需要将矩阵 $\sigma_x \otimes \sigma_x + \sigma_y \otimes \sigma_y$ 对角化，$iSWAP$ 门的矩阵表示如下：

$$iSWAP\left(\theta\right)=\begin{bmatrix} 1 & 0 & 0 & 0 \\ 0 & \cos\left(\theta\right) & \mathrm{i}\sin\left(\theta\right) & 0 \\ 0 & \mathrm{i}\sin\left(\theta\right) & \cos\left(\theta\right) & 0 \\ 0 & 0 & 0 & 1 \end{bmatrix}$$

$iSWAP$ 门在线路中显示如图 2.2.14 所示：

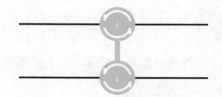

图 2.2.14　$iSWAP$ 门

通常会用一个完整的翻转，即 $\theta = \pi/2$ 的情况来指代 $iSWAP$。当角度为 $iSWAP$ 的一半时，即 $\theta = \pi/4$，称为 $\sqrt{iSWAP}$。对于 $iSWAP$ 门而言，两个比特之间地位是对等的，不存在控制和受控的关系。

7. 量子线路与测量操作

量子线路是由代表量子比特演化的路线和作用在量子比特上的量子逻辑门组成的。量子线路产生的效果，等同于每一个量子逻辑门依次作用在量子比特上。在真实的量子计算机上，最后要对量子系统末态进行测量操作，才能得到末态的信息，因此也把测量操作作为量子线路的一部分，测量操作有时也称为测量门。测量背后的原理就是之前讲到的投影测量。

测量操作在线路上的显示如图 2.2.15 所示：

图 2.2.15　测量操作

它表示对该量子路线代表的量子比特进行测量操作。

在计算基 $|0\rangle$、$|1\rangle$ 下，测量操作对应的矩阵形式为

$$M_0 = |0\rangle\langle 0| = \begin{bmatrix} 1 & 0 \\ 0 & 0 \end{bmatrix}, \quad M_1 = |1\rangle\langle 1| = \begin{bmatrix} 0 & 0 \\ 0 & 1 \end{bmatrix}$$

如图 2.2.16 所示，是一个简单的单量子比特的量子线路。

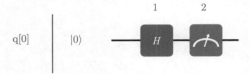

图 2.2.16　一个简单的单量子比特的量子线路

初始态为 $|0\rangle$，首先经过一个 H 门，演化得到末态

$$|\psi'\rangle = H|0\rangle = \frac{\sqrt{2}}{2}\begin{bmatrix} 1 & 1 \\ 1 & -1 \end{bmatrix}\begin{bmatrix} 1 \\ 0 \end{bmatrix} = \frac{\sqrt{2}}{2}\begin{bmatrix} 1 \\ 1 \end{bmatrix} = \frac{\sqrt{2}}{2}|0\rangle + \frac{\sqrt{2}}{2}|1\rangle$$

接着就对其进行测量操作，得到投影到计算基 $|0\rangle$ 下的概率为

$$\begin{aligned} P(0) &= \langle\psi'|M_0^\dagger M_0|\psi'\rangle \\ &= \langle\psi'|M_0|\psi'\rangle \\ &= \begin{bmatrix} \sqrt{2}/2 & \sqrt{2}/2 \end{bmatrix}\begin{bmatrix} 1 & 0 \\ 0 & 0 \end{bmatrix}\begin{bmatrix} \sqrt{2}/2 \\ \sqrt{2}/2 \end{bmatrix} \\ &= \frac{1}{2} \end{aligned}$$

根据测量假设，测量过后末态 $|\psi'\rangle$ 变为新的量子态

$$|\psi''\rangle = \frac{M_0|\psi'\rangle}{\sqrt{P(0)}} = \begin{bmatrix} 1 \\ 0 \end{bmatrix} = |0\rangle$$

投影到计算基 $|1\rangle$ 下的概率为

$$\begin{aligned} P(1) &= \langle\psi'|M_1^\dagger M_1|\psi'\rangle \\ &= \langle\psi'|M_1|\psi'\rangle \\ &= \begin{bmatrix} \sqrt{2}/2 & \sqrt{2}/2 \end{bmatrix}\begin{bmatrix} 0 & 0 \\ 0 & 1 \end{bmatrix}\begin{bmatrix} \sqrt{2}/2 \\ \sqrt{2}/2 \end{bmatrix} \\ &= \frac{1}{2} \end{aligned}$$

测量过后末态 $|\psi'\rangle$ 变为新的量子态

$$|\psi''\rangle = \frac{M_1 |\psi'\rangle}{\sqrt{P(1)}} = \begin{bmatrix} 0 \\ 1 \end{bmatrix} = |1\rangle$$

由于在真实的量子计算机上面，测量会对量子态有影响，所以只能够通过新制备初始量子态，让它重新演化，再进行测量，从而得到末量子态在计算基下的频率，用频率来近似概率，并且每次测量只能够用测量操作 M_0 与 M_1 中的一个进行测量。

图 2.2.17 表示的是两量子比特的量子线路。

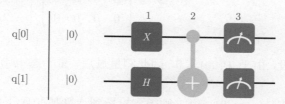

图 2.2.17　两量子比特的量子线路

在该量子线路中，初始态 q[1]、q[0] 代表量子比特的初始态均为 $|0\rangle$，因此该系统的复合量子态为 $|00\rangle$，这里复合量子态 $|00\rangle$ 的从左到右依次对应高位比特到低位比特。首先该复合的量子比特在时刻 1 同时经过 H 门和 X 门，接着在时刻 2 经过 $CNOT$ 门，最后在时刻 3 进行整体测量操作。下面用数学语言进行描述，在初始时刻系统处在初始态 $|\psi_0\rangle = |00\rangle$，其中左边的 0 为高位 q[1], 右边的 0 为低位 q[0]，经过时刻 1 的门以后量子态变为

$$|\psi_1\rangle = [H \otimes X] |00\rangle = \frac{\sqrt{2}}{2} \begin{bmatrix} X & X \\ X & -X \end{bmatrix} |00\rangle$$

$$= \frac{\sqrt{2}}{2} \begin{bmatrix} 0 & 1 & 0 & 1 \\ 1 & 0 & 1 & 0 \\ 0 & 1 & 0 & -1 \\ 1 & 0 & -1 & 0 \end{bmatrix} \begin{bmatrix} 1 \\ 0 \\ 0 \\ 0 \end{bmatrix} = \frac{\sqrt{2}}{2} \begin{bmatrix} 0 \\ 1 \\ 0 \\ 1 \end{bmatrix}$$

接着在时刻 2 经历 $CNOT$ 门后，演化为

$$|\psi_2\rangle = CNOT |\psi_1\rangle = \begin{bmatrix} 1 & 0 & 0 & 0 \\ 0 & 0 & 0 & 1 \\ 0 & 0 & 1 & 0 \\ 0 & 1 & 0 & 0 \end{bmatrix} \begin{bmatrix} 0 \\ \sqrt{2}/2 \\ 0 \\ \sqrt{2}/2 \end{bmatrix} = \begin{bmatrix} 0 \\ \sqrt{2}/2 \\ 0 \\ \sqrt{2}/2 \end{bmatrix} = \frac{\sqrt{2}}{2} |01\rangle + \frac{\sqrt{2}}{2} |11\rangle$$

最后，到时刻 3 进行测量操作，若用测量操作 $M_{00} \equiv |00\rangle \langle 00|$，则得到投影到计算基 $|00\rangle$ 下的概率为

$$P(00) = \langle \psi_2 | M_{00}^\dagger M_{00} | \psi_2 \rangle$$
$$= \langle \psi_2 | M_{00} | \psi_2 \rangle$$
$$= \langle \psi_2 | [|00\rangle \langle 00|] | \psi_2 \rangle$$
$$= \begin{bmatrix} 0 & \frac{\sqrt{2}}{2} & 0 & \frac{\sqrt{2}}{2} \end{bmatrix} \begin{bmatrix} 1 & 0 & 0 & 0 \\ 0 & 0 & 0 & 0 \\ 0 & 0 & 0 & 0 \\ 0 & 0 & 0 & 0 \end{bmatrix} \begin{bmatrix} 0 \\ \sqrt{2}/2 \\ 0 \\ \sqrt{2}/2 \end{bmatrix}$$
$$= 0$$

根据测量假设，由于 $P(00) = 0$，因此测量过后，量子态 $|\psi_2\rangle$ 不可能坍缩在基态 $|00\rangle$ 上面。

若用测量操作 $M_{01} \equiv |01\rangle \langle 01|$，则得到投影到计算基 $|01\rangle$ 下的概率为

$$P(01) = \langle \psi_2 | M_{01}^\dagger M_{01} | \psi_2 \rangle = \langle \psi_2 | M_{01} | \psi_2 \rangle = \frac{1}{2}$$

对量子态 $|\psi_2\rangle$ 测量后，得到新的量子态为

$$|\psi_3\rangle = \frac{M_{01} |\psi_2\rangle}{\sqrt{P(01)}} = \begin{bmatrix} 0 \\ 1 \\ 0 \\ 0 \end{bmatrix} = |01\rangle$$

若用测量操作 $M_{10} \equiv |10\rangle \langle 10|$，则得到投影到计算基 $|10\rangle$ 下的概率为

$$P(10) = \langle \psi_2 | M_{10}^\dagger M_{10} | \psi_2 \rangle = \langle \psi_2 | M_{10} | \psi_2 \rangle = 0$$

所以，测量过后，量子态 $|\psi_2\rangle$ 不可能坍缩在基态 $|10\rangle$ 上面。

若用测量操作 $M_{11} \equiv |11\rangle \langle 11|$，则得到投影到计算基 $|11\rangle$ 下的概率为

$$P(11) = \langle \psi_2 | M_{11}^\dagger M_{11} | \psi_2 \rangle = \langle \psi_2 | M_{11} | \psi_2 \rangle = \frac{1}{2}$$

对量子态 $|\psi_2\rangle$ 测量后，得到新的量子态为

$$|\psi_3\rangle = \frac{M_{11} |\psi_2\rangle}{\sqrt{P(11)}} = \begin{bmatrix} 0 \\ 0 \\ 0 \\ 1 \end{bmatrix} = |11\rangle$$

有时可能关心线路中某些位量子比特的演化结果，那么就把测量放在某些量子比特对应的路线上面。如图 2.2.18 所示，将测量操作放在高位比特所对应路线上面。

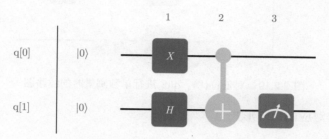

图 2.2.18　测量操作放在高位比特所对应路线上面

此时，测量对应的矩阵形式为

$$M_0^1 = \sum_{i \in \{0,1\}} |0i\rangle \langle 0i| \quad \text{和} \quad M_1^1 = \sum_{i \in \{0,1\}} |1i\rangle \langle 1i|$$

因此，通过测量，得到测量结果 0 和 1 发生的概率分别为

$$P_1(0) = \langle \psi_2 | M_1^0 | \psi_2 \rangle = \begin{bmatrix} 0 & \frac{\sqrt{2}}{2} & 0 & \frac{\sqrt{2}}{2} \end{bmatrix} \begin{bmatrix} 1 & 0 & 0 & 0 \\ 0 & 1 & 0 & 0 \\ 0 & 0 & 0 & 0 \\ 0 & 0 & 0 & 0 \end{bmatrix} \begin{bmatrix} 0 \\ \sqrt{2}/2 \\ 0 \\ \sqrt{2}/2 \end{bmatrix} = \frac{1}{2}$$

$$P_1(1) = \langle \psi_2 | M_1^1 | \psi_2 \rangle = \begin{bmatrix} 0 & \frac{\sqrt{2}}{2} & 0 & \frac{\sqrt{2}}{2} \end{bmatrix} \begin{bmatrix} 0 & 0 & 0 & 0 \\ 0 & 0 & 0 & 0 \\ 0 & 0 & 1 & 0 \\ 0 & 0 & 0 & 1 \end{bmatrix} \begin{bmatrix} 0 \\ \sqrt{2}/2 \\ 0 \\ \sqrt{2}/2 \end{bmatrix} = \frac{1}{2}$$

测量后，量子系统的状态分别变为

$$|\psi_3\rangle = \frac{M_1^0 |\psi_2\rangle}{\sqrt{P_1(0)}} = |01\rangle$$

$$|\psi_3\rangle = \frac{M_1^1 |\psi_2\rangle}{\sqrt{P_1(1)}} = |11\rangle$$

同理，对低位比特 q[0] 进行单独测量时，线路图如图 2.2.19 所示。

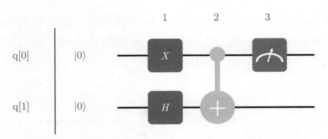

图 2.2.19　对低位比特 q[0] 进行单独测量时的线路图

此时测量操作对应的矩阵形式为

$$M_0^0 = \sum_{i \in \{0,1\}} |i0\rangle \langle i0| \quad \text{和} \quad M_1^0 = \sum_{i \in \{0,1\}} |i1\rangle \langle i1|$$

通过测量，得到测量结果 0 发生的概率为

$$P_0(0) = \langle \psi_2| M_0^0 |\psi_2\rangle = \begin{bmatrix} 0 & \dfrac{\sqrt{2}}{2} & 0 & \dfrac{\sqrt{2}}{2} \end{bmatrix} \begin{bmatrix} 1 & 0 & 0 & 0 \\ 0 & 0 & 0 & 0 \\ 0 & 0 & 1 & 0 \\ 0 & 0 & 0 & 0 \end{bmatrix} \begin{bmatrix} 0 \\ \dfrac{\sqrt{2}}{2} \\ 0 \\ \dfrac{\sqrt{2}}{2} \end{bmatrix} = 0$$

得到测量结果 1 发生的概率为

$$P_0(1) = \langle \psi_2| M_0^1 |\psi_2\rangle = \begin{bmatrix} 0 & \dfrac{\sqrt{2}}{2} & 0 & \dfrac{\sqrt{2}}{2} \end{bmatrix} \begin{bmatrix} 0 & 0 & 0 & 0 \\ 0 & 1 & 0 & 0 \\ 0 & 0 & 0 & 0 \\ 0 & 0 & 0 & 1 \end{bmatrix} \begin{bmatrix} 0 \\ \dfrac{\sqrt{2}}{2} \\ 0 \\ \dfrac{\sqrt{2}}{2} \end{bmatrix} = 1$$

测量后，系统由原来的量子态 $|\psi_2\rangle$ 演化为量子状态

$$|\psi_3\rangle = \frac{M_0^1 |\psi_2\rangle}{\sqrt{P_0(1)}} = \frac{\sqrt{2}}{2} |01\rangle + \frac{\sqrt{2}}{2} |11\rangle$$

2.2.2　量子计算的 if 和 while

　　所谓量子线路，从本质上是一个量子逻辑门的执行序列，它是从左至右依次执行的。即使介绍了函数调用的思想，也可以理解为这是一种简单的内联展开，即把函数中的所有逻辑门插入到调用处，自然地，可能会考虑在量子计算机的层面是否存在类似于经典计算机中的循环和分支语句。因此，就有了 Qif 和 QWhile。

1. 基于测量的跳转

作为 Qif 和 QWhile 的判断条件的对象，并不是量子比特，而是一个经典的信息，往往，这个经典的信息是基于测量的。在量子程序执行时，测量语句会对量子比特施加一个测量操作，之后将这个比特的测量结果保存到经典寄存器中，最后，可以根据这个经典寄存器的值，选择接下来要进行的操作。

例如：

```
1.  H -> q
2.  Meas q -> c
3.  Qif (c == Zero) H->q
```

这样的量子程序表示的是对 q 进行 Hadamard 门操作之后，测量它；如果测量的结果是 0，则再做一个 Hadamard 门。从这个例子可以继续延伸到 Qif 可以包裹的一系列语句，而不仅仅是一个。

例如：

```
1.  Qif (c == Zero)
2.  {
3.  H->q
4.  CNOT(q0, q1)
5.  ......
6.  }
```

或者也可以设置 Qelse 语句，它表示如果判断条件为非，则要执行的语句。例如：

```
1.  Qif (c == Zero) CNOT(q0, q1)
2.  Qelse CNOT(q1,q0)
```

再或许可以综合两个、多个量子比特的测量结果，对它们进行布尔代数运算，进行判断。另一种情况是将 N 个量子比特的测量结果理解为一个 N-bit 整数，之后再与其他整数进行比较。

例如：

```
1.  Qif (c1 == Zero && c2 == One)
2.  {
3.  H->q
4.  CNOT(q0, q1)
```

```
5.    ......
6.    }
```

上述规则对于 QWhile 来说也是一样，比如一个随机计数的代码：

```
1.    c = One
2.    n = Zero
3.    QWhile(c) {
4.    H -> q
5.    Meas q->c
6.       n ++
7.    }
```

这个程序的含义是每次对量子比特执行 Hadamard 门并测量。如果测量结果为 1，则继续该过程；测量结果为 0，则退出循环。这表明测量得到 1 的次数，每次都有 1/2 的概率，给定计数器 $n+1$，最终可以取得 n 的值。重复这个实验，可以拟合出一个负指数分布。

另外，Qif 和 QWhile 是可以相互嵌套的，形成多层的控制流。

2. 基于量子信息的 if 和 while

上述的是"量子信息，经典控制"，那么有没有"量子信息，量子控制"呢？对于 IF 而言，答案是有的。

定义"量子信息，量子控制"过程是一组量子比特的操作，是由另一组比特的值决定的。一个最简单的例子就是 $CNOT$ 门，对于 $CNOT$(q0,q1) 而言，q1 是否执行 NOT 门是由 q0 的值决定的。基于量子信息的 if 的性质如下：

第一，这种控制可以叠加。如果判断变量本身处于叠加态，那么操作的比特也会出现执行/不执行逻辑门的两种分支，由此，判断变量和操作比特之间会形成纠缠态。例如：

```
1.    H -> q1
2.    CNOT q1 -> q2
```

此时得到的量子态是 $|00\rangle + |11\rangle$，这样在 $CNOT$ 后，就把 q1 这个判断变量和 q2 这个操作比特纠缠了起来。

第二，控制变量和操作比特之间不能共享比特。即 $CNOT$(q0,q1) 中控制位和目标位一定不能为相同的量子比特。

基于量子信息的 if 在实际的量子算法中使用得比较少，因此大部分量子软件开发包都没有加入这个功能。在 Shor 算法和其他基于布尔运算的线路中会使用这个思想，比如对是否求模的判断，但实际中，一般是利用 $CNOT$ 门的组合来实现的。

对于 while 而言，目前还没有找到一个合适的定义，因为量子信息不确定，那么很有可能会在 while 中产生无法停机的分支。以经典控制的 QWhile 作为例子，如果控制变量 c 是一个量子比特，那么每次都会有一个概率使得这个循环继续下去。因此，为了执行这个序列，就需要无限长的操作序列，这导致从物理上无法定义这种操作。

第 3 章
量子计算机硬件基础

3.1 量子芯片

3.1.1 超导量子芯片

超导量子计算是基于超导电路的量子计算方案,其核心器件是超导约瑟夫森结。超导量子电路在设计、制备和测量等方面,与现有的集成电路技术具有较高的兼容性,对量子比特的能级与耦合可以实现非常灵活的设计与控制,极具规模化的潜力。

由于近年来的迅速发展,超导量子计算已成为目前最有希望实现通用量子计算的候选方案之一。超导量子计算实验点致力于构建一个多比特超导量子计算架构平台,解决超导量子计算规模化量产中遇到的难题。

如图 3.1.1(a) 所示,超导电路类似于传统的电子谐振电路,这种谐振电路产生了谐振子的能级。超导约瑟夫森效应使得超导电路在不发生损耗和退相干的情况下产生非线性,非线性导致谐振子的能级间隔不再等同,其中最低的两个能级可以用来实现量子比特的操控,如图 3.1.1(b) 所示。与经典谐振电路不同的是,超导电路还含有由约瑟夫森结带来的电感 LJ 这一项,改变这一项和电感 L、电容 C 的比值,物理学家提出了多种基于超导电路的比特形式,如图 3.1.1(c) 所示 [6]。

超导量子计算的研究始于 2000 年前后,后来在美国耶鲁大学 Schoelkopf 和 Devoret 研究组的推动下,将超导比特和微波腔进行耦合,实现了量子比特高保真度的读出和纠缠,加速了超导量子比特的研究。微波腔是一种容纳微波光子的谐振腔,比特的两个能级会对微波腔的光子产生扰动,这一信号的扰动就可以用来实现比特信号的读出。比特和比特之间还可以通过微波腔相连，当两个比特和腔是强耦合状态的时候，两个比特就会通过腔发生相互作用，物理学家通过这一相互作用实现了两比特操作。在 2009 年，基于超导比特和腔的耦合，实现了两比特的高保真度量子算法，使得超导量子计算得到了世界的广泛关注[7]。

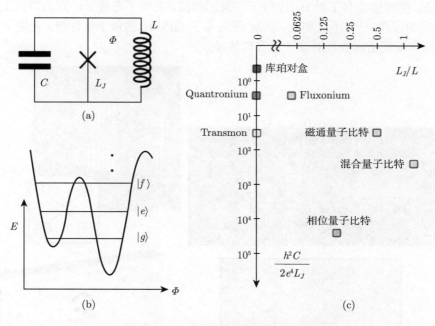

图 3.1.1　超导电路构成量子比特[6]

(a) 超导量子比特的等效电路模型；(b) 超导量子比特的能级；(c) 不同种类的超导量子比特

　　从 2014 年开始，美国企业界开始关注超导量子比特的研究，并加入了研究的大潮中。2014 年 9 月，美国 Google 公司与美国加州大学圣芭芭拉分校合作研究超导量子比特，使用 X-mon 形式的超导量子比特，如图 3.1.2(a) 所示为一个 9 比特芯片，这个超导芯片的单比特和两比特保真度均可以超过 99%，在 X-mon 结构中，近邻的两个比特可以直接发生相互作用[8]。2016 年，基于这个芯片实现了对氢分子能量的模拟。

　　2017 年，Google 发布了实现量子计算机对经典计算机的超越 ——"量子霸权"的发展蓝图[10]。2018 年初，其设计了 72 比特的量子芯片，并着手进行制备和测量，这是向实现"量子霸权"迈出的第一步。在 Google 公司加入量子计算大战的同时，美国国际商用机器有限公司 (IBM) 于 2016 年 5 月在云平台上发布了他们的 5 比特量子芯片,如图 3.1.2(b) 所示,这种比特形式叫作 Transmon,Transmon 的单比特保真度可以超过 99%,两比特保真度可以超过 95%,在 Transmon 的结构中,比特和比特之间仍然用腔连接,使得其布线方式和 X-mon 相比更加自由。

同样在 2017 年,IBM 制备了 20 比特的芯片,并展示了用于 50 比特芯片的测量设备,同时也公布了对 BeH_2 分子能量的模拟,表明了在量子计算的研究上紧随 Google 的步伐 [11],不仅如此,IBM 还发布了 QISKit 的量子软件包,促进了人们通过经典编程语言实现对量子计算机的操控。

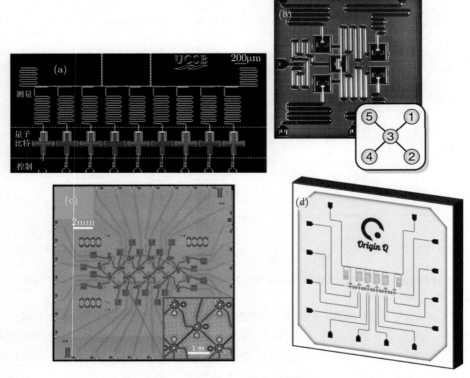

图 3.1.2　不同公司的超导量子芯片

(a) Google 的 9 比特芯片;(b) IBM 的 5 比特芯片;(c) Rigetti 公司的 19 比特芯片;(d) 本源量子公司的 6 比特芯片 [8,11,12]

除了美国 Google 公司和 IBM 公司外,美国 Intel 公司和荷兰代尔夫特理工大学也合作设计了 17 比特和 49 比特超导量子芯片,并在 2018 年的 CES 大会上发布,不过具体的性能参数还有待测试。美国初创公司 Rigetti 发布了 19 比特超导量子芯片，并演示了无人监督的机器学习算法，使人们见到了利用量子计算机加速机器学习的曙光[12]，如图 3.1.2(c) 所示。美国微软公司开发了 Quantum Development Kit 量子计算软件包，通过传统的软件产品 Visual Studio 就可以进行量子程序的编写。

在国内，2017 年，中国科学技术大学潘建伟研究组实现了多达 10 个超导比特的纠缠[13]，2018 年初，中国科学院和阿里云联合发布了 11 位量子比特芯片，保真度和 Google 的芯片不相上下，表明了我国在超导量子计算方面也不甘落后，并迎头赶上，同时，合肥本源量子公司也正在开发 6 比特高保真度量子芯片，如图 3.1.2(d) 所示。南京大学和浙江大学也对超导量子比特进行了卓有成效的研究[14,15]。在超导量子计算方面，可谓是国内国外百花齐放，百家争鸣。

3.1.2　半导体量子芯片

由于经典计算机主要基于半导体技术，基于半导体开发量子计算也是物理学家研究的重点领域。相比超导量子计算微米级别的比特大小，量子点量子比特所占的空间是纳米级别，类似于大规模集成电路一样，更有希望实现大规模的量子芯片。现在的主要方法是在硅或者砷化镓等半导体材料上制备门控量子点来编码量子比特。编码量子比特的方案多种多样，在半导体系统中主要是通过对电子的电荷或者自旋量子态的控制实现。

基于电荷位置的量子比特如图 3.1.3 所示，这是中国科学技术大学郭国平研究组利用 GaAs/AlGaAs 异质结制备的三电荷量子比特的样品，图中 Q_1、Q_2 和 Q_3

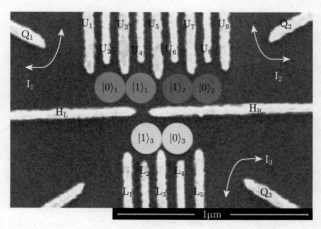

图 3.1.3　中国科学技术大学郭国平研究组研制的三电荷量子比特半导体芯片[16]

作为探测器可以探测由 U、L 电极形成的量子点中电荷的状态，六个圆圈代表六个量子点，每种颜色代表一个电荷量子比特。以两个黄圈为例，当电子处于右边量子点中时，它处于量子比特的基态，代表 0；当电子处于左边量子点时，它处于量子比特的激发态，代表 1。这三个比特的相互作用可以通过量子点之间的电极调节，因而可以用来形成三比特控制操作[16]，不过这种三比特操作的保真度较低，提高保真度需要进一步抑制电荷噪声。

基于自旋的量子比特如图 3.1.4(a) 所示，这是美国普林斯顿大学 Petta 研究组基于 Si/SiGe 异质结制备的两自旋量子比特芯片，图 3.1.4(a) 中带箭头的圆圈代表不同自旋方向的电子，自旋在磁场下劈裂产生的两个能级可以用于编码量子比特。这两个量子比特之间的耦合可以通过中间的电极 M 进行控制，实现两比特操

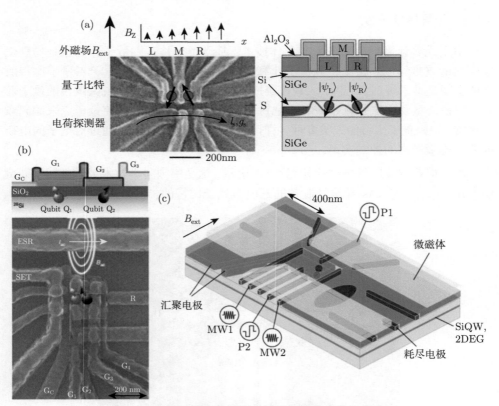

图 3.1.4　不同研究组的两自旋量子比特半导体芯片

(a) 美国普林斯顿大学 Petta 研究组；(b) 澳大利亚新南威尔士大学 Dzurak 研究组；(c) 荷兰代尔夫特理工大学Vandersypen 研究组 [17,19,20]

作[17]。由于对电荷噪声有较高的免疫效果，自旋量子比特的退相干时间非常长，2014 年，澳大利亚新南威尔士大学 Morello 研究组的实验结果显示自旋的退相干时间可以长达 30 秒，可以用来制备超高保真度的量子比特[18]。截至 2018 年初，已经有包括澳大利亚新南威尔士大学 Dzurak 研究组、美国普林斯顿大学 Petta 研究组和荷兰代尔夫特理工大学 Vandersypen 研究组实现了半导体自旋量子比特的两比特操控[17,19,20]，其单量子比特操控保真度已经可以超过 99%，两比特操控保真度可以达到 80% 左右。2017 年，日本 Tarucha 研究组报道了保真度达到 99.9% 的单量子比特，证明了自旋量子比特的超高保真度[21]。

与超导量子计算类似，半导体量子计算也正在从科研界转向工业界。2016 年，美国芯片巨头 Intel 公司开始投资荷兰代尔夫特理工大学的硅基量子计算研究，目标是在五年内制备出第一个二维表面码结构下的逻辑量子比特。2017 年，澳大利亚也组建了硅量子计算公司，目标是五年内制备出第一台 10 比特硅基量子计算机。

在国内，中国科学技术大学的郭国平研究组在传统的 GaAs 基量子比特方面积累了成熟的技术，实现了多达 3 个电荷量子比特的操控和读出，并基于电荷量子比特制备了品质因子更高的杂化量子比特[16,22-24]。同时，该组从 2016 年开启了硅基量子比特计划，计划五年内制备出硅基高保真度的两比特量子逻辑门，实现对国际水平的追赶，并为进一步的超越做准备。

3.1.3　其他类型体系的量子计算体系

1. 离子阱量子计算

离子阱量子计算在影响范围方面仅次于超导量子计算。早在 2003 年，基于离子阱就可以演示两比特量子算法[25]。离子阱编码量子比特主要是利用真空腔中的电场囚禁少数离子，并通过激光冷却这些囚禁的离子[26]。以囚禁 Yb^+ 为例，图 3.1.5(a) 是离子阱装置图，20 个 Yb^+ 连成一排，每一个离子在超精细相互作用下产生的两个能级作为量子比特的两个能级，标记为 $|\uparrow\rangle$ 和 $|\downarrow\rangle$。图 3.1.5(b) 表示通过合适的激光可以将离子调节到基态，然后图 3.1.5(c) 表示可以通过观察荧光来探测比特是否处于 $|\uparrow\rangle$。离子阱的读出和初始化效率可以接近 100%，这是它超过前两种比特形式的优势。单比特的操控可以通过加入满足比特两个能级差的频率的激光实现，两比特操控可以通过调节离子之间的库仑相互作用实现。

2016 年，美国马里兰大学 C. Monroe 组基于离子阱制备了 5 比特可编程量子计算机，其单比特和两比特的操作保真度平均可以达到 98%，运行 Deutsch-Jozsa 算法的保真度可以达到 95%[27]。他们还进一步将离子阱的 5 比特量子芯片和 IBM 的 5 比特超导芯片在性能方面进行了比较，发现离子阱量子计算的保真度和比特的相干时间更长，而超导芯片的速度更快。在比特扩展方面，两者都有一定的难度，不过在 20 ~ 100 个比特这个数目内，两者现在可能都有一定的突破 [28]。除了量子计算，离子阱还能用来进行量子模拟，如图 3.1.6 所示。2017 年，C. Monroe 组使用了 53 个离子实现了多体相互作用相位跃迁的观测，读出效率高达 99%，是迄今为止比特数目最多的高读出效率量子模拟器 [29]。虽然不能单独控制单个比特的操作，但是这也证明了离子阱量子计算的巨大潜力。

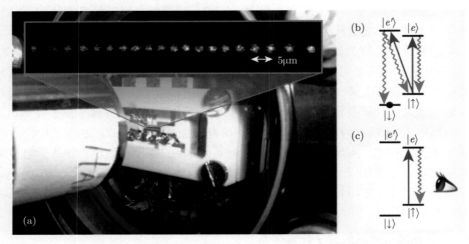

图 3.1.5 (a) 离子阱装置；(b) 比特初始化；(c) 通过荧光探测测量比特状态 [23]

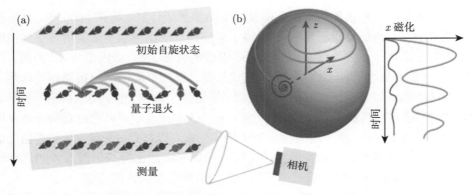

图 3.1.6 利用 53 个离子实现多体相互作用观测的量子模拟器示意图 [29]

对于两比特操控速度问题，这一直是限制离子阱量子计算发展的主要因素。两比特门操作速度最快也需要 100μs，远远高于超导量子比特和半导体量子比特的

200ns。2018 年，牛津大学的 Lucas 组通过改进激光脉冲，达到了最快 480ns 的操作速度，展现了离子阱量子计算的丰富前景 [30]。

2015 年，马里兰大学和杜克大学联合成立了 IonQ 量子计算公司，2017 年 7 月，该公司获得两千万美元的融资，计划在 2018 年将自己的量子计算机推向市场，这是继超导量子计算之后第二个能够面向公众的商用量子计算体系。

国内的离子阱量子计算也于近几年发展起来。清华大学的金奇奂研究组和中国科学技术大学的李传锋、黄运峰研究组已经实现了对一个离子的操控，做了一些量子模拟方面的工作 [31,32]。清华大学计划在五年内实现单个离子阱中 15 ~ 20 个离子的相干操控，演示量子算法，说明中国也已经加入到了离子阱量子计算的竞赛中。

2. 原子量子计算

除了利用离子，较早的方法还包括直接利用原子来进行量子计算。不同于离子，原子不带电，原子之间没有库仑相互作用，因此可以非常紧密地连在一起而不相互影响。原子可以通过磁场或者光场来囚禁，用后者可以形成一维、二维甚至三维的原子阵列，如图 3.1.7 所示 [33]。

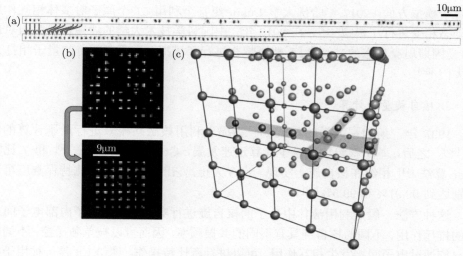

图 3.1.7　用光场囚禁的多原子阵列

(a) 一维阵列；(b) 二维阵列；(c) 三维阵列 [33]

原子可以通过边带冷却的方式冷却到基态，然后同样可以通过激光对比特进行操控，比特的读出也类似于离子阱的方法。由于没有库仑相互作用，两比特操控在原子中较难实现，它们必须首先被激发到里德伯态，原子的能量升高，波函数展宽，再通过里德伯阻塞机制实现两比特操控。尽管迄今为止，原子量子比特的两比特纠缠的保真度只有 75%，还远远落后于离子阱和超导比特，但是 2016 年一篇论文中，通过理论计算，经过波形修饰的两个原子量子比特的纠缠保真度可以达到99.99%[34]。

除了传统的基于量子逻辑门进行量子计算的方法，还有一种实现量子计算的方式是对不同拓扑结构的量子纠缠态进行测量，这两种方法在解决问题的范围上是等价的。在这方面，中国科学技术大学的潘建伟研究组进行了卓有成果的研究，2016 年实现了 600 对量子比特的纠缠，纠缠保真度在 79%左右[35]，根据下一步计划，将基于成对的量子比特纠缠实现约百个量子比特集体的纠缠，开展基于测量的量子计算方法。

基于原子的量子模拟可能比量子计算更加受到科研界的关注。利用光晶格中的原子，可以研究强关联多体系统中的诸多物理问题，比如玻色子的超流态到 Mott绝缘体的相变和费米子的 Fermi-Hubbard 模型，经典磁性 (铁磁、反铁磁和自旋阻挫)，拓扑结构或者自旋依赖的能带结构以及 BCS-BEC 交叉等问题。现在聚焦的主要是量子磁性问题、量子力学中的非平衡演化问题和无序问题[36]。在基于原子的量子模拟方面，2017 年哈佛大学 Lukin 组甚至利用 51 个原子对多体相互作用的动态相变进行了模拟[37]。在 2016 年，中国科学技术大学的潘建伟研究组对玻色–爱因斯坦凝聚态的二维自旋–轨道耦合进行了模拟，为研究新奇的量子相打开了大门[38]。

3. 核自旋量子计算

1997 年，斯坦福大学的 Chuang 等提出利用核磁共振来进行量子计算的实验[39]，之后，基于核自旋的量子计算迅速发展，Grover 搜索算法[40]和 7 比特Shor 算法[41]相继在核自旋上实现。迄今为止，它的单比特和两比特保真度可以分别达到 99.97%和 99.5%[42]。

这种方法一般是利用液体中分子的核自旋进行实验，由于分子内部电子间复杂的排斥作用，不同的核自旋具有不同的共振频率，因而可以被单独操控；不同的核自旋通过电子间接发生相互作用，可以进行两比特操作。图 3.1.8 是一种用于核磁共振实验的分子，里面的两个 C 原子用 ^{13}C 标记，加上外面 5 个 F 原子，它们7 个构成实验用的 7 个比特，表中是比特频率、相干时间和相互作用能。

不过这种量子计算方式依赖于分子结构，难以扩展；而且是利用多个分子的集体效应进行操控，初始化比较有难度，该方向还有待进一步的突破。国内从事核自旋量子计算实验的主要有清华大学的龙桂鲁课题组，2017 年，该课题组将核自旋量子计算连接到云端，向公众开放使用，该云服务包含 4 个量子比特，比特保真度超过 98%。

i	$w_i/2\pi$	$T_{1,i}$	$T_{2,i}$	J_{7i}	J_{6i}	J_{5i}	J_{4i}	J_{3i}	J_{2i}
1	−22052..0	5.0	1.3	−221.0	37.7	6.6	−114.3	14.5	25.16
2	489.5	13.7	1.8	18.6	−3.9	2.5	79.9	3.9	
3	25088.3	3.0	2.5	1.0	−13.5	41.6	12.9		
4	−4918.7	10.0	1.7	54.1	−5.7	2.1			
5	15186.6	2.8	1.8	19.4	59.5				
6	−4519.1	45.4	2.0	68.9					
7	4244.3	31.6	2.0						

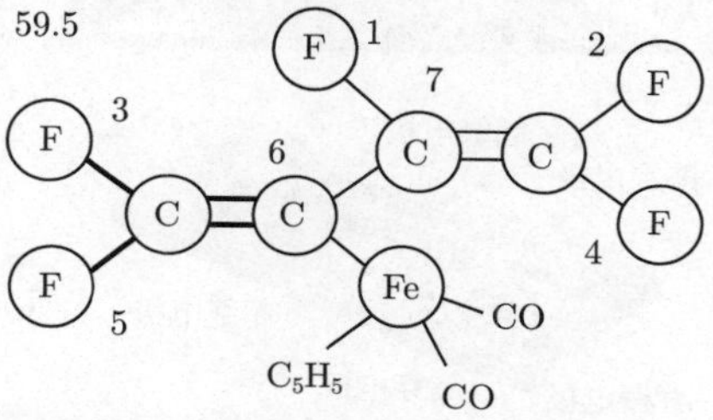

图 3.1.8　用于 Shor 算法的核磁共振实验的分子结构及相关参数 [41]

4. 拓扑量子计算

拓扑量子计算是一种被认为对噪声有极大免疫的量子计算形式，它利用的是一种叫作非阿贝尔任意子的准粒子 [43]。为了实现量子计算，首先要在某种系统中创造出一系列任意子–反任意子，然后将这些任意子的两种熔接 (fusion) 结果作为量子比特的两个能级，再利用编织 (braiding) 进行量子比特的操控，最后通过测量任意子的熔接结果得到比特的末态。这一系列操作对噪声和退相干都有极大的免疫，因为唯一改变量子态的机制就是随机产生的任意子–反任意子对干扰了比特的编织过程，但这种情况在低温下是非常罕见的，噪声和其他量子比特系统常见的电荷等相比，影响是非常小的。

现在国际上进行拓扑量子计算研究的实验组主要是荷兰代尔夫特理工大学的 Kouwenhoven 研究组和丹麦哥本哈根大学的 Marcus 研究组。研究组在实验中获得任意子的方法就是得到马约拉纳费米子，当 s 波超导体和一条具有强烈自旋–轨道耦合效应的半导体纳米线耦合在一起时，在纳米线的两端就可以产生马约拉纳费米子，实验中可以观察到马约拉纳费米子引起的电导尖峰，当这些纳米线可以很好地外延生长成阵列时，就可以进行比特实验。从 2012 年首次在半导体–超导体异质结中观察到马约拉纳零模的特征开始 [44]，到 2018 年观察到量子化的电导平

台 [45]，Kouwenhoven 研究组的实验已经让大多数科学家认同了可以在这种体系中产生马约拉纳费米子，不仅如此，进行拓扑量子计算的 Al-InSb 和 Al-InP 两种半导体–超导体耦合的纳米线阵列已经先后在实验中实现 (图 3.1.9) [46,47]。未来将尝试进行编织实验，实现世界上第一个拓扑量子比特。

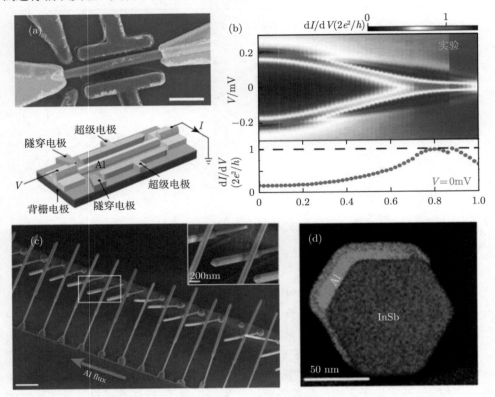

图 3.1.9　(a) 观察马约拉纳费米子的器件结构；(b) 实验观察到的量子化电导平台；(c) InSb 纳米线阵列；(d) Al-InSb 异质结 [45,46]

　　除了利用半导体–超导体异质结可以得到马约拉纳费米子，其他获得的方式还包括量子霍尔效应、分数量子霍尔效应、二维无自旋超导体和超导体上的铁磁原子链。最近在量子反常霍尔绝缘体–超导结构中发现的一维马约拉纳模式也被认为可以用于拓扑量子计算 [48]，但是基于马约拉纳费米子进行的拓扑量子计算仍然不能满足单比特任意的旋转，它仍然需要和其他形式的量子比特互补或者通过某种方法进行近似的量子操作，不过，对高质量量子比特的追求仍然推动着科学家研究拓扑量子比特。

不同于其他美国巨头公司，微软公司在量子计算方面押注在拓扑量子计算，认为现在量子比特的噪声仍然太大，发明一种保真度更高的量子比特将有助于量子比特的高质量扩展，进而更容易实现量子计算。其与荷兰代尔夫特理工大学、丹麦哥本哈根大学、瑞士苏黎世理工大学、美国加州大学圣芭芭拉分校、普渡大学和马里兰大学在实验和理论上展开了广泛的合作，目标是五年内制备出世界上第一个拓扑量子比特，其拓扑保护的时间可长达 1 秒。中国在拓扑量子计算方面也开始发力，2017 年 12 月 1 日，中国科学院拓扑量子计算卓越创新中心在中国科学院大学 (简称国科大) 启动筹建，国科大卡弗里理论科学研究所所长张富春任中心负责人。未来几年可能是中国拓扑量子计算的高速发展期。

从目前量子计算的发展脉络来看，各种体系有先有后，有的量子计算方式现在已经让其他方式望尘莫及；有的量子计算方式还有关键技术亟待突破；也有的量子计算方式正在萌芽之中。就像群雄逐鹿中原，鹿死谁手，尚未可知。有观点认为，未来量子计算机的实现可能是多种途径混合的，比如利用半导体量子比特的长相干时间做量子存储，超导量子比特的高保真操控和快速读出做计算等等；也有观点认为，根据不同的量子计算用途，可能使用不同的量子计算方法，就像 CPU 更适合任务多而数据少的日常处理，而 GPU 更适合图像处理这种单一任务但数据量大的处理。无论未来的量子计算发展情况如何，中国在各个量子计算方式上都进行了跟随式研究，这是我国现有的技术发展水平和国家实力的体现。随着国家对相关科研的进一步投入，相信未来在量子计算的实现方面，也可以领先于世界其他国家，实现弯道超车。

3.2 量子计算机硬件

由上一节知道，量子计算机的核心 —— 量子芯片，具有多种不同的呈现形式。绝大多数量子芯片，名副其实地，是一块芯片，由集成在基片表面的电路结构构建出包含各类量子比特的量子电路。但量子芯片不等同于量子计算机，它仅仅是量子计算机中的一个核心结构。

量子计算机，是建立在量子芯片基础上的运算机器。除此以外，量子计算机需要提供能维持量子芯片运行的基本环境。以上这些都需要特殊的硬件系统来实现，它们实现了量子计算机软件层到量子计算机芯片层的交互。

量子计算机硬件，主要包含两个部分：一个是量子芯片支持系统，用于提供量子芯片所必需的运行环境；另一个是量子计算机控制系统，用于实现对量子芯片的控制，以完成运算过程并获得运算结果。鉴于目前国际主流量子计算研发团队主要聚焦超导量子芯片与半导体量子芯片这两种体系，同时它们的量子计算机硬件有相当多的共性，因此以下将具体展开介绍这两种体系适用的量子计算机硬件。

3.2.1　量子芯片支持系统

超导量子芯片和半导体量子芯片对运行环境的需求类似，最基本的需求均为接近绝对零度的极低温环境。其主要原因在于两种体系的量子比特的能级接近，基本上都在 GHz 频段。该频段内的热噪声对应的噪声温度约在 300mK 以上。为了抑制环境噪声，必须使量子芯片工作在远低于其能级对应的热噪声温度。稀释制冷机能够提供量子芯片所需的工作温度和环境。利用 ^{3}He/^{4}He 混合气实现稀释制冷，稀释制冷机能够将量子芯片冷却到 10mK 以下的极低温。在 2018 年 IBM's inaugural Index 开发者大会上，IBM 展示的"50 位量子计算机原型机"，实际上就是维持 50 位量子芯片运行的稀释制冷机以及其内部的线路构造。

图 3.2.1 展示了 IBM 的稀释制冷机。除了稀释制冷机本身以外，量子计算研究人员需要花费大量精力设计、改造、优化稀释制冷机内部的控制线路与屏蔽装置，以全面地抑制可能造成量子芯片性能下降的噪声因素。其中最主要的三点是热噪声、环境电磁辐射噪声以及控制线路带来的噪声。

图 3.2.1　IBM 的稀释制冷机，用于容纳 50 位量子芯片

　　抑制热噪声的主要方式，是在稀释制冷机的基础上，为量子芯片设计能迅速带走热量的热沉装置，该装置需要兼容量子芯片的封装。图 3.2.2 是包含多种热沉结构的量子芯片封装照片，包含半导体量子芯片以及超导量子芯片，其中热沉主要使用了无氧紫铜材料。

图 3.2.2　量子芯片的热沉与封装 [49]

　　环境电磁辐射噪声是较难控制的环境干扰，其中又可以分为电场辐射以及磁场辐射。电场辐射主要产生来源是稀释制冷机中更高温层的红外辐射，其频段和量子比特的能级相仿，因此会加速量子比特的弛豫过程，从而降低量子芯片的性能。磁场辐射来源复杂，诸如地磁场、带磁元件的剩磁、控制电流引发的磁场等，它们会干扰量子比特的能级，破坏量子芯片的相干时间。可工作于极低温环境的电磁屏蔽技术，一直是伴着量子计算研究人员的需求发展的。图 3.2.3 展示了伯克利大学 Sidiqqi 研究组使用的一种红外辐射屏蔽技术。他们设计了用于包裹量子芯片的屏蔽桶，并在桶的内壁使用了一种黑色的特殊涂层，用于增强对红外辐射的吸收。

图 3.2.3　红外辐射屏蔽装置

控制线路携带的噪声，主要也是由热效应引起的。由于量子芯片工作环境的特殊性，从量子计算机控制系统发出的控制信号，要从稀释制冷机接入，经过漫长的低温线路，最后到达量子芯片。而热噪声近似和温度成正比，可想而知，从室温 (约 300K) 传入的噪声，相比前面所说的量子比特能级对应的噪声温度 (约 300mK) 相差了近 1000 倍。这么大的噪声如果直接到达维持在 10mK 温度的量子芯片，则会直接破坏量子比特的量子相干性。解决办法是尽可能地抑制从室温传入的信号，使从室温传入的噪声降至和量子芯片的工作温度一个级别。同时，我们还要设法将除了控制信号以外的其他所有频段的无关信号一并滤除，而这则是通过各类特种低温滤波器实现的。图 3.2.4 是适用于超导量子芯片的量子芯片支持系统中极低温控制线路的设置。

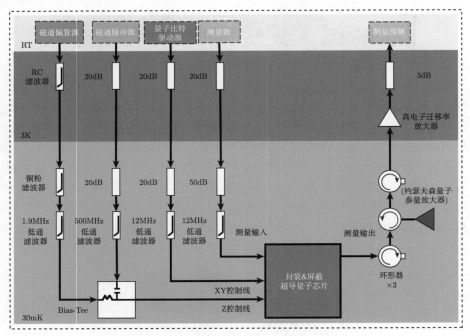

图 3.2.4　量子芯片支持系统中极低温控制线路的设置 [49]

3.2.2　量子计算机控制系统

量子计算机控制系统提供的是以下两个关键问题的解决方案：如何将运算任务转化为对量子芯片中量子比特的控制指令；以及如何从量子芯片上量子比特的量子态中提取出运算结果。其背后的基础是，如何实施量子逻辑门操作，以及如何实施量子比特读取。量子计算机控制系统工作原理如图 3.2.5 所示。

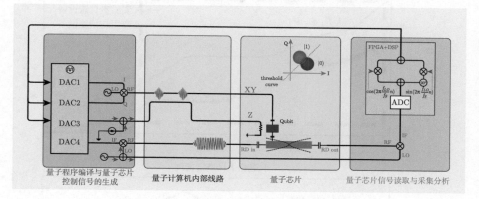

图 3.2.5　量子计算机控制系统工作原理

　　量子逻辑门操作的本质是使一组量子比特经过指定的受控量子演化过程。例如，使得量子比特从基态 (或者称 |0⟩ 态) 到激发态 (或者称 |1⟩ 态)，可以借助一个单量子比特 π 门来实现。实施这样的受控量子演化过程，需要借助精密的脉冲信号，通常可以使用高速任意波形发生器、商用微波源、混频线路等的组合来实现。当然，通过对光场、磁场甚至机械声波的调控，也可以在某些量子芯片体系中实现量子逻辑门操作。商用设备的性能越高，越容易实现高保真度的量子逻辑门操作，当然，前提是量子比特的质量可靠。图 3.2.6 显示了商用仪器的相噪指标对操作保真度的影响。

　　量子态的读取有多种方式，但考虑到需要读取量子芯片中某个或者某组量子比特的量子态，必须要使用一种称为非破坏性测量的方式，以消除因测量导致的反作用。通常的方法是在量子比特结构旁边额外设计一个对量子态敏感的探测器，间接地通过探测探测器的响应来推测量子比特的量子态。图 3.2.7 是一个半导体量子芯片以及其探测器结构，该探测器为一个 RF 探测器，通过该探测器的指定频率的微波信号会随着半导体量子芯片中电子状态变化，进而能从 RF 探测器的信号中计算出量子比特的量子态变化。捕获 RF 探测器的信号的装置通常为网络分析仪或者高速数字采集卡。

　　随着量子芯片集成度的提高，纯粹采用商用仪器搭建量子芯片的控制与读取系统的方法的弊端越来越大。商用仪器成本昂贵、功能冗余、兼容性差、难以集成，并不满足未来量子计算机的发展需要。为量子计算机专门设计并研制适用的量子计算机控制系统，是明智的选择。目前，量子计算机控制系统的研究刚刚起步

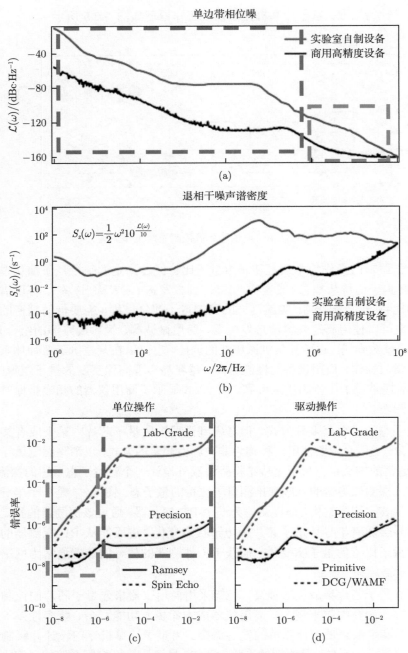

图 3.2.6 微波源相位噪声对操作保真度的影响 [50]

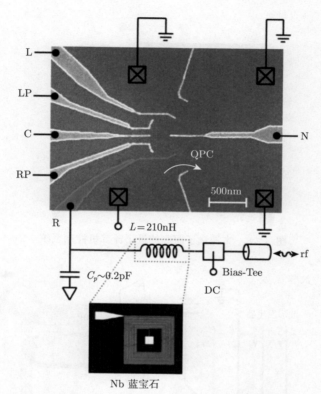

图 3.2.7　半导体量子芯片以及 RF 探测器
QPC-量子点接触，量子比特的电学测量通道

不久。2016 年，苏黎世仪器公司与代尔夫特理工大学研究团队成立的 QuTech 公司合作，研制了一套可用于 7 位超导量子芯片工作的集成量子芯片测控系统，包含最高可扩展至 64 通道的 AWG 以及同步的高速 ADC 采集通道。2017 年底，是德科技自主研发了一套 100 通道的量子芯片测控系统，具备百 ps 级系统同步性能与百 ns 级量子芯片信号实时处理能力，最高可用于 20 位超导量子芯片完整运行。2018 年，合肥本源量子计算科技有限责任公司也研制出 40 通道的量子芯片测控系统，可以应用于 8 位超导量子芯片或者 2 位半导体量子芯片，这是国内第一套完整的量子计算机控制系统 (图 3.2.8)。除此之外，加州大学圣塔芭芭拉分校、苏黎世理工学院、中国科学技术大学合肥微尺度物质科学国家实验室、Raytheon BBN Technologies 公司等都有自主研发的量子计算机控制系统或者模块。为了降低功耗，提高信号质量，代尔夫特理工大学和悉尼大学的研究团队开展了 4K 到 100mK 温度的极低温量子计算机控制系统的研究 (图 3.2.9)。

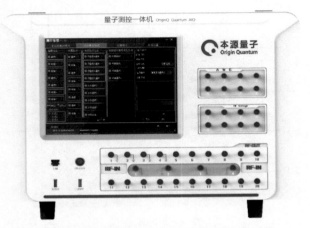

图 3.2.8　本源量子研制的量子计算机控制系统

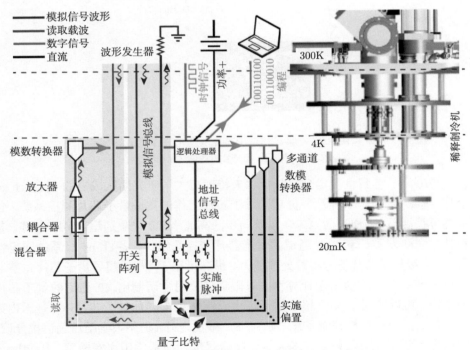

图 3.2.9　极低温量子计算机控制系统设计概念图 [51]

3.3　量子计算机

3.3.1　量子计算机整体架构

1. 量子计算的定位：异构计算

量子计算领域属于一个新兴高速发展的领域，在近二十年间，不论是量子算法的研究，还是量子芯片的研发均取得了巨大的进展。由于量子计算的理论研究有限，目前所说的量子计算机并非是一个可独立完成计算任务的设备，而是一个可以对特定问题有指数级别加速的协处理器。相应地，目前所说的量子计算，如图 3.3.1 所示，本质上来说是一种异构运算，即在经典计算机执行计算任务的同时，将需要加速的程序在量子芯片上执行。

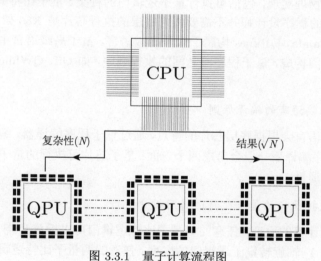

图 3.3.1　量子计算流程图

2. 量子程序代码构成：宿主代码 + 设备代码

量子计算的程序代码实际执行中分为两种：一种是运行在 CPU 上的宿主代码 (host code)，主要用于执行不需要加速的任务，并为需要加速的任务提供需要的数据；一种是运行在量子芯片上的设备代码 (device code)，主要用于描述量子线路，控制量子程序在量子芯片上的执行顺序，以及数据的传输。不同类型的代码由于其运行的物理位置不同，编译方式和访问的资源均不同，这跟英伟达公司推出的用 GPU 解决复杂的计算问题的并行计算架构 CUDA 非常类似。如表 3.3.1 所示，以下所提及的量子程序，指的是设备代码。

表 3.3.1　CUDA 与量子计算架构的对比

区　别	量子计算架构	CUDA 并行运算架构
加速的问题	QAOA，质数分解	大规模并行计算
描述语言	C + 量子高级语言	C/MATLAB + CUDA
执行设备	量子芯片	GPU

3.3.2　量子程序架构 (设备代码的架构)

1. 量子高级语言

与经典计算机语言类似，描述量子程序的语言也有高级语言与低级语言之分。量子高级语言，类似于经典计算机语言中 C++。在描述量子线路时，不需要考虑量子芯片的底层物理实现，包括可执行量子逻辑门的种类、量子比特的连通性等，这就像一个经典的程序设计师并不需要考虑底层的执行芯片是 X86 架构，还是 RISC 架构一样。QPanda，QRunes 均属于量子高级语言。量子高级语言主要用于描述量子线路的逻辑门构成，量子程序段之间的执行顺序，如 Qif，QWhile 等，以及内存之间的通信。

2. 量子汇编语言的编译原则

量子高级语言会根据底层芯片的特点，通过量子程序编译器，编译为量子汇编语言。量子程序编译器一般会考虑两个方面：量子芯片可执行的量子逻辑门种类和量子比特的连通性。

3. 不可直接执行的量子比特逻辑门拆分

根据量子计算的原理，任意的单量子比特逻辑门可以拆分为绕 X 轴旋转的量子逻辑门和绕 Y 轴旋转量子逻辑门的序列；任意的两量子比特逻辑门可以拆分为 $CNOT/CZ$ 门和单量子比特逻辑门的序列。量子芯片提供的可直接执行的逻辑门是完备的，即可以表征所有的量子比特逻辑门，因此，如果量子高级语言描述的量子程序中包含了量子芯片不可直接执行的量子逻辑门，量子程序编译器会根据量子芯片提供的量子逻辑门将其转化为可执行量子逻辑门构成的序列。

4. 量子比特连通性与不连通门的转换

相同数量的量子比特对于不同的量子芯片结构，可执行两量子比特逻辑门的量子比特对可能完全不同。目前常见的量子芯片结构有链式结构、十字结构以及全连通结构。对于链式结构，量子比特成链状排布，每个量子比特只能与其相邻的两个量子比特执行两量子比特逻辑门；对于十字结构，量子比特成方阵状排布，每个量子比特能与其相邻的四个量子比特执行两量子比特逻辑门；对于全连通结构，每个量子比特可以与其他所有量子比特执行两量子比特逻辑门。如果量子高级语言描述的量子程序中包含量子芯片不可直接执行的两量子比特逻辑门，量子程序编译器会根据量子芯片的连通性，利用交换门和可执行的两比特门的序列，取代量子程序中的两量子比特逻辑门。

　　例如，图 3.3.2 一个三量子比特的链式结构量子芯片，可执行两量子比特逻辑门的量子比特对有 $\{\{1,2\},\{2,3\}\}$，$CNOT\ 1,3$ 对于此量子芯片是不可执行的逻辑门，可以用 $SWAP\ 1,2$、$CNOT\ 2,3$、$SWAP\ 1,2$ 构成的量子逻辑门序列取代 $CNOT$ $1,3$。

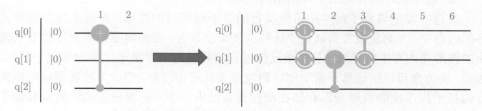

图 3.3.2　三量子比特的链式结构量子芯片

5. 量子程序的可执行文件

　　对于经典程序来说，汇编语言转化为计算机可直接执行二进制文件，即可被经典计算机执行；而量子芯片可直接执行的文件并非一串 01 组合的二进制文件，而是由测控设备产生的精密的脉冲模拟信号，因此对于量子汇编语言，应该转化成测控设备所能执行文件。此文件中不仅包含着每个量子比特逻辑门的脉冲波形，还需要包含波形的执行顺序，根据波形执行顺序的表征形式不同，量子计算硬件架构可细分为两类。

1) 传统量子体系结构

　　(1) 顺序执行的传统量子体系结构的可执行文件：量子程序的整段波形文件。

　　在传统的量子体系结构中，波形执行顺序体现在波形文件中，即编译器将量子汇编程序中的量子比特逻辑门的波形，按照执行顺序拼接为一个整体的波形，并将此波形以二进制文件的形式存放至测控设备的内存中。波形文件本身包含着量子逻辑门的执行顺序，测控设备通过执行波形文件，输出测控波形。此量子体系结构对应的硬件架构为上位机–测控设备–量子芯片架构。

(2) 顺序执行的传统量子体系结构优缺点。

这种架构的优势在于，测控设备可以从内存中直接读取波形，并施加到量子芯片上，延时极短，执行效率很高，但只能顺序执行上位机发送的波形文件，在执行期间不可改变逻辑门的执行顺序，插入和删除逻辑门都需要重新发送新的修改后的整段波形文件，灵活性较差，且占用较高的内存资源。另一方面，由于上位机遇测控设备之间的通信时间很长，远大于量子比特的退相干事件，即在量子比特完成测量结果并将结果发送至上位机，以及 ……，量子比特已经退相干，无法继续执行有效的量子比特逻辑门，因此这种架构无法执行包含基于测量结果跳转的量子程序。

(3) 顺序执行的传统量子体系结构的改进。

改进方案是将量子程序中可能执行的量子程序段的波形，全部上传至测控设备的内存中，当测量设备得到量子比特的测量结果时，根据测量结果决定接下来输出的波形在内存中的地址，且整个反馈过程的延时远小于量子比特的退相干时间。因此，此方案可以实现基于量子比特测量结果的反馈控制，但此方法需要将可能执行的量子程序段的波形全部存储在测控设备的内存中，随着量子比特数量和量子程序波形长度的增长，该架构对内存的开销极大，可扩展性较低。

2) 增强扩展性的新量子体系结构

(1) 增强扩展性的新量子体系结构的可执行文件构成：所有逻辑门的波形文件 + 微处理器程序。

为了降低任意波形发生器的内存开销，增加系统的可扩展性，目前已有科研团队提出另一种量子计算机架构：上位机–控制微架构–量子芯片架构。其中控制微架构由 FPGA 搭建的微处理器和测控模块构成。在该架构下，微处理器执行的程序控制波形执行顺序，并通过测控模块将实际模拟波形施加到量子芯片上。虽然上位机与控制微架构之间的通信延时较长，但微处理器可以与测控模块高速通信，进而实现对量子芯片的实时反馈控制。编译器将量子汇编程序中的每个量子比特逻辑门的波形以二进制文件的形式存放至测控模块中，并生成 ……，在特定的时间向测控模块发送控制 ……，同时，测控模块可以采集并处理量子比特的测量脉冲，将得到的量子比特的测量结果发送至微处理器。微处理器根据返回结果，执行后续的微处理器程序，决定测控模块接下来执行的波形。

(2) 增强扩展性的新量子体系结构的优缺点。

优点是：测控模块无需存放量子程序对应的所有波形，大大减少了内存开销；但缺点在于，通过执行微处理器程序控制测控模块，对微处理器的执行速度要求较高。如果微处理器将微处理器程序转化为测控模块的控制指令的时间大于量子芯片执行波形的时间，则会导致量子芯片在退相干时间内执行的有效的量子比特逻辑门数量降低；另一方面，微处理器向测控模块发送控制指令存在延时，如果顺序执行量子程序，则该延迟无任何影响，但如果要执行基于测量结果跳转的量子程序，则每次反馈控制都会产生两倍延时时间的空泡 (bubble)，影响量子芯片的执行效率。

第 **4** 章
量子算法与编程

4.1　量子软件开发环境

4.1.1　QPanda

QPanda (quantum programming architecture for NISQ device applications) 是一个高效、便捷的量子计算开发工具库。为了让用户更容易地使用 QPanda，更便捷地进行量子编程，它屏蔽了复杂的 C++ 语法结构，甚至用户不需要了解所谓的面向对象，只需要学会如何把量子编程中用到的接口调用一遍就可以进行量子计算。

例如，如何构造一个量子程序，并在量子虚拟机中运行它。

首先，假设有一台量子计算机，它有两个量子比特：Q_1、Q_2，接着对其中一个量子比特 (Q_1) 进行 H 门操作，构造了一个量子叠加态；并对 Q_1 和 Q_2 做 $CNOT$ 门操作，Q_1 为控制量子比特，Q_2 为目标量子比特，最后对所有的量子比特进行测量操作。此时，将有 50% 的概率得到 00 或者 11 的测量结果。代码示例如下：

```
1.  #include "QPanda.h"
2.  #include <stdio.h>
3.  using namespace QPanda;
```

```
4.  int main()
5.  {
        /* 初始化一个基于CPU计算的量子虚拟机*/
6.    init(QMachineType::CPU);
7.      QProg prog;                          /* 构造一个量子程序*/
8.      auto q = qAllocMany(2);              /* 申请两个量子比特*/
9.      auto c = cAllocMany(2);              /* 申请两个经典比特*/
        /* 向量子程序中插入H门、CNOT门和Measure*/
10.     prog << H(q[0])
11.          << CNOT(q[0],q[1])
12.          << MeasureAll(q, c);
        /* 让量子程序在量子虚拟机中跑1000次*/
13.     auto results = runWithConfiguration(prog, c, 1000);
14.     for (auto result : results){         /* 循环输出结果*/
15.       printf("%s:%d\n", result.first.c_str(), result.second);
16.     }
17.     finalize();
18. }
```

这是个简单却能体现出量子计算特点的例子，它既体现了量子态叠加，又体现量子比特纠缠。从上例可以看到，用户实质上只需要关注如何使用 QPanda 构建量子程序，其他的细节操作完全不需要用户操心。

再如，在很多量子算法如 QAOA 算法中，都需要构造一组量子比特的叠加态，那么完全可以把这种操作抽象成一种生成量子线路的函数，输入是一组量子比特，输出是一个量子线路。代码示例如下：

```
1. int main()
2. {
3.     init(QMachineType::CPU); /* 初始化一个基于CPU计算的量子虚拟机*/
4.     QProg prog;                        /* 构造一个量子程序*/
5.     auto q = qAllocMany(2);            /* 申请两个量子比特*/
6.     auto c = cAllocMany(2);            /* 申请两个经典比特*/
       /* 调用HadamardQCircuit(q)函数，并把生成的量子线路插入到量子程序中*/
7.     prog << HadamardQCircuit(q)
       /* 让量子程序在量子虚拟机中跑1000次*/
8.     auto results = runWithConfiguration(prog, c, 1000);
9.     for (auto result : results){                /* 循环输出结果*/
```

```
10.          printf("%s:%d\n", result.first.c_str(), result.second);
11.      }
12.      finalize();
13. }
```

从上述两例可以知道，用户只需要关注量子程序的构建，其他的部分，如量子虚拟机的构建、申请量子比特、执行量子程序和获取结果，都是一个固定的流程，只需要调用函数接口即可。

深入了解 QPanda 的使用，就必须要了解一下 QPanda 中与量子计算相关的数据类型：QGate (量子逻辑门)，Measure (测量)、ClassicalProg (经典程序)、QCircuit (量子线路)、Qif (量子条件判断程序)、QWhile (量子循环程序)、QProg (量子程序)。

(1) QGate：量子逻辑门是量子计算的基本单位，任何一个量子程序都是由 QGate 组合而成，如果说量子程序或量子算法是一套拳法，那么 QGate 就是一个个被拆解出来的动作，几个 QGate 的固定组合就是一个招式，它们的最终目的就是把这套拳法打出来。

QPanda 2 把所有的量子逻辑门封装为 API 向用户提供使用，并可获得 QGate 类型的返回值。例如，如果想使用 Hadamard 门，就可以通过如下方式获得：

```
1.   QGate h = H(qubit);
```

可以看到，H 函数只接收一个 qubit，qubit 如何申请请参考 https://QPanda 2.readthedocs.io/zh_CN/latest/TotalAmplitude.html#quantum-machine。

再如，想要使用 RX 门，可以通过如下方式获得：

```
1.   QGate rx = RX(qubit, PI);
```

如上所示，RX 门接收两个参数：第一个是目标量子比特；第二个偏转角度。也可以通过相同的方式使用 RY，RZ 门。

两比特量子逻辑门的使用和单比特量子逻辑门的用法相似，只不过是输入的参数不同，举个使用 $CNOT$ 的例子：

```
1.   QGate cnot = CNOT(control_qubit, target_qubit);
```

$CNOT$ 门接收两个参数：第一个是控制比特；第二个是目标比特。

(2) Measure：它的作用是对量子比特进行测量操作。

在量子程序中需要对某个量子比特做测量操作，并把测量结果存储到经典寄存器上，可以通过下面的方式获得一个测量对象：

```
1.   auto measure = Measure(qubit, cbit);
```

可以看到 Measure 接收两个参数：第一个是测量比特；第二个是经典寄存器。

如果想测量所有的量子比特并将其存储到对应的经典寄存器上，可以如下操作：

```
1.   auto measure_all = MeasureAll(qubits, cbits);
2.   # MeasureAll 的返回值类型是 QProg
```

其中，qubits 的类型是 QVec，cbits 的类型是 vector<ClassicalCondition>。

在得到含有量子测量的程序后，可以调用 directlyRun 或 runWithConfiguration 来得到量子程序的测量结果。

directlyRun 的功能是运行量子程序并返回运行的结果，使用方法如下：

```
1.   QProg prog;
2.   prog << H(qubits[0])
3.        << CNOT(qubits[0], qubits[1])
4.        << CNOT(qubits[1], qubits[2])
5.        << CNOT(qubits[2], qubits[3])
6.        << Measure(qubits[0], cbits[0]);
7.
8.   auto result = directlyRun(prog);
```

runWithConfiguration 的功能是末态目标量子比特序列在量子程序多次运行结果中出现的次数，使用方法如下：

```
1.   QProg prog;
2.   prog     << H(qubits[0])
3.           << H(qubits[1])
4.           << H(qubits[2])
5.           << H(qubits[3])
6.           << MeasureAll(qubits, cbits); // 测量所有的量子比特
7.
8.   auto result = runWithConfiguration(prog, cbits, 1000);
```

其中，第一个参数是量子程序；第二个参数是经典寄存器；第三个参数是运行的次数。

实例：

```
1.   #include <QPanda.h>
2.   USING_QPANDA
3.
4.   int main(void)
5.   {
6.       auto qvm = initQuantumMachine();
7.       auto qubits = qvm->allocateQubits(4);
8.       auto cbits = qvm->allocateCBits(4);
9.       QProg prog;
10.
11.      prog    << H(qubits[0])
12.              << H(qubits[1])
13.              << H(qubits[2])
14.              << H(qubits[3])
15.              << MeasureAll(qubits, cbits);
16.
17.      auto result = quickMeasure(prog, 1000);
18.      for (auto &val: result)
19.      {
20.          std::cout << val.first << ", " << val.second << std::
     endl;
21.      }
22.
23.      qvm->finalize();
24.      delete qvm;
25.
26.      return 0;
27.  }
```

运行结果：

```
1.   0000, 47
2.   0001, 59
3.   0010, 74
4.   0011, 66
5.   0100, 48
```

```
6.    0101, 62
7.    0110, 71
8.    0111, 61
9.    1000, 70
10.   1001, 57
11.   1010, 68
12.   1011, 63
13.   1100, 65
14.   1101, 73
15.   1110, 55
16.   1111, 61
```

(3) ClassicalProg：经典程序也可以被插入到量子程序中，它使得量子程序也可以进行逻辑判断和简单的经典计算，使得量子程序更灵活。打个比方，就像是向一套拳法中加入了步法，使得这套拳法可以辗转腾挪。

(4) QCircuit：量子线路是由多个量子逻辑门组成的，或者说量子线路是一个大型的量子逻辑门，也就是说，QCircuit 中可以插入 QGate 和 ClassicalProg。如果映射到功夫中，QCircuit 就是拳法中拆解出来的套路。

(5) Qif：量子条件判断程序，顾名思义，它可以让量子程序进行逻辑判断，即针对不同的对手拳法的套路也是可变的。

(6) QWhile：量子循环判断程序，即根据循环判断条件把一个量子程序或量子线路多次运行。

(7) QProg：它是一个容器，可以容纳所有量子计算相关的数据类型，在构造量子程序时，用户可以把 QGate、QCircuit、Qif、QWhile、QProg、ClassicalProg 类型插入到 QProg 中。

QPanda 的特点不仅仅体现着它的易用性，还包括它的高效，如图 4.1.1 所示，在同等硬件配置下，QPanda 的量子虚拟机运行量子程序的速度，相对其他工具有着巨大优势。

除此之外，QPanda 还集成了量子程序优化器、量子程序调试工具，量子程序编译器。

(1) 量子程序优化器：QPanda 的优化器通过特有的算法对量子程序的优化，可最大限度地减少计算时间。

(2) 量子程序调试工具：QPanda 的调试工具解决量子算法工程师长期以来的困扰，里程碑地实现类量子程序的调试功能。

(3) 量子程序编译器：不仅把量子程序转换为多种量子汇编语言，更可以生成量子程序可执行文件。

量子虚拟机性能图

CPU: 2*E5-2667V4 RAM: 256GB (1~256node)		
比特数	单门时间s	双门时间s
20	0.00108	0.00176
21	0.00259	0.00357
22	0.0057	0.00697
23	0.0112	0.0137
24	0.0228	0.0277
25	0.046	0.0533
26	0.0918	0.109
27	0.178	0.217
28	0.359	0.424
29	0.72	0.849
30	1.44	1.698
31	2.89	3.397
32	5.79	6.793
33(2)	11.52	13.584
34(4)	23.04	27.168
35(8)	(46)	(54)
36(16)	(92)	(108)
37(32)	(184)	(217.344)
38(64)	(368)	(434.688)
39(128)	(737)	(869.276)
40(256)	(1474)	(1738.752)

备注1: 35qubit及以上时间为推算值

备注2: 33qubit后括号内为节点数，下同

图 4.1.1 量子虚拟机性能图

4.1.2 QRunes

QRunes 是一种面向过程、命令式的量子编程语言 imperative language(当前主流的一种编程范式)，它的出现是为了实现量子算法。QRunes 根据量子计算的经典与量子混合 (quantum-classical hybrid) 特性，在程序编译之后可以操纵经典计算机与量子芯片来实现量子计算。

QRunes 通过提供高级语言的形式 (类似 C 语言的编程风格) 来表示量子算法的实现和程序逻辑控制，其丰富的类型系统 (quantum type, auxiliary type, classical type) 可以实现量子计算中数据对象的绑定和行为控制，可以满足各类量子算法开发人员的算法实现需求。

QRunes 构成：Settings, QCodes 和 Script。其中，Settings 部分定义了关于 QRunes 编译的全局信息；QCodes 部分是具体的对于量子比特操作和行为的控制；Script 部分是宿主程序的实现，它的实现依赖于经典编程语言 (C++，Python 等) 和相关联的量子程序开发工具包 (如 QPanda/pyQPanda)。

4.1.3　本源量子云平台

本源量子云平台是国内首家基于模拟器研发且能在传统计算机上模拟 32 位量子芯片进行量子计算和量子算法编程的系统。目前该系统主要服务于各大科研院所、高校及相关企业,旨在为专业人员提供基于量子模拟器的开发平台。

本源量子云平台提供了两种虚拟机供用户选择,其中 32 位量子虚拟机免费使用、64 位需付费申请。虚拟机采用可视化编程模式图例 + 量子语言,用户可轻松拖动、放置图例进行量子算法模拟,并可将设计的运算转化为量子语言模式深入学习。量子云平台是连接用户和量子计算设备之间的桥梁,当前量子系统运作结构通常是经典计算向量子系统发起计算任务请求,待量子系统完成计算任务后再以经典信息的方式返回给用户,整个过程都需要量子云平台在中间协调。

本源量子云平台的工作结构可以划分为四个部分:后端系统、控制指令、量子云端以及用户端。其中,后端系统包括了量子虚拟机,以及不同组织机构开发的量子芯片;控制指令则是通过其他编程语言或底层语言构建的能被量子系统识别的指令;量子云端即是可视化编程、数据中转、用户数据存储交流等云服务;用户端,包括问题的设计、算法规则构造、可视化结果等。

目前,本源量子计算系统包括了三种构造控制指令的方法,如图 4.1.2 所示,分别为可视化线路设计、量子语言和量子软件开发套件 QPanda。其中,可视化编程和量子语言依托在量子云平台上,用户在进行量子程序设计的时候可以相互转化;对于功能完整的 QPanda,则使用 C++ 为宿主语言开发的 SDK,用户可以使用 C++ 直接开发量子程序。当然 QPanda 也开发了支持 Python 的库,也就是说,可以使用 Python 来开发量子程序。使用 QPadna 编写的量子程序,可以很方便地

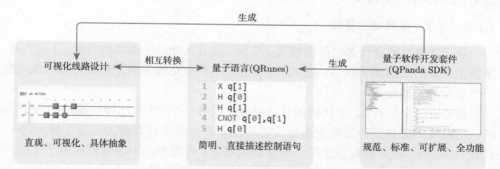

本质都是向量子系统输入所需的控制指令
QPanda SDK 可以直接转换成可视化线路图和量子语言QRunes

图 4.1.2　本源量子云平台工作原理

转化为量子语言或者可视化的量子线路，在量子云平台上可以可视化地进行基础的算法设计、云平台的操作，通过拖动量子逻辑门来构建控制序列，添加测量指令，即可运行得出结果。通常用户会通过云平台构建简单的量子算法，之后待量子线路图转化为虚拟机或量子系统识别的指令，并将数据送入虚拟机或者量子系统，完成计算之后，回传结果，此时用户就能收到最终的计算结果。

4.2 量子算法简介

4.2.1 概述

量子算法是在现实的量子计算模型上运行的算法。最常用的模型是计算的量子电路模型。经典 (或非量子) 算法是一种有限的指令序列，或一步地解决问题的过程，或每一步指令都可以在经典计算机上执行。

量子算法是一个逐步的过程，每个步骤都可以在量子计算机上执行。虽然所有经典算法都可以在量子计算机上实现，但量子算法这个术语通常用于那些看起来是量子的算法，或者使用量子计算的一些基本特性，如量子叠加或量子纠缠。

使用经典计算机无法判定的问题，使用量子计算机仍然无法来确定。量子算法有趣的是，它们可能能够比经典算法更快地解决一些问题，因为量子算法所利用的量子叠加和量子纠缠可能不可以在经典计算机上有效地模拟。

最著名的算法是 Shor 分解算法和 Grover 的搜索非结构化数据库或无序列表的算法。Shor 算法运行速度比最著名的经典因式分解算法 (一般的数域筛选算法) 快得多 (几乎是指数级)，对于同样的任务，Grover 算法运行速度比最好的经典算法 (线性搜索) 要快得多。

4.2.2 量子–经典混合算法

量子计算机究竟什么时候能够真正实现？没有人能给出确切的答案，不过在这条路上探索的人们非常明白，建立一个容错的、具有足够多的逻辑比特的系统，是一个非常漫长的任务。

然而，一个具有 50 个比特的量子系统，或者一个 50 个比特能模拟的量子系统，已经难以被传统计算机所模拟，它具有非常巨大的计算潜力。为了解决这个问题，John Preskill 教授提出了一个全新的概念：含噪声的中等规模的量子 (noise intermediate-scale quantum) 计算机，它被定义为未经纠错的，具有 50 个到数百个量子比特的量子计算机，简称为 NISQ 量子计算机。在 NISQ 计算机上设计的算法可能和以往假设的容错量子计算机上设计的算法完全不同，NISQ 算法本身需要能容忍噪声所造成的影响。

　　"量子霸权"在最初提出的时候，代表超过 50 个量子比特的量子计算机在生成特定分布 (distribution) 上超过了传统计算机，但是研究表明，在这些问题上可以巧妙地选取模拟算法，使得经典计算机也可以产生相同的分布。取代 "量子霸权"(quantum supremacy) 这个称呼的，是 "量子优势"(quantum advantage)。量子优势意味着量子计算机在处理某些领域问题上，超过了传统计算机的表现，相对于霸权而言，量子优势更注重量子算法，以及实际的领域应用。可以说，量子优势是 NISQ 计算机领域的皇冠，谁夺取了皇冠，谁就证明了量子计算机可以投入到现实应用中。相比为了制造出一个逻辑比特可能需要数万个物理比特的容错量子计算机而言，NISQ 计算机被认为可以在短期的未来中被实现。因此，这个领域成为了量子计算研究的热门。

　　量子–经典混合算法是一类近期提出的，适用于 NISQ 计算机上的算法。它的特点是量子计算机只处理整个算法中的一个部分，经典计算机负责处理其他部分。绝大多数量子–经典混合算法中都会存在一个类似于机器学习中的参数优化过程，其中，量子计算机处理一个包含多个参数的量子线路，并且对这些参数进行随机的初始化，量子计算机执行的结果会进一步被计算成一个损失函数，这个损失函数被输入到经典计算机的优化器中，从而修改这些参数，之后再通过量子计算机进行计算，如此循环，直到达到优化终止条件。例如，损失函数收敛，达到最大优化步数等。

　　第一个提出的量子–经典混合算法是变分本征求解器 (variational quantum eigensolver)，即 VQE 算法，它可以被用于求解化学分子的基态，因此，这个算法可以被用于解决各类涉及化学计算的相关问题。对于经典计算机而言，要表示 N 个分子轨道的占据状态，需要用 2^n 维的线性空间去计算，因此，在计算具有超过 50 个轨道的分子时，就无法进行精确计算；而量子计算机的 N 个轨道正好需要 N 个量子比特完成模拟过程，所以这个问题可以在量子计算机上被有效地求解。现在，针对组合优化问题、机器学习问题，都有各种各样的量子–经典混合算法被提出，它们被认为是有希望在 NISQ 计算机上实现。

　　由于量子–经典混合算法的框架类似于在经典计算机上执行的机器学习算法，因此，可以利用类似于机器学习框架的系统去进行编程。本源量子所开发的 VQNet 框架，XanaduAI 公司开发的 PennyLane 框架，都是在原有机器学习框架上扩展支持量子计算的部分。VQNet 是基于符号运算的机器学习框架，它设置了 "含参量子线路"(variational quantum circuit)，可以通过变量生成一个量子线路。通过含参量子线路可以进一步构建成量子算符 (quantum operator)，量子算符相当于对变量的运算，这种运算等价于一个普通的算符，支持求值和偏微分操作，因此，量子算符就可以容纳到机器学习这个框架中。利用 VQNet 可以实现目前绝大多数的量子–经典混合算法，包括 VQE, QAOA, QCL, $\cdots$

4.3　Deutsch-Jozsa 算法

量子算法是量子计算落地实用的最大驱动力，好的量子算法设计将更快速地推动量子计算的发展。

Deutsch-Jozsa 量子算法，简称 D-J 算法，David Deutsch 和 Richard Jozsa 早在 1992 年提出了该算法，这是第一个展示了量子计算和经典计算在解决具体问题时所具有明显差异性的算法。

D-J 算法是这样描述的：给定两个不同类型的函数，通过计算，判断该函数是属于哪一类型的函数，其可用来演示说明量子计算如何在计算能力上远超经典计算。

D-J 算法所阐述的问题是：考虑一个函数 $f(x)$，它将 n 个字符串 x 作为输入并返回 0 或 1。注意，n 个字符串也是由 0 和 1 组成，函数形式如图 4.3.1 所示。

考虑 $n = 1$ 的情况

$$f : \{0,1\} \to \{0,1\}$$

$$f : \{0,1\}^n \to \{0,1\}$$

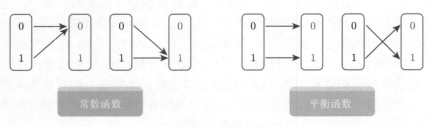

图 4.3.1　函数形式

这个函数称为常数函数。如果对任意 $f(x)$ 都等于 0 或者 $f(x)$ 都等于 1：

$$f(x) = 0 \quad 或 \quad f(x) = 1$$

而如果 $f(x) = 0$ 的个数等于 $f(x) = 1$ 的个数，则称这个函数为平衡函数：

$$f(x) = 0 \text{ 的个数等于 } f(x) = 1 \text{ 的个数}$$

下面考虑一下最简单的情况：当 $n = 1$ 的时候，常数函数的类型是这样的：$f(0)$，$f(1)$ 都指向 0；或者 $f(0)$，$f(1)$ 都指向 1，而平衡函数则是各占一半。回顾问题，要解决的是：给定输入和输出，如何快捷地判断 $f(x)$ 是属于常数函数，或是平衡函数。

如图 4.3.2 所示，在经典算法中，给定了输入之后，第一步是需要判断 $f(0)$，$f(x)$ 有两种情况；$f(0) = 0$ 或者 $f(0) = 1$；当确定 $f(0)$ 之后，再判断 $f(1)$，确定了 $f(1)$ 的值之后，就可以确定该函数的类型；整个过程需要两次，才可以判断函数的类型。按照这样的方式，对于经典算法 n 个输入，在最糟糕的情况下 f 必须要 $2^{n-1} + 1$ 次才能判断出函数属于哪一类，即最糟糕情形需要验证一半多一个数据；而如果使用量子算法，仅需 1 次就可以判断出结果。

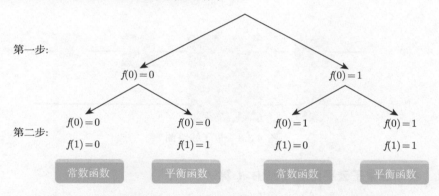

对于 n 个输入，使用经典计算机，最糟糕的情况下 f 必须 2^{n-1} 次才能判断出属于哪一类！
而使用量子算法，仅需 1 次就可判断出结果！

图 4.3.2　经典算法

通过图 4.3.3 所示的量子线路图来理解该算法是如何解决问题的。首先，对所有的比特都执行 Hadamard 门操作，然后经过黑盒子 U_f，再对工作比特添加 Hadamard 门，然后测量。

按照实施步骤，表达形式：

(1) 初始化

$$|0\rangle^{\otimes n}|1\rangle$$

(2) 使用 Hadamard 门来构建叠加态

$$\rightarrow \left(\frac{1}{\sqrt{2}}\right)^n \sum_{x=0}^{2^n-1} |x\rangle \left[\frac{|0\rangle - |1\rangle}{\sqrt{2}}\right]$$

(3) 使用 U_f 来计算函数 f

$$\to \sum_x (-1)^{f(x)} |x\rangle \left[\frac{|0\rangle - |1\rangle}{\sqrt{2}}\right]$$

(4) 在工作位上添加 Hadamard 门

$$\to \frac{1}{\sqrt{2^n}} \sum_z \sum_x (-1)^{x \cdot z + f(x)} |z\rangle \left[\frac{|0\rangle - |1\rangle}{\sqrt{2}}\right]$$

(5) 测量工作位,输出结果,一次性就可以判断出结果。

$$\to z$$

图 4.3.3　量子线路图

4.3.1　在本源量子云平台上实现 D-J 算法

在云平台注册并登录后,使用各种产品前需要先进行开通功能,用户可以进入控制台后,选择对应产品,如 "全振幅量子虚拟机" 点击 "开通"。选择 "确定",即可开通对应产品 (图 4.3.4)。

产品开通成功后,进入 "全振幅量子虚拟机" 任务列表页,选择 "新建任务" (图 4.3.5)。

选择方式 1,"立即编程" (图 4.3.6),进入图形化编程界面 (图 4.3.7)。

这个界面可以选择量子计算模拟的一些参数。

在模拟方法上,可以选择两种:Monte-Carlo 方法和概率方法。

● Monte-Carlo 方法:通过多次数值模拟,对测量结果进行仿真。

● 概率方法:直接计算出需要的比特概率分布,而不需要真正地去计算测量过程。

其中,概率方法比 Monte-Carlo 方法运行会快一些;由于是多次随机,Monte-Carlo 方法每次运行的结果可能会不一样。这里选择 Monte-Carlo 方法。

图 4.3.4　产品开通界面

图 4.3.5　任务列表页面

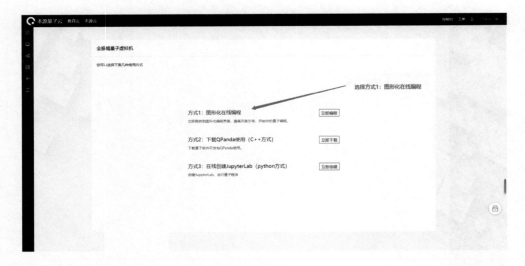

图 4.3.6　选择立即编程

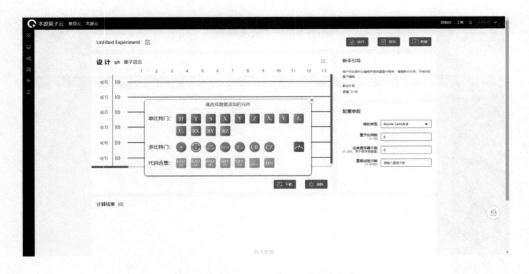

图 4.3.7　图形化编程界面

以 2 个量子比特的 D-J 算法为例，它需要使用 2 个量子比特和 1 个经典寄存器去保存一次测量的值，输入好之后，点击"保存"(图 4.3.8)，现在可以看到编程的主界面图 4.3.9。

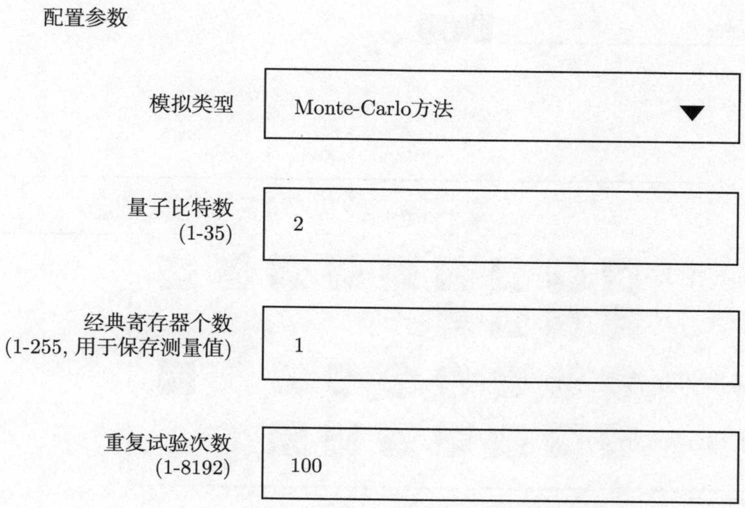

配置参数
模拟类型
Monte-Carlo方法
量子比特数
(1-35)
2
经典寄存器个数
(1-255, 用于保存测量值)
1
重复试验次数
(1-8192)
100

图 4.3.8　选择量子计算模拟的参数

D-J 算法学习
保存修改
运行
保存
新建
设计
量子语言
1 2 3 4 5 6 7 8 9 10 11 12 13
q[0]
|0⟩
q[1]
|0⟩
新手引导
新手引导
逻辑门介绍
配置参数
模拟类型
Monte-Carlo方法
量子比特数
(1-35)
2
经典寄存器个数
1
重复试验次数
(1-8192)
100
下载
清除

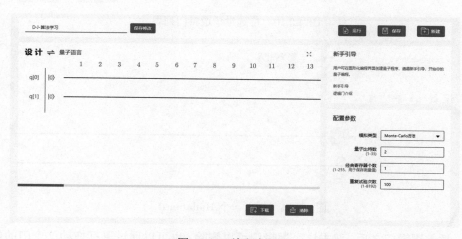

图 4.3.9　编程主界面

在空白的线上点击，即可在此处添加一个量子逻辑门。根据 D-J 算法的内容，首先需要在第一条线上添加一个 Hadamard 门。

由此，可以看到出现了一个待选量子逻辑门列表 (图 4.3.10)。鼠标移动到各个逻辑门的符号上，可以看到逻辑门的解释。点一下 “H” 就可以在此处插入一个 Hadamard 门 (图 4.3.11)。

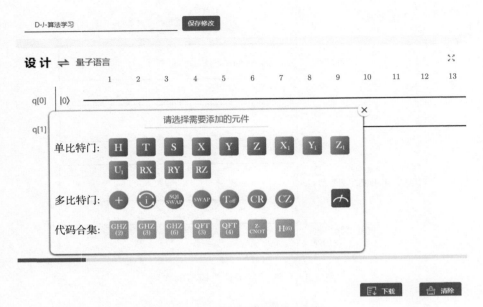

图 4.3.10　待选量子逻辑门列表

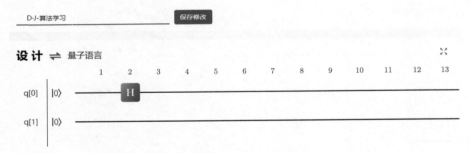

图 4.3.11　插入一个 Hadamard 门

插入逻辑门之后，双击这个逻辑门可以删除，也可以通过鼠标拖动这个门的位置。同样在其他地方点击，可以插入更多的量子逻辑门，根据 D-J 算法，将除了 Oracle 的部分添加上。中间空出来的部分，就是 Oracle 可以插入的部分了。

有很多量子算法，Oracle 是作为输入给出的，比如 D-J 算法和 Grover 算法等，所以，2 比特 D-J 算法的量子程序就已经写好了。

这里，可以插入不同的 Oracle 试验一下。定义 Oracle 的输入输出是

$$|x\rangle|y\rangle \rightarrow |x\rangle|(f(x)+y)\bmod 2\rangle$$

这里 $f(x)$ 会根据 Oracle 不同而编码到量子线路中，例如一个 $CNOT$ 门就可以做一个 Oracle (图 4.3.12).

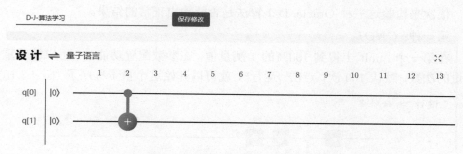

图 4.3.12　插入一个 $CNOT$ 门

一个 $CNOT$ 门的效果是 $|x\rangle\,|y\rangle \to |x\rangle\,|(1+y)\mod 2\rangle$，对比上面的 Oracle 公式，相当于 $f(x) = 1$，这是一个常数函数 (图 4.3.13)。

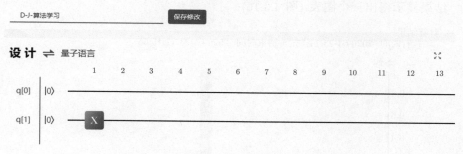

图 4.3.13　X 门

这个门能产生的效果是 $|x\rangle\,|y\rangle \to |x\rangle\,|(x+y)\mod 2\rangle$，对比上面的 Oracle 公式，相当于 $f(x) = 1$，这是一个常数函数 (图 4.3.14)。

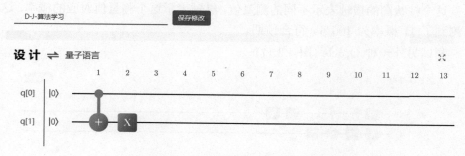

图 4.3.14　$CNOT$ 与 X 组合门

107

这个相当于把两种情况组合起来了，效果是 $|x\rangle\,|y\rangle \to |x\rangle\,|(x+y+1) \mod 2\rangle$，因此对应了 $f(x) = x + 1$，同理，这是一个平衡函数。

依次来检验这三种 Oracle, D-J 算法是否能输出正常的结果。

第一种：$CNOT$

在第一个 qubit 上得到 100% 的 1 测量值，在参数配置功能中，可以编辑重复测量的次数，默认 100 次，点击 "运行"，就可以开始这个量子程序了 (图 4.3.15)。

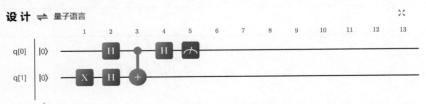

图 4.3.15　组合逻辑门

结果显示得出一个图表 (图 4.3.16)：

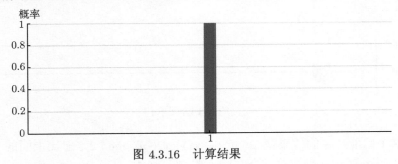

图 4.3.16　计算结果

这个柱状图的横轴表示不同的测量值，纵轴表示这个测量值对应的概率，这里只测到了 1，概率为 100%，符合预期。

测试另外一种 Oracle (图 4.3.17)：

图 4.3.17　组合逻辑门

由此可以得出 100% 的 1，说明这个 Oracle 代表一个平衡函数 (图 4.3.18)，在量子云上可以实现简单的 2 比特量子算法。

计算结果

执行时间: 2020-04-23 11:46:47　结束时间: 2020-04-23 11:46:47

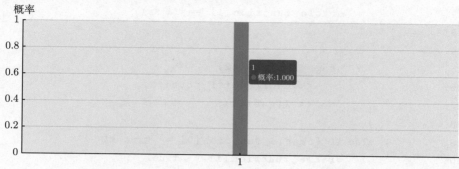

图 4.3.18　计算结果

4.3.2　在 QPanda 上实现 D-J 算法

下面的代码可以在 github 的 QPanda 仓库中的Applications/DJ_Algorithm/DJ_Algorithm.cpp中找到。

```
1.  #include "Utilities/Utilities.h"
2.  #include "Utils/Utilities.h"
3.  #include "QPandaNamespace.h"
4.  #include "Core/QPanda.h"
5.  #include <vector>
6.
7.  using namespace std;
8.  USING_QPANDA
9.
10. using QGEN = function<QCircuit(Qubit*, Qubit*)>;
11.
12. QGEN The_Two_Qubit_Oracle(vector<bool> oracle_function) {
13.     return [oracle_function](Qubit* qubit1, Qubit* qubit2) {
14.         QCircuit prog;
15.         if (oracle_function[0] == false &&
16.             oracle_function[1] == true)
17.         {
```

```
18.            // f(x) = x;
19.            prog << CNOT(qubit1, qubit2);
20.        }
21.        else if (oracle_function[0] == true &&
22.            oracle_function[1] == false)
23.        {
24.            // f(x) = x + 1;
25.            prog << X(qubit2)
26.                << CNOT(qubit1, qubit2)
27.                << X(qubit2);
28.        }
29.        else if (oracle_function[0] == true &&
30.            oracle_function[1] == true)
31.        {
32.            // f(x) = 1
33.            prog << X(qubit2);
34.        }
35.        else
36.        {
37.            // f(x) = 0, do nothing
38.        }
39.        return prog;
40.    };
41. }
42.
43.
44. QProg Two_Qubit_DJ_With_Oracle(Qubit* qubit1, Qubit* qubit2,
    ClassicalCondition & cbit, QCircuit(*oracle)(Qubit* qubit1,
    Qubit* qubit2)) {
45.
46.    auto prog = CreateEmptyQProg();
47.    //Firstly, create a circuit container
48.
49.    prog << H(qubit1) << H(qubit2);
50.    // Perform Hadamard gate on all qubits
51.
```

```
52.        prog << oracle(qubit1, qubit2);
53.
54.        // Finally, Hadamard the first qubit and measure it
55.        prog << H(qubit1) << Measure(qubit1, cbit);
56.        return prog;
57. }
58.
59. QProg  Two_Qubit_DJ_Algorithm_Circuit(
60.        Qubit * qubit1,
61.        Qubit * qubit2,
62.        ClassicalCondition & cbit,
63.        QGEN oracle)
64. {
65.        auto prog = CreateEmptyQProg();
66.        //Firstly, create a circuit container
67.
68.        prog << H(qubit1) << H(qubit2);
69.        // Perform Hadamard gate on all qubits
70.        prog << oracle(qubit1, qubit2);
71.
72.        // Finally, Hadamard the first qubit and measure it
73.        prog << H(qubit1) << Measure(qubit1, cbit);
74.        return prog;
75. }
76.
77.
78. QProg DJ_Algorithm(QVec & qvec, ClassicalCondition & c)
79. {
80.        if (qvec.size() != 2)
81.        {
82.            QCERR("qvec size error£¬the size of qvec must be 2");
83.            throw invalid_argument
                ("qvec size error£¬the size of qvec must be 2");
84.        }
85.
86.        bool fx0 = 0, fx1 = 0;
```

```
87.        cout << "input the input function" << endl
88.             << "The function has a boolean input" << endl
89.             << "and has a boolean output" << endl
90.             << "f(0)= (0/1)?";
91.        cin >> fx0;
92.        cout << "f(1)=(0/1)?";
93.        cin >> fx1;
94.        std::vector<bool> oracle_function({ fx0,fx1 });
95.        cout << "Programming the circuit..." << endl;
96.
97.        auto temp = Reset_Qubit(qvec[0], false);
98.        temp << Reset_Qubit(qvec[1], true);
99.        auto oracle = The_Two_Qubit_Oracle(oracle_function);
100.       temp << Two_Qubit_DJ_Algorithm_Circuit(qvec[0], qvec
     [1], c, oracle);
101.       return temp;
102.    }
103.
104.    int main()
105.    {
106.       init(QMachineType::CPU);
107.       auto qvec = qAllocMany(2);
108.       auto c = cAlloc();
109.       auto prog = DJ_Algorithm(qvec, c);
110.       directlyRun(prog);
111.       if (c.eval() == false)
112.       {
113.           cout << "Constant function!";
114.       }
115.       else if (c.eval() == true)
116.       {
117.           cout << "Balanced function!";
118.       }
119.       finalize();
120.    }
```

整个文件利用 QPanda 的组件实现了一个 D-J 算法, 并且提供了一个 2 量子比特的示例。各个模块的介绍:

1. Deutsch_Jozsa_algorithm 函数

在实现这个函数的时候, 并不是仅仅考虑了 2 量子比特的情况, 而是对更一般的情况, 即所有量子比特的情况进行处理。

QPanda 的核心逻辑在于对申请的量子比特进行量子线路构建, 因此, 这个函数会返回一个 QProg 类型, 这个 QProg 类型会被放到量子机器中进行执行。

Deutsch_Jozsa_algorithm 的参数有 4 个:

- vector<Qubit*> qubit1: 一组 qubit, 它对应了上面所述的工作比特;
- Qubit* qubit2: 一个 qubit, 它对应的是算法中的辅助比特;
- vector<ClassicalCondition> cbit: 一组 cbit, 它对应的是 qubit1 的测量值;
- DJ_Oracle oracle: 输入的, 待计算的 Oracle

因此, 这个算法的逻辑就可以表述为: 通过输入的 qubit1, qubit2 构建量子线路; 并且将 oracle 作用在 qubit1 和 qubit2 上; 最后, 对 qubit1 测量到 cbit 上。这个函数将量子算法的流程通过 QPanda 的组件编写出来, 整个流程会被写入到一个 QProg 类型的对象中, 最终, 这个函数会返回这个对象。

```
1.   auto prog = CreateEmptyQProg();
```

在函数中, 首先可以通过 CreateEmptyQProg 函数去创建一个空的量子程序。

```
1.   prog << X(qubit2);
2.   prog << apply_QGate(qubit1, H) << H(qubit2);
```

将逻辑门插入到这个量子程序的后面, 依次是 X 门作用在 qubit2 上 (将 qubit2 初始化为 |1)), 对 qubit1 和 qubit2 执行 Hadamard 门。

```
1.   prog << oracle(qubit1, qubit2);
```

制备完纠缠态之后, 就可以进行 oracle 计算。这里同样将 oracle 插入到量子程序中。

```
1.   prog << apply_QGate(qubit1, H) << MeasureAll(qubit1, cbit);
```

最后同样是一组 Hadamard 门, 并且通过 MeasureAll 将 qubit1 整个测量到 cbit 上。

2. two_qubit_deutsch_jozsa_algorithm 函数

这个函数对两个比特的情况提供了一个演示。在这种情况下，需要对不同情况构建 oracle，并且输入到这个算法中。构建 oracle 的方式就是通过这个函数的参数 —— 一个 vector<bool> 类型来代表一个函数。这个函数相当于一个真值表，例如：

```
1.   std::vector<bool> fx = {0, 1};
```

这表示 fx[0] = 0, fx[1] = 1 这种情况。

通过真值表构建对应 oracle 的方法，即 generate_two_qubit_oracle，它恰好返回一个 oracle 类型，感兴趣的读者可以自行对这个 oracle 中的不同情况进行验证。

这个函数中最重要的步骤就是初始化量子机器，申请量子比特和经典寄存器，取得量子程序，执行并且获得最终结果。

```
1.   init(QMachineType::CPU);
```

这个语句初始化一个通过 CPU 执行的模拟器。QMachineType 可以指定为不同类型，例如 GPU、单线程 CPU 或者云量子计算机。通过抽象 QuantumMachine 保证操作它们的方式尽可能类似。

```
1.   auto qvec = qAllocMany(2);
2.   auto c = cAlloc();
```

通过 qAlloc 和 cAlloc 可以从量子机器中申请一定量的量子比特。Many 表示很多，所以 qAllocMany 和 cAllocMany 可以一次性申请多个量子比特。

```
1.   auto oracle = generate_two_qubit_oracle(boolean_function);
```

这个函数就是用于生成 oracle 的。

```
1.   QProg prog;
2.   prog << Deutsch_Jozsa_algorithm({ qvec[0] }, qvec[1], { c },
     oracle);
```

通过前面申请到的 oracle，量子比特和经典寄存器，再通过前面 Deutsch_Jozsa_algorithm 算法函数，构建了待执行的量子程序 prog。

```
1.   /* To Print The Circuit */
2.   /*
3.   extern QuantumMachine* global_quantum_machine;
```

```
4.   cout << transformQProgToQRunes(prog, global_quantum_machine)
     << endl;
5.   */
```

这一段程序可以将上述量子程序打印出来。

```
1.   directlyRun(prog);
2.   if (c.eval() == false)
3.   {
4.       cout << "Constant function!" << endl;
5.   }
6.   else if (c.eval() == true)
7.   {
8.       cout << "Balanced function!" << endl;
9.   }
```

函数 directlyRun 顾名思义是直接运行这个量子程序。QPanda 提供很多运行量子程序的方式，而 directlyRun 表示这个量子程序在默认模式下运行 1 次。由于 D-J 算法是一个确定性算法，就只运行 1 次，运行结束后，可以从之前申请的经典寄存器中取得值：c.eval。这里，false 表示测量到 $|0\rangle$，true 表示测量到 $|1\rangle$。通过测量的结果可以得到这个函数属于平衡函数还是常数函数。

```
1.   finalize();
```

finalize 是和 init 呼应的语句，它将所有运行的数据销毁。运行 finalize 之后还可以再次运行 init 函数去初始化，但是之前申请的所有量子比特、经典寄存器，以及编写的量子程序与运行的结果会全部无效化。

4.4　Grover 搜索算法

什么是搜索算法呢？举一个简单的例子，在下班的高峰期，要从公司回到家里，开车走怎样的路线才能够耗时最短呢？最简单的想法，当然是把所有可能的路线一次一次地计算，根据路况计算每条路线所消耗的时间，最终可以得到用时最短的路线，即为最快路线，这样依次将每一种路线计算出来，最终对比得到最短路线。搜索的速度与总路线数 N 相关，记为 $O(N)$，而采用量子搜索算法，则可以以 $O(\mathrm{sqrt}(N))$ 的速度进行搜索，要远快于传统的搜索算法。

那么，怎么实现 Grover 搜索算法呢？

首先，先化简一下搜索模型，将所有数据存在数据库中，假设有 n 个量子比特，用来记录数据库中的每一个数据的索引，一共可以表示 2^n 个数据，记为 N 个；希望搜索得到的数据有 M 个，为了表示一个数据是否是搜索的结果，建立一个函数：

$$f(x) = \begin{cases} 0 & (x \neq x_0) \\ 1 & (x = x_0) \end{cases}$$

其中，x_0 为搜索目标的索引值，也即是说，当搜索到目标时，函数值 $f(x)$ 值为 1，如果搜索的结果不是目标时，$f(x)$ 值为 0。

假设有一个量子 Oracle 可以识别搜索问题的解，识别的结果通过 Oracle 的一个量子比特给出。可以将 Oracle 定义为

$$|x\rangle|q\rangle \xrightarrow{\text{Oracle}} |x\rangle|q \oplus f(x)\rangle$$

其中，$|q\rangle$ 是一个结果寄存器；$\oplus$ 是二进制加法。通过 Oracle 可以实现，当搜索的索引为目标结果时，结果寄存器翻转；反之，结果寄存器值不变。从而可以通过判断结果寄存器的值，来确定搜索的对象是否为目标值。

Oracle 对量子态的具体操作是什么样的呢？同 D-J 算法相似，先将初态制备在 $|0\rangle^{\oplus n}|1\rangle$ 态上，$|0\rangle^{\oplus n}$ 为查询寄存器，$|1\rangle$ 为结果寄存器。经过 Hadamard 门操作后，可以将查询寄存器的量子态，变为所有结果的叠加态。也即是说，经过了 Hadamard 门，就可以得到所有结果的索引，而结果寄存器则变为 $\frac{1}{\sqrt{2}}(|0\rangle - |1\rangle)$，再使其通过 Oracle，可以对每一个索引都进行一次检验，如果是目标结果，则将答案寄存器的量子态进行 0、1 翻转，即答案寄存器变为

$$\frac{1}{\sqrt{2}}(|1\rangle - |0\rangle) = -\frac{1}{\sqrt{2}}(|1\rangle - |0\rangle)$$

而查询寄存器不变；但当检验的索引不是结果时，寄存器均不发生改变。因此，Oracle 可以换一种表示方式：

$$|x\rangle \left(\frac{|0\rangle - |1\rangle}{\sqrt{2}} \right) \xrightarrow{\text{Oracle}} (-1)^{f(x)} |x\rangle \left(\frac{|0\rangle - |1\rangle}{\sqrt{2}} \right)$$

其中，$|x\rangle$ 是查询寄存器的等额叠加态中的一种情况。

如上述所知，Oracle 的作用是通过改变了解的相位，标记了搜索问题的解。

现在，将搜索问题的解通过相位标记区分出来，那么如何能够将量子态的末态变为已标记出的态呢？

将问题换一种思路进行考虑，当查询寄存器由初态经过 Hadamard 门后，会变为所有可能情况的等额叠加态。也就是说，它包含着所有搜索问题的解与非搜索问题的解。可以将这个态记为

$$|\psi\rangle = \frac{1}{\sqrt{N}} \sum_x |x\rangle$$

将所有非搜索问题的解定义为一个量子态 $|\alpha\rangle$，其中 $\sum_x$ 代表着 x 上所有非搜索问题的解的和，记为

$$|\alpha\rangle = \frac{1}{\sqrt{N - M}} \sum_x |x\rangle$$

显然，$|\beta\rangle$ 为最终的量子态，而且 $|\alpha\rangle$ 和 $|\beta\rangle$ 相互正交。利用简单的代数运算，就可以将初态 $|\psi\rangle$ 重新表示为

$$|\varphi\rangle = \sqrt{\frac{N - M}{N}}|\alpha\rangle + \sqrt{\frac{M}{N}}|\beta\rangle$$

初始态被搜索问题的解的集合和非搜索问题的解的集合重新定义，也即是说，初态属于 $|\alpha\rangle$ 与 $|\beta\rangle$ 张成的空间。因此，可以用平面向量来表示这三个量子态，如图 4.4.1 所示。

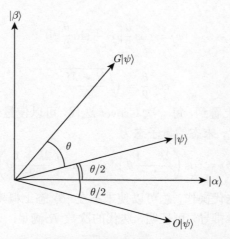

图 4.4.1　用平面向量表示三个量子态

那么，Oracle 作用在新的表示方法下的初态会产生怎样的影响呢？Oracle 的作用是用负号标记搜索问题的解，所以，相当于将 $|\beta\rangle$ 内每一个态前均增加一个负

号，将所有的负号提取出来，可以得到

$$|\varphi\rangle \xrightarrow{\text{Oracle}} \sqrt{\frac{N-M}{N}}|\alpha\rangle + \sqrt{\frac{M}{N}}|\beta\rangle$$

对应在平面向量中，相当于将 $|\psi\rangle$ 作关于 $|\alpha\rangle$ 轴的对称，但仅有这一种操作是无法将量子态从 $|\psi\rangle$ 变为 $|\beta\rangle$，还需要另一种对称操作。

第二种对称操作，是将量子态关于 $|\psi\rangle$ 对称的操作，这个操作由三个部分构成：

(1) 将量子态经过一个 Hadamard 门；

(2) 对量子态进行一个相位变换，将 $|0\rangle^{\oplus n}$ 态的系数保持不变，将其他的量子态的系数增加一个负号，相当于 $2|0\rangle\langle 0| - I$ 酉变换算子；

(3) 再经过一个 Hadamard 门。

这三步操作的数学表述为

$$H^{\oplus n}\left(2|0\rangle\langle 0| - I\right)H^{\oplus n} = 2|\psi\rangle\langle\psi| - I$$

上述过程涉及复杂的量子力学知识，这三部分的操作只是为了实现将量子态关于 $|\psi\rangle$ 对称。如果想了解为什么这三步操作可以实现，可以阅读关于量子计算相关书籍进一步理解。

前面介绍的两种对称操作，合在一起称为一次 Grover 迭代。假设初态 $|\psi\rangle$ 与 $|\alpha\rangle$ 可以表示为

$$|\psi\rangle = \cos\frac{\theta}{2}|\alpha\rangle + \sin\frac{\theta}{2}|\beta\rangle$$

很容易得到

$$\cos\frac{\theta}{2} = \sqrt{\frac{N-M}{N}}$$

可以从几何图像上看到，每一次 Grover 迭代，可以使量子态逆时针旋转 θ，经历了 k 次 Grover 迭代，末态的量子态为

$$G^k|\psi\rangle = \cos\left(\frac{2k+1}{2}\theta\right)|\alpha\rangle + \sin\left(\frac{2k+1}{2}\theta\right)|\beta\rangle$$

因此，经过多次迭代操作，总可以使末态在 $|\beta\rangle$ 态上概率很大，满足精确度的要求。经过严格的数学推导，可证明，迭代的次数 R 满足：

$$R \leqslant \frac{\pi}{4}\sqrt{\frac{N}{M}}$$

参考路线图 4.4.2。

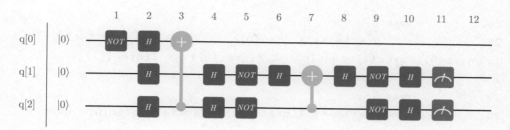

图 4.4.2　路线图

QPanda 实现 Grover 算法的代码示例

```
1.   /*
2.   Copyright (c) 2017-2018 Origin Quantum Computing.  All Right Reserved.
3.   Licensed under the Apache License, Version 2.0 (the "License");
4.   you may not use this file except in compliance with the License.
5.   You may obtain a copy of the License at
6.   http://www.apache.org/licenses/LICENSE-2.0
7.   Unless required by applicable law or agreed to in writing, software
8.   distributed under the License is distributed on an "AS IS" BASIS,
9.   WITHOUT WARRANTIES OR CONDITIONS OF ANY KIND, either express or implied.
10.  See the License for the specific language governing permissions and
11.  limitations under the License.
12.  */
13.  #include "Core/QPanda.h"
14.  #include "Utils/Utilities.h"
15.
16.  USING_QPANDA
17.  using namespace std;
18.
19.  using grover_oracle = Oracle<QVec, Qubit*>;
20.
21.  grover_oracle generate_3_qubit_oracle(int target) {
22.      return [target](QVec qvec, Qubit* qubit) {
23.          QCircuit oracle;
24.          switch (target)
25.          {
```

```
26.              case 0:
27.                    oracle << X(qvec[0]) << X(qvec[1]) << Toffoli(
     qvec[0], qvec[1], qubit) << X(qvec[0]) << X(qvec[1]);
28.                    break;
29.              case 1:
30.                    oracle << X(qvec[0]) << Toffoli(qvec[0], qvec
     [1], qubit) << X(qvec[0]);
31.                    break;
32.              case 2:
33.                    oracle << X(qvec[1]) << Toffoli(qvec[0], qvec
     [1], qubit) << X(qvec[1]);
34.                    break;
35.              case 3:
36.                    oracle << Toffoli(qvec[0], qvec[1], qubit);
37.                    break;
38.          }
39.          return oracle;
40.      };
41. }
42.
43. QCircuit diffusion_operator(vector<Qubit*> qvec) {
44.      vector<Qubit*> controller(qvec.begin(), qvec.end() - 1);
45.      QCircuit c;
46.      c << apply_QGate(qvec, H);
47.      c << apply_QGate(qvec, X);
48.      c << Z(qvec.back()).control(controller);
49.      c << apply_QGate(qvec, X);
50.      c << apply_QGate(qvec, H);
51.
52.      return c;
53. }
54.
55. QProg Grover_algorithm(vector<Qubit*> working_qubit, Qubit*
     ancilla, vector<ClassicalCondition> cvec, grover_oracle
     oracle, uint64_t repeat = 0) {
56.      QProg prog;
```

```
57.        prog << X(ancilla);
58.        prog << apply_QGate(working_qubit, H);
59.        prog << H(ancilla);
60.
61.        // if repeat is not specified, choose a sufficient large repeat
               times.
62.        // repeat = (default) 100*sqrt(N)
63.        if (repeat == 0) {
64.            uint64_t sqrtN = 1ull << (working_qubit.size() / 2);
65.            repeat = 100 * sqrtN;
66.        }
67.
68.        for (auto i = 0ull; i < repeat; ++i) {
69.            prog << oracle(working_qubit, ancilla);
70.            prog << diffusion_operator(working_qubit);
71.        }
72.
73.        prog << MeasureAll(working_qubit, cvec);
74.        return prog;
75. }
76.
77. int main()
78. {
79.        while (1) {
80.            int target;
81.            cout << "input the input function" << endl
82.                << "The function has a boolean input" << endl
83.                << "and has a boolean output" << endl
84.                << "target=(0/1/2/3)?";
85.            cin >> target;
86.            cout << "Programming the oracle..." << endl;
87.            grover_oracle oracle=generate_3_qubit_oracle(target);
88.
89.            init(QMachineType::CPU_SINGLE_THREAD);
90.
91.            int qubit_number = 3;
```

```
92.          vector<Qubit*> working_qubit = qAllocMany(qubit_
    number - 1);
93.          Qubit* ancilla = qAlloc();
94.
95.      int cbitnum = 2;
96.          vector<ClassicalCondition > cvec=cAllocMany(cbitnum);
97.
98.          auto prog = Grover_algorithm(working_qubit, ancilla,
    cvec, oracle, 1);
99.
100.          /* To Print The Circuit */
101.
102.          extern QuantumMachine* global_quantum_machine;
103.          cout << transformQProgToQRunes(prog, global_
    quantum_machine) << endl;
104.
105.
106.          auto resultMap = directlyRun(prog);
107.          if (resultMap["c0"])
108.          {
109.              if (resultMap["c1"])
110.              {
111.                  cout << "target number is 3 !";
112.              }
113.              else
114.              {
115.                  cout << "target number is 2 !";
116.              }
117.          }
118.          else
119.          {
120.              if (resultMap["c1"])
121.              {
122.                  cout << "target number is 1 !";
123.              }
124.              else
```

```
125.                    {
126.                        cout << "target number is 0 !";
127.                    }
128.                }
129.                finalize();
130.            }
131.        return 0;
132.    }
```

4.5　QAOA

QAOA (quantum approximate optimization algorithm)，又名量子近似优化算法，是由 Edward Farhi, Jeffrey Goldstone 和 Sam Gutmann 开发的一个多项式时间算法，用于寻找 "最优化问题的一种 '好' 的解决方案"。

Farhi, Goldstone 和 Gutmann 都是现今量子计算领域有名的教授，其中 Farhi 和 Goldstone 是麻省理工学院的名誉教授。他们在 2000 年一起发表了绝热演化量子计算算法，2014 年在此基础上他们又共同发表了量子近似优化算法 (QAOA)。

这个名字是什么意思呢? 对于给定的 NP-Hard 问题，近似算法是一种多项式时间算法，该算法以期望的一些质量保证来解决每个问题实例，其中品质因数是多项式时间解的质量与真实解的质量之间的比率。QAOA 算法很有意思的一个原因是它具有展示"量子霸权"的潜力。

4.5.1　最大切割问题

最大切割问题 (max-cut) 是原始量子近似优化算法论文中描述的第一个应用。此问题类似于图形着色，对于给定节点和边的图形，并给每个边分配一个分值，接着将每个节点着色为黑色或白色，然后计算不同颜色节点边的分值之和，目的是找到一组得分最高的着色方式; 更正式地表述是将图的节点划分为两组，使得连接相对组中的节点的边的数量最大化。例如图 4.5.1 的杠铃图。

有 4 种方式将节点分为两组:

图 4.5.2 仅对连接不同集合中的节点时才会绘制边，带有剪刀符号的线条表示需要计算的切割边。对于杠铃图，有两个相等的权重分组对应于最大切割 (如图 4.5.2 中间两个分组)，将杠铃切成两半。可以将 "组 0" 或 "组 1" 中的节点表示为 0 或 1，组成一个长度为 N 的比特串。图 4.5.2 的四个分组可以表示为

$$\{00, 01, 10, 11\}$$

其中，最左边的比特对应节点 A，最右边的比特对应节点 B。用比特串来表示使得表示图的特定分组变得很容易，每个比特串具有相关联的切割权重。

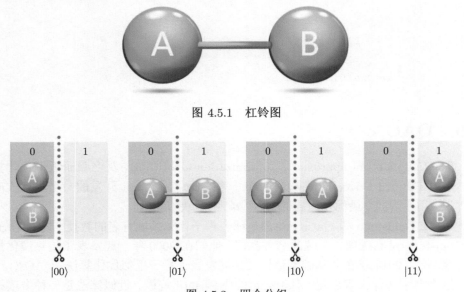

图 4.5.1 杠铃图

图 4.5.2 四个分组

对任意一个图，最大切割所使用的比特串长度是 N，可分割的情况总数是 2^N。例如，方形环图 4.5.3。

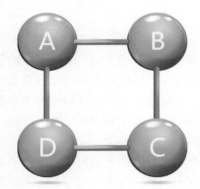

图 4.5.3 方形环图

有 16 个可能的分组 (2^4)。图 4.5.4 是四种可能的节点分组方式：

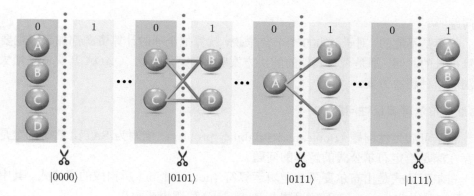

图 4.5.4　四种可能的节点分组方式

与每个分组相关联的比特串如图 4.5.4 所示，其中，最右边的比特对应节点 A，最左边的比特对应节点 D。绘制出切割边，这样就可以很清楚地看到不同分组对应的边的切割情况。

假设令方形图切割边的值都为 1，可以将方形图中的切割方案全部枚举出来，如表 4.5.1 所示。

表 4.5.1　切割方案及切割值

切割方案	切割值	切割方案	切割值
$|0000\rangle$	0	$|1000\rangle$	2
$|0001\rangle$	2	$|1001\rangle$	2
$|0010\rangle$	2	$|1010\rangle$	4
$|0011\rangle$	2	$|1011\rangle$	2
$|0100\rangle$	2	$|1100\rangle$	2
$|0101\rangle$	4	$|1101\rangle$	2
$|0110\rangle$	2	$|1110\rangle$	2
$|0111\rangle$	2	$|1111\rangle$	0

通过查表很容易可以找到最优的切割方案。

从前面对杠铃图和方形图的示例介绍，知道可以通过枚举的方式找到最优的切割方案，并且枚举的数量跟节点个数有关，如果有 N 个节点，则枚举的数量是 2^N。对于最大切割问题，在节点数较少的情况下，可以通过枚举的方式找到最优方案。但是，随着节点数的增加，其计算时间复杂度也成指数级的增加。

当遇到 1000 个、10000 个或者更多的节点时，还能通过枚举的方式来解决这个问题吗?

答案是不能的,对于 10000 个节点来说,就算把全球的计算资源都加起来也要计算很长的时间,那是否有其他的解决方案呢?答案是有的,QAOA 其实就是最大切割的一种解决方案。

4.5.2 布尔可满足性问题

布尔可满足性问题 (Boolean satisfiability problem,缩写为 SAT),就是确定是否存在满足给定布尔公式的解释的问题。

布尔表达式是由布尔变量和逻辑运算符 (not, and, or) 所构成的表达式。其中 not 又称逻辑非 (¬), and 又称逻辑与 (∧), or 又称逻辑或 (∨)。

例如:

$$x \text{ and } y \equiv x \wedge y$$

$$x \text{ or } y \equiv x \vee y$$

$$x \text{ and } y \text{ or } (\text{not } z) \equiv x \wedge y \vee (\neg z)$$

布尔可满足性问题就是对于布尔表达式中的变量使用 true 或者 false 进行赋值,使得该布尔表达式的值为 true,则该布尔表达式是可满足的。

例如:

$$A = x \wedge y$$

当 $x = \text{true}, y = \text{true}$, 则 $A = \text{true}$,所以布尔表达式 A 是可满足的。

$$B = x \vee y$$

当 $x = \text{true}$ 或 $y = \text{true}$, 则 $B = \text{true}$,所以布尔表达式 B 是可满足的

$$C = x \wedge y \vee (\neg z)$$

当 $x = \text{true}, y = \text{true}$ 或 $z = \text{false}$, 则 $C = \text{true}$,所以布尔表达式 C 也是可满足的。

那有没有不可满足的例子呢?

$$D = x \wedge (\neg x)$$

无论 $x = \text{true}$ 或 $x = \text{false}$, 则 $D = \text{false}$,所以表达式 D 是不可满足的。

已知的 NP-完全 (non-deterministic polynomial complete，缩写为 NP-C 或 NPC) 问题有很多，但作为这些问题的 "祖先"，历史上第一个被证明的 NP-完全问题就是来自于布尔可满足性问题。

SAT 问题是逻辑学的一个基本问题，也是当今计算机科学和人工智能研究的核心问题。工程技术、军事、工商管理、交通运输及自然科学研究中的许多重要问题，如程控电话的自动交换、大型数据库的维护、大规模集成电路的自动布线、软件自动开发、机器人动作规划等，都可转化成 SAT 问题。因此致力于寻找求解 SAT 问题的快速而有效的算法，不仅在理论研究上，而且在许多应用领域都具有极其重要的意义。

SAT 的问题被证明是 NP 难解的问题。目前解决该问题的方法主要有完备的方法和不完备的方法两大类。完备的方法优点是保证能正确地判断 SAT 问题的可满足性，但其计算效率很低，平均的计算时间为多项式阶，最差的情况计算时间为指数阶，不适用于求解大规模的 SAT 问题。不完备的方法的优点是求解的时间比完备的方法快得多，但在很少数的情况下不能正确地判断 SAT 问题的可满足性。

传统的方法有：枚举法、局部搜索法和贪婪算法等，但由于搜索空间大，问题一般难以求解。对于像 SAT 一类的 NP 难解问题，采用一些现代启发式方法如演化算法往往较为有效。

4.5.3 组合最优化问题

组合最优化是指通过对数学方法的研究去寻找处理离散事件的最优编排、分组、次序或筛选等问题的优化方法。实际上就是从有限个离散状态中选取最好的状态。

组合最优化的模型如下：

$$\min f(x)$$

$$\text{s.t.} g(x) \geqslant 0$$

$$x \in D$$

其中，$f(x)$ 为目标函数；$g(x)$ 为约束条件；x 为决策变量；D 表示有限个点组成的集合。

从模型可看出，组合最优化问题是一个规划问题 (在一定条件下，求解目标函数的最大值或最小值，这类问题叫作数学规划，它是运筹学里的重要内容)。

组合最优化的特点就是定义域集合为有限点集。由直观可知，只要将定义域 D 中的有限个点逐一判别是否满足约束，并比较目标函数的大小，就可以得到该问题的最优解，这就是枚举法。对于某些优化问题可以通过枚举法得到最优解，这在问题规模较小时是十分有效的，考虑的点也是非常全面的。每一个组合最优化问题都可以通过枚举的方法求得最优解，然而枚举是以时间为代价的，有的枚举时间还可以接受，有的则不可能接受。

例如，背包问题、旅行商问题，以及最大切割问题都是组合最优化问题。那么，有哪些方法解决这类问题呢？如表 4.5.2 所示。

表 4.5.2　如何求解组合最优化问题

如何求解组合最优化问题	
方法	各种规划方法 (线性、非线性)
	遗传算法
	退火算法
	神经网络
	搜索算法
	拉格朗日松弛算法
	近似算法

最优化问题，它一般分为两大类：一类是具有连续型的变量，另一类是具有离散型的变量，后一类被称为组合最优化问题。在应用方面，可以将连续优化问题通过设定步长转换为离散优化问题，这样就可以使用组合最优化问题的方法求解了。

4.5.4　近似优化算法

很多实际应用问题都是 NP-完全问题，这类问题很可能不存在多项式时间算法。一般而言，NP-完全问题可采用以下三种方式处理：如果问题的输入规模较小，则可以利用搜索策略在指数时间内求解问题；如果输入规模较大，既可以利用随机算法在多项式时间内 "高概率" 地精确求解问题；也可以考虑在多项式时间内求得问题的一个 "近似解"。

近似优化算法就是指这种能够在多项式时间内给出优化问题的近似优化解的算法。近似算法不仅可用于近似求解 NP-完全问题，也可用于近似求解复杂度较高的 NP 问题。

通常在生活中，有些问题没有必要找到最完美的解，常常是找到一个可以满足期望的解就可以了。比如赛车比赛，赛道上其实有很多路线可以到达终点，车手只需要找到一种可以赢得比赛的路线就可以了。

4.5.5　泡利算符

泡利算符是一组三个 2×2 的幺正厄米复矩阵，一般都以希腊字母 σ(西格玛)

来表示，读作泡利 x，泡利 y，泡利 z。

$$\sigma_x = \begin{bmatrix} 0 & 1 \\ 1 & 0 \end{bmatrix} \quad \sigma_y = \begin{bmatrix} 0 & -\mathrm{i} \\ \mathrm{i} & 0 \end{bmatrix} \quad \sigma_z = \begin{bmatrix} 1 & 0 \\ 0 & -1 \end{bmatrix}$$

每个泡利矩阵有两个特征值：$+1$ 和 -1，其对应的归一化特征向量为

$$\psi_{x+} = \frac{1}{\sqrt{2}} \begin{bmatrix} 1 \\ 1 \end{bmatrix} \quad \psi_{y+} = \frac{1}{\sqrt{2}} \begin{bmatrix} 1 \\ \mathrm{i} \end{bmatrix} \quad \psi_{z+} = \begin{bmatrix} 1 \\ 0 \end{bmatrix}$$

$$\psi_{x-} = \frac{1}{\sqrt{2}} \begin{bmatrix} 1 \\ -1 \end{bmatrix} \quad \psi_{y-} = \frac{1}{\sqrt{2}} \begin{bmatrix} 1 \\ -\mathrm{i} \end{bmatrix} \quad \psi_{z-} = \begin{bmatrix} 0 \\ 1 \end{bmatrix}$$

通常，用 $|+\rangle$ 表示 ψ_{x+}，用 $|-\rangle$ 表示 ψ_{x-}，用 $|0\rangle$ 表示 ψ_{z+}，用 $|1\rangle$ 表示 ψ_{z-}。

泡利算符对应的运算规则如下，同一泡利算符相乘会得到单位矩阵。泡利 x 乘以泡利 y 等于 i 倍的泡利 z。泡利 y 乘以泡利 x 等于 $-$i 倍的泡利 z。

$$\sigma_x I = I\sigma_x = \sigma_x \quad \sigma_y I = I\sigma_y = \sigma_y \quad \sigma_z I = I\sigma_z = \sigma_z$$

$$\sigma_x\sigma_x = \sigma_y\sigma_y = \sigma_z\sigma_z = I$$

$$\sigma_x\sigma_y = \begin{bmatrix} 0 & 1 \\ 1 & 0 \end{bmatrix}\begin{bmatrix} 0 & -\mathrm{i} \\ \mathrm{i} & 0 \end{bmatrix} = \mathrm{i}\begin{bmatrix} 1 & 0 \\ 0 & -1 \end{bmatrix} = \mathrm{i}\sigma_z$$

$$\sigma_y\sigma_x = \begin{bmatrix} 0 & -\mathrm{i} \\ \mathrm{i} & 0 \end{bmatrix}\begin{bmatrix} 0 & 1 \\ 1 & 0 \end{bmatrix} = -\mathrm{i}\begin{bmatrix} 1 & 0 \\ 0 & -1 \end{bmatrix} = -\mathrm{i}\sigma_z$$

同理，也可以得到其他泡利矩阵相乘的表达式结果：

$$\sigma_y\sigma_z = \mathrm{i}\sigma_x \quad \sigma_z\sigma_x = \mathrm{i}\sigma_y$$

$$\sigma_z\sigma_y = -\mathrm{i}\sigma_x \quad \sigma_x\sigma_z = -\mathrm{i}\sigma_y$$

由此发现，顺序相乘的两个泡利矩阵跟未参与计算的泡利矩阵是 i 倍关系，逆序相乘的泡利矩阵跟未参与计算的泡利矩阵是 $-$i 倍的关系。

在 QPanda 中，实现了泡利算符类，定义了以下规则：

用大写字母 X 表示泡利 x 算符，又称为 X 门；用大写字母 Y 表示泡利 y 算符，又称为 Y 门；用大写字母 Z 表示泡利 z 算符，又称为 Z 门。

另外，定义形式如

$$\{"X0", 2\} \equiv 2\sigma_x^0$$

表示在 0 号量子比特上作用一个 X 门，其系数为 2。

$$\{"Z0\ Z1",3\} \equiv 3\sigma_z^0 \otimes \sigma_z^1$$

表示在 0 号和 1 号量子比特上作用 Z 门，其系数为 3。

$$\{X0\ Y1\ Z2\ Z3,\ 4\} \equiv 4\sigma_x^0 \otimes \sigma_y^1 \otimes \sigma_z^2 \otimes \sigma_z^3$$

表示在 0 号量子比特作用 X 门，在 1 号量子比特作用 Y 门，在 2 号和 3 号量子比特上作用 Z 门，其系数为 4。

$$\{"",\ 2\} \equiv 2I$$

表示的是单位矩阵，其系数为 2。

最终表示的矩阵形式是作用在不同比特上的泡利门的张乘，这里提到的系数可以是实数也可以是复数。

在 QPanda 中，可以通过如下示例代码构建泡利运算符类。

使用 C++ 构建方式：

```
1.  #include "Operator/PauliOperator.h"
2.  int main()
3.  {
4.      using namespace QPanda;
5.      PauliOperator p1;
6.      PauliOperator p2({{"Z0 Z1", 2},{"X1 Y2", 3}});
7.      PauliOperator p3("Z0 Z1", 2);
8.      PauliOperator p4(2); //PauliOperator p4("", 2);
9.      PauliOperator p5(p2);
10.
11.     return 0;
12. }
```

Python 构建方式：

```
1.  from pyqpanda import *
2.  if __name__=="__main__":
3.      p1 = PauliOperator()
4.      p2 = PauliOperator({'Z0 Z1': 2, 'X1 Y2': 3})
5.      p3 = PauliOperator('Z0 Z1', 2)
```

```
6.        p4 = PauliOperator(2)
7.        p5 = p2
```

构造一个空的泡利算符类 p1，里面不包含任何泡利算符及单位矩阵；可以以字典序的形式构建多个表达式，如 p2；也可以构建单项，如 p3；还可以只构造一个单位矩阵，如 p4；也可以通过已经构造好的泡利运算符来构造它的一份副本，如 p5。

泡利算符类支持常规的加、减、乘等运算操作，计算返回结果还是一个泡利算符类。例如：定义 a 和 b 两个泡利算符类，让泡利算符类之间进行加操作、减操作和乘操作。

C++ 示例：

```
1.  #include "Operator/PauliOperator.h"
2.  int main()
3.  {
4.      using namespace QPanda;
5.      PauliOperator a("Z0 Z1", 2);
6.      PauliOperator b("X5 Y6", 3);
7.      auto plus = a + b;
8.      auto minus = a - b;
9.      auto muliply = a * b;
10.
11.     return 0;
12. }
```

Python 示例：

```
1.  from pyqpanda import *
2.  if_name_=="_main_":
3.
        a = PauliOperator('Z0 Z1', 2)
4.      b = PauliOperator('X5 X6', 3)
5.      plus = a + b
6.      minus = a - b
7.      muliply = a * b
```

泡利算符类还支持打印功能，可以直接将泡利算符类打印输出到屏幕上。如示例代码，将 a+b，a−b 和 a*b 的值打印输出到屏幕上来查看计算结果。

C++ 示例：

```
1.  #include "Operator/PauliOperator.h"
2.  int main()
3.  {
4.      using namespace QPanda;
5.      PauliOperator a("Z0 Z1", 2);
6.      PauliOperator b("X5 Y6", 3);
7.      auto plus = a + b;
8.      auto minus = a - b;
9.      auto multiply = a * b;
10.
11.     std::cout << "a + b = " << plus << std::endl;
12.     std::cout << "a - b = " << minus << std::endl;
13.     std::cout << "a * b = " << multiply << std::endl;
14.
15.     return 0;
16. }
```

Python 示例：

```
1.  from pyqpanda import *
2.  if__name__=="__main__":
3.      a = PauliOperator('Z0 Z1', 2)
4.      b = PauliOperator('X5 X6', 3)
5.      plus = a + b
6.      minus = a - b
7.      multiply = a * b
8.
        print("a + b = {}".format(plus))
9.      print("a - b = {}".format(minus))
10.     print("a * b = {}".format(multiply))
11.
```

上述示例的输出结果如下：

```
1.  a + b = {
2.  "X5 X6": 3.000000
3.  "Z0 Z1": 2.000000
```

```
4.  }
5.  a - b = {
6.  "X5 X6": -3.000000
7.  "Z0 Z1": 2.000000
8.  }
9.  a * b = {
10. "Z0 Z1 X5 X6": 6.000000
11. }
```

　　还可以通过 getMaxIndex 接口返回泡利算符类需要操作的比特个数。如果是空的泡利算符类则返回 0，否则返回最大下标索引值加 1 的结果。

　　C++ 示例：

```
1.  #include "Operator/PauliOperator.h"
2.  int main()
3.  {
4.      using namespace QPanda;
5.      PauliOperator a("Z0 Z1", 2);
6.      PauliOperator b("X5 Y6", 3);
7.
8.      auto muliply = a * b;
9.
10.     std::cout << "a * b = " << muliply << std::endl;
11.     std::cout << "Index :  " << muliply.getMaxIndex();
12.
13.     return 0;
14. }
```

　　Python 示例：

```
1.  from pyqpanda import *
2.  if_name_=="_main_":
3.      a = PauliOperator('Z0 Z1', 2)
4.      b = PauliOperator('X5 X6', 3)
5.      muliply = a * b
6.      print("a * b = {}".format(muliply))
7.      print("Index :  {}".format(muliply.getMaxIndex()))
```

在示例代码中，a*b 的结果是 Z0 Z1 X5 X6，则这个泡利算符类需要使用到的比特数，通过调用 getMaxIndex 接口得到 7。

```
1.  a * b = {
2.  "Z0 Z1 X5 X6": 6.000000
3.  }
4.  Index : 7
```

另外一个跟泡利算符类下标有关的接口 remapQubitIndex，它的功能是对泡利算符类中的索引从 0 比特开始分配映射，并返回新的泡利算符。

使用 C++ 方式构建：

```
1.  #include "Operator/PauliOperator.h"
2.  int main()
3.  {
4.      using namespace QPanda;
5.      PauliOperator a("Z0 Z1", 2);
6.      PauliOperator b("X5 Y6", 3);
7.
8.      auto muliply = a * b;
9.
10.     std::map<size_t, size_t> index_map;
11.     auto remap_pauli = muliply.remapQubitIndex(index_map);
12.     std::cout << "remap_pauli:" << remap_pauli << std::endl;
13.     std::cout << "Index:" << remap_pauli.getMaxIndex();
14.
15.     return 0;
16. }
```

使用 Python 方式构建：

```
1.  from pyqpanda import *
2.  if_name__=="__main__":
3.      a = PauliOperator('Z0 Z1', 2)
4.      b = PauliOperator('X5 X6', 3)
5.      muliply = a * b
6.      index_map = {}
7.      remap_pauli = muliply.remapQubitIndex(index_map)
```

```
8.          print("remap_pauli = {}".format(remap_pauli))
9.          print("Index:{}".format(remap_pauli.getMaxIndex()))
```

index_map 里面是前后映射关系，以 a*b 为例，如果直接调用 getMaxIndex 接口返回的结果是 7，说明这个泡利算符类需要操作 7 个量子比特，其实 2 号、3 号和 4 号比特并未被使用；如果使用 remapQubitIndex 接口，即可用 4 个量子比特来进行计算操作。

```
1.  remap_pauli = {
2.  "Z0 Z1 X2 X3": 6.000000
3.  }
4.  Index : 4
```

泡利算符类提供了其他一些常用功能，例如：

```
1.  isEmpyt()              // 判空
2.  dagger()              // 返回共轭泡利算符
3.  isAllPauliZorI()      // 判断是否全为泡利"Z"或"I"
4.  toString()            // 返回字符串形式
5.  data()               // 返回泡利运算符内部维护的数据结构
```

4.5.6　哈密顿量

对于一个物理系统，可以用哈密顿量来描述，其实哈密顿量在数学表示上就是一个矩阵，只不过这个矩阵有点特殊，它的本征值都是实数。

哈密顿量的本征向量描述对应的物理系统所处的各个本征态，本征值就是物理系统所处的本征态对应的能量。

对于一个问题，如果找到了它的哈密顿量，根据这个哈密顿量就可以求得它的本征态和本征能量，得到了本征态和本征能量就相当于解决了问题。

例如图 4.5.5，对于这个由三个台阶和一个小球组成的系统，它可以存在三种不同的状态，将小球放在不同的台阶上，可以看到每个台阶的高度不同，小球的重力势能是不相等的，所以这个系统有三种不同的能量状态。

假设每个状态对应的能量分别是 E_1，E_2 和 E_3。

用 $[1, 0, 0]^T$ 来表示第一个状态，用 $[0, 1, 0]^T$ 来表示第二个状态；用 $[0, 0, 1]^T$ 来表示第三个状态。

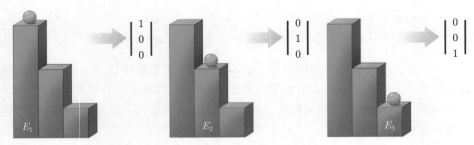

图 4.5.5　三种不同状态

那这个系统的哈密顿量可以表示成如下的矩阵形式：

$$H = \begin{bmatrix} E_1 & 0 & 0 \\ 0 & E_2 & 0 \\ 0 & 0 & E_3 \end{bmatrix}$$

对于对角矩阵，它对角线上的每个元素都是该矩阵的本征值。其中 $[1,0,0]^{\mathrm{T}}$、$[0,1,0]^{\mathrm{T}}$ 和 $[0,0,1]^{\mathrm{T}}$ 就是该对角矩阵的本征向量。

对于布尔变量 a 来说，它有两个状态 a 和非 a，如果 a 表示真的话，那非 a 就表示假，假设用数字 1 来表示真，用数字 0 来表示假，则如表 4.5.3(Ⅰ) 所示。

表 4.5.3(Ⅰ)　布尔变量的状态及值

	状态	值
布尔变量 a	a	true(1)
	$-a$	false(0)
$\sigma_z = \begin{bmatrix} 1 & 0 \\ 0 & -1 \end{bmatrix}$	$\lvert 0 \rangle = \begin{bmatrix} 1 \\ 0 \end{bmatrix}$	1
	$\lvert 1 \rangle = \begin{bmatrix} 0 \\ 1 \end{bmatrix}$	-1

泡利 Z 有两个本征态 $\lvert 0 \rangle$ 和 $\lvert 1 \rangle$，这两个本征态对应的本征值为 1 和 -1。如果用 1 表示布尔变量为真状态时的能量，-1 表示布尔变量为假状态时的能量，那么泡利 Z 就是布尔变量这个简单物理系统的哈密顿量形式。

如果用矩阵 $\begin{bmatrix} 1 & 0 \\ 0 & 0 \end{bmatrix}$ 来表示 $\lvert 0 \rangle$ 态的哈密顿量，$\lvert 0 \rangle$ 态描述布尔变量的状态 a，那么这个哈密顿量表示该系统一直处在 $\lvert 0 \rangle$ 态，它对应的泡利表达式如表 4.5.3(Ⅱ) 所示；如果用矩阵 $\begin{bmatrix} 0 & 0 \\ 0 & 1 \end{bmatrix}$ 来表示 $\lvert 1 \rangle$ 态的哈密顿量，$\lvert 1 \rangle$ 态描述布尔变量的状

态非 a, 那么这个哈密顿量表示该系统一直处在 $|1\rangle$ 态, 它对应的泡利表达式如表 4.5.3(Ⅱ) 所示。

表 4.5.3(Ⅱ)　量子态对应的哈密顿量

状态	哈密顿量	泡利表达式	布尔变量
$\lvert 0 \rangle = \begin{bmatrix} 1 \\ 0 \end{bmatrix}$	$\begin{bmatrix} 1 & 0 \\ 0 & 0 \end{bmatrix}$	$\dfrac{1}{2} \left(\begin{bmatrix} 1 & 0 \\ 0 & 1 \end{bmatrix} + \begin{bmatrix} 1 & 0 \\ 0 & -1 \end{bmatrix} \right) = \dfrac{I + \sigma_z}{2}$	a
$\lvert 1 \rangle = \begin{bmatrix} 0 \\ 1 \end{bmatrix}$	$\begin{bmatrix} 0 & 0 \\ 0 & 1 \end{bmatrix}$	$I - \dfrac{I + \sigma_z}{2} = \dfrac{I - \sigma_z}{2}$	$\neg a$

1. 逻辑表达式 $a \wedge b$ 的哈密顿量

逻辑与也叫作逻辑乘, 逻辑与对应的哈密顿量可以表示成两个逻辑变量的哈密顿量之间的乘积。

假设给出 a 与 b 的真值表, 如表 4.5.4 所示。当逻辑变量 a 和逻辑变量 b 都为 true 时, 逻辑表达式 a 与 b 值为 1, 其他情况值都为 0。

表 4.5.4　a 与 b 的真值表

	$a \wedge b$	b	
		true	false
a	true	1	0
	false	0	0

哈密顿量的本征向量可以描述对应物理系统所处的各个本征态, 哈密顿量的本征值可以描述物理系统所处的本征态对应的能量。

对于逻辑表达式 a 与 b 这个简单系统来说, 它有 4 个状态, 第一个状态能量值为 1, 其他状态能量值为 0; 那么逻辑表达式 a 与 b 的哈密顿量, 有 4 个本征态, 本征态对应的能量分别为 1,0,0,0。

$$H_{a \wedge b} = \begin{bmatrix} 1 & 0 & 0 & 0 \\ 0 & 0 & 0 & 0 \\ 0 & 0 & 0 & 0 \\ 0 & 0 & 0 & 0 \end{bmatrix}$$

如果用 $|0\rangle$ 态来表示 a 状态和 b 状态, 用 $|1\rangle$ 态来表示非 a 状态和非 b 状态。令状态 a 和状态 b 的值为真, 则逻辑表达式 a 与 b 的真值表如表 4.5.5 所示。

$|0\rangle$ 态对应的哈密顿量为 $\dfrac{I + \sigma_z}{2}$, 将变量 a 和 b 用其哈密顿量来替换, 逻辑与

用矩阵乘来替换，则逻辑表达式 a 与 b 的哈密顿量可以这样推导，对于 a 和 b 各用 1 个比特来表示，用索引值为 0 的比特来表示 a，索引值为 1 的比特来表示 b，表达式为

$$H_{a \wedge b} = \frac{I + \sigma_z^0}{2} \cdot \frac{I + \sigma_z^1}{2} = \begin{bmatrix} 1 & 0 & 0 & 0 \\ 0 & 0 & 0 & 0 \\ 0 & 0 & 0 & 0 \\ 0 & 0 & 0 & 0 \end{bmatrix}$$

表 4.5.5　逻辑表达式 a 与 b 的真值表

$a \wedge b$ $a, b \equiv \lvert 0 \rangle$ $\neg a, \neg b \equiv \lvert 1 \rangle$	b	
	$\lvert 0 \rangle$	$\lvert 1 \rangle$
a $\qquad \lvert 0 \rangle$	1	0
$\qquad \lvert 1 \rangle$	0	0

同理，如果用 $\lvert 1 \rangle$ 态来表示 a 状态和 b 状态，用 $\lvert 0 \rangle$ 态来表示非 a 状态和非 b 状态。则逻辑表达式 a 与 b 的真值表可以如表 4.5.6 所示。

表 4.5.6　逻辑表达式 a 与 b 的真值表

$a \wedge b$ $a, b \equiv \lvert 1 \rangle$ $\neg a, \neg b \equiv \lvert 0 \rangle$	b	
	$\lvert 0 \rangle$	$\lvert 1 \rangle$
a $\qquad \lvert 0 \rangle$	0	0
$\qquad \lvert 1 \rangle$	0	1

$\lvert 1 \rangle$ 态对应的哈密顿量为 $\dfrac{I - \sigma_z}{2}$，将变量 a 和 b 用哈密顿量来替换，逻辑与用矩阵乘来替换，则逻辑表达式 a 与 b 的哈密顿量推导形式为

$$H_{a \wedge b} = \frac{I - \sigma_z^0}{2} \cdot \frac{I - \sigma_z^1}{2} = \begin{bmatrix} 0 & 0 & 0 & 0 \\ 0 & 0 & 0 & 0 \\ 0 & 0 & 0 & 0 \\ 0 & 0 & 0 & 1 \end{bmatrix}$$

2. 逻辑表达式 $a \vee b$ 的哈密顿量

所有的逻辑表达式都可以用逻辑与和逻辑非来表示。那么逻辑表达式 a 或 b，可以表示为非 a 与非 b 的非。

假设给出逻辑表达式 a 或 b 的真值表，如表 4.5.7 所示。当逻辑变量 a 和 b 都为 false 的时候，逻辑表达式 a 或 b 值为 0。其他情况值都为 1。

表 4.5.7　逻辑表达式 a 或 b 的真值表

$a \vee b$		b	
		true	false
a	true	1	1
	false	1	0

根据状态和对应的能量，写出逻辑表达式 a 或 b 的哈密顿量，这个哈密顿量也有 4 个本征态，本征态对应的能量分别为 1,1,1,0。

$$H_{a \vee b} = \begin{bmatrix} 1 & 0 & 0 & 0 \\ 0 & 1 & 0 & 0 \\ 0 & 0 & 1 & 0 \\ 0 & 0 & 0 & 0 \end{bmatrix}$$

同样假设用 $|0\rangle$ 态来表示 a 状态和 b 状态，用 $|1\rangle$ 态来表示非 a 状态和非 b 状态，令状态 a 和状态 b 的值为真，则逻辑表达式 a 与 b 的真值表如表 4.5.8 所示。

表 4.5.8　逻辑表达式 a 与 b 的真值表

$a \wedge b$ $a, b \equiv |0\rangle$ $\neg a, \neg b \equiv |1\rangle$		b	
		$|0\rangle$	$|1\rangle$
a	$|0\rangle$	1	1
	$|1\rangle$	1	0

$|1\rangle$ 态对应的哈密顿量为 $\dfrac{I - \sigma_z}{2}$，将非 a 状态和非 b 状态用 $|1\rangle$ 对应的哈密顿量来替换，逻辑与用矩阵乘来替换，再取非就相当于用单位矩阵做减法，则逻辑表达式 a 或 b 的哈密顿量推导形式为

$$H_{a \vee b} = I - \frac{I - \sigma_z^0}{2} \cdot \frac{I - \sigma_z^1}{2} = \begin{bmatrix} 1 & 0 & 0 & 0 \\ 0 & 1 & 0 & 0 \\ 0 & 0 & 1 & 0 \\ 0 & 0 & 0 & 0 \end{bmatrix}$$

从上述表达式不难发现，它与用状态及其能量写出来的哈密顿量形式一样。

同理，如果用 $|1\rangle$ 态来表示 a 状态和 b 状态，用 $|0\rangle$ 态来表示非 a 状态和非 b 状态，则逻辑表达式 a 或 b 的真值表如表 4.5.9 所示。

表 4.5.9　逻辑表达式 a 或 b 的真值表

$a \vee b$ $a,b \equiv |1\rangle$ $\neg a, \neg b \equiv |0\rangle$		b	
		$|0\rangle$	$|1\rangle$
a	$|0\rangle$	0	1
	$|1\rangle$	1	1

$|0\rangle$ 态对应的哈密顿量为 $\dfrac{I+\sigma_z}{2}$，同时将非 a 状态和非 b 状态用 $|0\rangle$ 态对应的哈密顿量来替换，逻辑与用矩阵乘来替换，非操作相当于用单位矩阵进行减法操作，则逻辑表达式 a 或 b 的哈密顿量形式也可以推导为

$$H_{a\vee b} = I - \frac{I+\sigma_z^0}{2} \cdot \frac{I+\sigma_z^1}{2} = \begin{bmatrix} 0 & 0 & 0 & 0 \\ 0 & 1 & 0 & 0 \\ 0 & 0 & 1 & 0 \\ 0 & 0 & 0 & 1 \end{bmatrix}$$

3. 逻辑表达式 $a+b$ 的哈密顿量

加法对应的哈密顿量可以表示为变量对应的哈密顿量进行加操作，所以 a 加 b 的哈密顿量等于变量 a 和变量 b 取值对应的哈密顿量之和。

假设 a,b 只能在 0 和 1 中进行取值，可以看到总共存在 4 种情况：当 a 取 0，b 取 0 的时候值为 0；a 取 0，b 取 1 的时候值为 1；a 取 1，b 取 0 的时候值为 1；a 取 1，b 取 1 的时候值为 2，如表 4.5.10 所示。

表 4.5.10　4 种情况

$a+b$		b	
		0	1
a	0	0	1
	1	1	2

根据状态及其对应能量，对于这种状态比较少的情况，直接将它对应的哈密顿量写出，这个哈密顿量也有 4 个本征态，本征态对应的能量分别为 0，1，1，2。

$$H_{a+b} = \begin{bmatrix} 0 & 0 & 0 & 0 \\ 0 & 1 & 0 & 0 \\ 0 & 0 & 1 & 0 \\ 0 & 0 & 0 & 2 \end{bmatrix}$$

同样，可以各用 1 个比特来表示 a 和 b 的取值范围，如果用 $|0\rangle$ 态来表示 a 和 b 取值为 1 时的状态，用 $|1\rangle$ 态表示 a 和 b 取值为 0 时的状态，列出所有情况如表 4.5.11 所示。

表 4.5.11 所有情况

$a+b$ a,b取1 $\equiv$ $\|0\rangle$ a,b取0 $\equiv$ $\mathbf{\|1\rangle}$		b	
		$\|0\rangle$	$\|1\rangle$
a	$\|0\rangle$	2	1
	$\|1\rangle$	1	0

那么，逻辑表达式 $a+b$ 的哈密顿量形式为

$$H_{a+b} = \frac{I+\sigma_z^0}{2} + \frac{I+\sigma_z^1}{2} = \begin{bmatrix} 2 & 0 & 0 & 0 \\ 0 & 1 & 0 & 0 \\ 0 & 0 & 1 & 0 \\ 0 & 0 & 0 & 0 \end{bmatrix}$$

同理，用 $|1\rangle$ 态来表示 a 和 b 取值为 1 时的状态，用 $|0\rangle$ 态表示 a 和 b，取值为 0 时的状态，如表 4.5.12 所示。

表 4.5.12 所有情况

$a+b$ a,b取1 $\equiv$ $\mathbf{\|1\rangle}$ a,b取0 $\equiv$ $\mathbf{\|0\rangle}$		b	
		$\|0\rangle$	$\|1\rangle$
a	$\|0\rangle$	0	1
	$\|1\rangle$	1	2

那么，逻辑表达式 $a+b$ 的哈密顿量形式为

$$H_{a+b} = \frac{I-\sigma_z^0}{2} + \frac{I-\sigma_z^1}{2} = \begin{bmatrix} 0 & 0 & 0 & 0 \\ 0 & 1 & 0 & 0 \\ 0 & 0 & 1 & 0 \\ 0 & 0 & 0 & 2 \end{bmatrix}$$

4. 最大切割问题的哈密顿量

对杠铃图 (图 4.5.6) AB 这条边，如果顶点 A 和顶点 B 分配到相同组，例如 "0 组" 或 "1 组"，则 AB 这条边将不会被切割，对总的切割贡献为 0；相反，如果将顶点 A 和 B 分配到不同组，假设将 A 分配到 "0 组"，将 B 分配到 "1 组"，或

对调分配，则 AB 这条边将会被切割，对总的切割贡献为这条边的权重 (例如 AB 这条边权重为 1，则贡献为 1)。

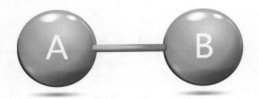

图 4.5.6　杠铃图

那么，如果将对应于最大切割的比特串 (或比特串组)，视为是使用哈密顿量编码的代价函数的基态。这个哈密顿量的形式，可以通过构造经典函数返回值来决定，如果被切割边所对应的两个节点跨越不同组，则返回 1(或边的权重)，否则返回 0。哈密顿量的形式为

$$C_{ij} = \frac{1}{2}(1 - Z_i Z_j)$$

如果顶点 Z_i 或 Z_j 属于 "0 组"，则 Z_i 或 Z_j 的值为 +1；如果顶点 Z_i 或 Z_j 属于 "1 组"，则 Z_i 或 Z_j 的值为 −1。那么，可以用公式来表示图 4.5.7 的分组情况：

$$C_{ij} = \frac{1}{2}(1 - Z_i Z_j),\ 其中 \begin{cases} Z_i, Z_j \in 0组,\ Z_i, Z_j = 1 \\ Z_i, Z_j \in 1组,\ Z_i, Z_j = -1 \end{cases}$$

对于更复杂的图来说，最大切割值等于每条边切割贡献的总和：

$$\text{max-cut} = \sum_{ij} C_{ij}$$

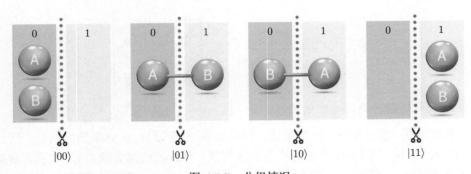

图 4.5.7　分组情况

对于杠铃图来说，它有 4 个分组，如果将它看作一个系统的话，表示这个系统有 4 个状态，并且每个状态都是孤立存在的，用狄拉克符号表示它的状态就是 $|00\rangle$、$|01\rangle$、$|10\rangle$ 和 $|11\rangle$。每个分组都对应一个切割值，可以将这个切割值看作是系统处在这个状态时的能量，系统处在 $|00\rangle$ 状态时能量为 0，系统处在 $|01\rangle$ 状态时能量为 1，系统处在 $|10\rangle$ 状态时能量为 1，系统处在 $|11\rangle$ 状态时能量为 0。

用哈密顿量表示成如下的矩阵形式：

$$|00\rangle = \begin{bmatrix} 1 \\ 0 \\ 0 \\ 0 \end{bmatrix} \quad |01\rangle = \begin{bmatrix} 0 \\ 1 \\ 0 \\ 0 \end{bmatrix} \quad |10\rangle = \begin{bmatrix} 0 \\ 0 \\ 1 \\ 0 \end{bmatrix} \quad |11\rangle = \begin{bmatrix} 0 \\ 0 \\ 0 \\ 1 \end{bmatrix}$$

$$E_{|00\rangle} = 0 \qquad E_{|01\rangle} = 1 \qquad E_{|10\rangle} = 1 \qquad E_{|11\rangle} = 0$$

它的第一个和第四个状态能量为 0，第二个和第三个状态能量为 1。

$$H = \begin{bmatrix} 0 & 0 & 0 & 0 \\ 0 & 1 & 0 & 0 \\ 0 & 0 & 1 & 0 \\ 0 & 0 & 0 & 0 \end{bmatrix}$$

对于这个简单的系统，可以发现，它其实对应着一个异或表达式，异或表达式的真值表如表 4.5.13 所示。

表 4.5.13 异或表达式的真值表

$a \oplus b$		b	
		0	1
a	0	0	1
	1	1	0

当变量 a 和变量 b 取不同值时，异或的结果为 1；取相同值时，异或的结果为 0。

a 异或 b 也可以表示成两个逻辑与运算之和

$$a \oplus b = a \land \neg b + \neg a \land b$$

前面介绍过逻辑与相当于矩阵之间乘积，非操作相当于跟单位矩阵之间做减法操作，加操作相当于矩阵之间相加，则 a 异或 b 的哈密顿量可以用这样的公式来推导：

$$H_{a\oplus b} = \frac{I+\sigma_z^0}{2} \cdot \frac{I-\sigma_z^1}{2} + \frac{I-\sigma_z^0}{2} \cdot \frac{I+\sigma_z^1}{2}$$

$$= \frac{I-\sigma_z^0\sigma_z^1}{2}$$

$$= \begin{bmatrix} 0 & 0 & 0 & 0 \\ 0 & 1 & 0 & 0 \\ 0 & 0 & 1 & 0 \\ 0 & 0 & 0 & 0 \end{bmatrix}$$

对于复杂的最大切割系统，将其简化成杠铃图这样的简单系统的组合，其切割值就是各个简单系统切割值的和。对应这个复杂系统的最大切割问题，其哈密顿量表示如下：

$$H_{\text{max-cut}} = H_1 + H_2 + \cdots + H_n = \sum_{ij} \frac{1}{2}\left(I - \sigma_i^z\sigma_j^z\right)$$

5. 在 QPanda 中构造最大切割问题对应的哈密顿量

对于杠铃图来说，它对应的哈密顿量形式为

$$\frac{I - \sigma_i^z\sigma_j^z}{2}$$

去掉这个表达式中的单位矩阵和常系数，它描述的其实是

$$\sigma_i^z\sigma_j^z$$

之前介绍过在 QPanda 中用泡利算符类来描述泡利矩阵之间的关系。用{"Z0 Z1", 1}来构造杠铃图对应的泡利算符类。其中"Z0 Z1"表示泡利算符 Z0 和 Z1 之间是乘积关系，系数 1 表示切割权重。

对方形图来说，它的哈密顿量是各个简单系统哈密顿量之和。在 QPanda 中可以通过 map 的形式构造多个表达式，各表达式之间对应的关系是加操作。

{{"Z0 Z1", 1}, {"Z1 Z2", 1}, {"Z2 Z3", 1}, {"Z3 Z0", 1}}

4.5.7 算法原理

1. 绝热量子计算

绝热量子计算 (adiabatic quantum computation) 是量子计算的一种形式，它依赖于绝热定理进行计算。首先，对于一个特定的问题，找到一个 (可能复杂的)

哈密顿量，其基态描述了该问题的解决方案；然后，准备一个具有简单哈密顿量的系统并初始化为基态；最后，简单的哈密顿量绝热地演化为期望的复杂哈密顿量。根据绝热定理，系统保持在基态，因此最后系统的状态描述了问题的解决方案，绝热量子计算已经被证明在线路模型中与传统的量子计算是多项式等价的。

　　绝热量子计算是通过以下过程解决特定问题和其他组合搜索问题。通常这种问题就是寻找一种状态满足 $C_1 \wedge C_2 \wedge \cdots \wedge C_m$，该表达式包含可满足条件的 M 个子问题，每个子问题 C_i 值为 true 或 false，并且可能包含 n 位，这里的每一位都是一个变量 $x_j \in \{0,1\}$，所以 C_i 是一个关于 $x_1, x_2, \cdots, x_n$ 的布尔值函数，绝热量子算法利用量子绝热演化解决了这类问题。它以初始哈密顿量 H_B 开始：

$$H_B = H_{B_1} + H_{B_2} + \cdots + H_{B_M}$$

这里 H_{B_i} 对应于该子问题 C_i 的哈密顿量，通常选择的 H_{B_i} 不会依赖于其他的子问题。然后经历绝热演化，以问题的哈密顿量 H_p 结束：

$$H_P = \sum_C H_{P,C}$$

这里 $H_{P,C}$ 是满足问题 C 的哈密顿量，它有本征值 0 和 1。如果子问题 C 满足条件则本征值为 1，不满足则本征值为 0。对于一个简单的绝热演化路径，如图 4.5.8 所示。

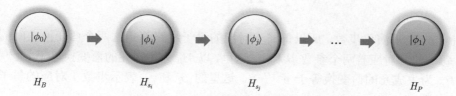

$$H(t) = \left(1 - \frac{t}{T}\right) H_B + \frac{t}{T} H_P$$

图 4.5.8　一个简单的绝热演化路径

令 $s = \dfrac{t}{T}$，则有

$$\tilde{H}(s) = (1-s) H_B + (s) H_P$$

这就是绝热演化算法对应的哈密顿量。

　　绝热演化是指系统从 H_B 的基态 $|\phi_0\rangle$ 开始，一步一步演化到末态 H_P 的基态 $|\phi_1\rangle$。如果测量最终状态 n 个自旋的 z 分量，则将产生一个字符串 $Z_1, Z_2, \cdots, Z_n$，

这很可能就是问题的解。根据绝热定理 $T = \left(\dfrac{\varepsilon}{g_{\min}^2} \right)$，这表明运行时间 T 必须足够长以确保结果的正确性，其中 $g_{\min} = \min\limits_{0 \leqslant s \leqslant 1} (E_1(S) - E_0(S))$ 是基态和第一激发态之间的最小能隙。

2. 初始哈密顿量

QAOA 定义的初始哈密顿量 H_b 是泡利 X 算符在每个量子位上的和。

$$H_b = \sum_{i=0}^{n-1} \sigma_j^x$$

该哈密顿量具有基态，该基态是泡利算子最高能量对应的特征向量 $(|+\rangle)$ 的张量积。

$$|\phi_0\rangle = |+\rangle_0 |+\rangle_1 \cdots |+\rangle_{n-1}$$

3. QAOA 量子线路

以最大切割问题为例，QAOA 线路是以 H_b 为生成元的酉变换跟以 H_p 为生成元的酉变换乘积的累积。

$$U\left(\vec{\beta}, \vec{\gamma}\right) = \prod_{i=1}^{m} U(H_b, \beta_i) U(H_p, \gamma_i)$$

其中，m 表示演化步数，所以每一步对应的量子线路都是这两个酉变换之间的乘积，每一步都对应着两个参数 β 和 γ；这里，以 H_b 为生成元的酉变换等于 $e^{-iH_b\beta_i}$，以 H_p 为生成元的酉变换等于 $e^{-iH_p\gamma_i}$。这里的 β_i 和 γ_i 表示步数 i 对应的量子线路的参数。

$$U(H_b, \beta_i) = e^{-iH_b\beta_i}$$

$$U(H_p, \gamma_i) = e^{-iH_p\gamma_i}$$

那么，基态 $|\phi_0\rangle$ 经过一组以 β 和 γ 为参数的酉变换后，演化到了基态 $|\phi_1\rangle$。其中步数 m 越大，量子线路得到的效果就越好。

$$|\phi_1\rangle = |\vec{\beta}, \vec{\gamma}\rangle = U\left(\vec{\beta}, \vec{\gamma}\right) |\phi_0\rangle$$

4. 量子逻辑门

对于以 H_b 为生成元、参数为 β 的酉变换，将 H_b 的值代入，然后可以推导出的是一组 RX 门操作。如下所示：

$$H_b = \sum_{i=0}^{n-1} \sigma_j^x$$

$$
\begin{aligned}
U(H_b, \beta_i) &= \mathrm{e}^{-\mathrm{i}H_b\beta_i} \\
&= \mathrm{e}^{-\mathrm{i}\sum_{n=0}^{N-1}\sigma_n^x\beta_i} \\
&= \prod_{n=0}^{N-1} \mathrm{e}^{-\mathrm{i}\sigma_n^x\beta_i} \\
&= \prod_{n=0}^{N-1} RX(n, 2\beta_i)
\end{aligned}
$$

同样，以 H_p 为生成元、参数为 γ 的酉变换，将最大切割对应的哈密顿量代入，推导得出其中前一项是个常数，再对后面一项进行推导，最终可以推导出是一组 $CNOT$ 门和 RZ 门的组合操作，如下所示：

$$H_p = \sum_{ij} \frac{1}{2}\left(I - \sigma_i^z\sigma_j^z\right)$$

$$
\begin{aligned}
U(H_p, \gamma_i) &= \mathrm{e}^{-\mathrm{i}H_p\gamma_i} \\
&= \mathrm{e}^{-\mathrm{i}\sum_{jk}\frac{1}{2}\left(I-\sigma_j^z\otimes\sigma_k^z\right)\gamma_i} \\
&= \prod_{jk} \mathrm{e}^{-\mathrm{i}\frac{\gamma_i}{2}I} \cdot \prod_{jk} \mathrm{e}^{\mathrm{i}\frac{\gamma_i}{2}\sigma_j^z\otimes\sigma_k^z}
\end{aligned}
$$

$$
\begin{aligned}
\mathrm{e}^{\mathrm{i}\frac{\gamma_i}{2}\sigma_j^z\otimes\sigma_k^z} &=
\begin{bmatrix}
\mathrm{e}^{\mathrm{i}\frac{\gamma_i}{2}} & 0 & 0 & 0 \\
0 & \mathrm{e}^{-\mathrm{i}\frac{\gamma_i}{2}} & 0 & 0 \\
0 & 0 & \mathrm{e}^{-\mathrm{i}\frac{\gamma_i}{2}} & 0 \\
0 & 0 & 0 & \mathrm{e}^{\mathrm{i}\frac{\gamma_i}{2}}
\end{bmatrix} \\
&=
\begin{bmatrix}
1 & 0 & 0 & 0 \\
0 & 1 & 0 & 0 \\
0 & 0 & 0 & 1 \\
0 & 0 & 1 & 0
\end{bmatrix}
\begin{bmatrix}
\mathrm{e}^{\mathrm{i}\frac{\gamma_i}{2}} & 0 & 0 & 0 \\
0 & \mathrm{e}^{-\mathrm{i}\frac{\gamma_i}{2}} & 0 & 0 \\
0 & 0 & \mathrm{e}^{\mathrm{i}\frac{\gamma_i}{2}} & 0 \\
0 & 0 & 0 & \mathrm{e}^{-\mathrm{i}\frac{\gamma_i}{2}}
\end{bmatrix}
\begin{bmatrix}
1 & 0 & 0 & 0 \\
0 & 1 & 0 & 0 \\
0 & 0 & 0 & 1 \\
0 & 0 & 1 & 0
\end{bmatrix}
\end{aligned}
$$

$$\equiv CNOT\,(j,k)\,RZ\,(k,-\gamma_i)\,CNOT\,(j,k)$$

对于图 4.5.9 所示的方形环图，假设当步长等于 1 时，求解其最大切割问题需要使用到 4 个量子比特。对于 A，B，C，D 这 4 个节点分别用 0 号比特，1 号比特，2 号比特和 3 号比特进行映射。

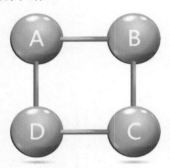

图 4.5.9　方形环图

首先，对所有量子比特作用一个 H 门，制备该系统的初始状态。

然后，进行以 H_p 为生成元、γ_1 为参数的酉变换；按上述推导，该酉变换对应的量子线路是一组由 $CNOT$ 门和 RZ 门组成的线路，对 AB 节点映射的 0 号和 1 号比特作用了一个 $CNOT$ 门，又在 1 号比特上作用了一个 RZ 门，然后又在 0 号和 1 号比特上作用了一个 $CNOT$ 门，其中 0 号比特是控制位，1 号比特是受控位，RZ 门的参数含有 γ_1；同理，对 BC，CD，DA 映射的比特做同样的操作。

执行完以 H_p 为生成元、γ_1 为参数的酉变换后，该线路接着执行以 H_b 为生成元，β_1 为参数的酉变换，由上述推导得出这个酉变换是一组 RX 门操作。

当 β_1 和 γ_1 设置了合适的参数后，初始状态经过这个量子线路变换后得到末态；对末态进行测量，就可以高概率地得到该问题对应最大切割的比特串。

步数 $m=1$ 时

$$|\beta,\gamma\rangle = U\,(\beta_1,\gamma_1)\,|\phi_0\rangle = U\,(H_b,\beta_1)\,U\,(H_p,\gamma_1)\,|\phi_0\rangle$$

如图 4.5.10 所示，红色部分就是步数为 1 时对应的线路，当步数增加，相当于红色线路重复执行，只不过线路对应的参数会不同。

QAOA 的工作流程 (图 4.5.11)：

第 1 步　制备线路的初始状态；

第 2 步　初始化待优化的参数 β 和 γ，主要是用来确定 RZ 门和 RX 门的旋转角度；

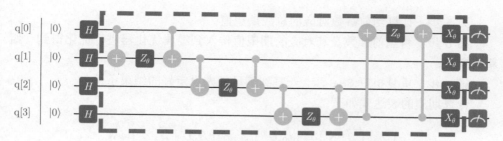

q[0] $|0\rangle$

q[1] $|0\rangle$

q[2] $|0\rangle$

q[3] $|0\rangle$

图 4.5.10　线路图

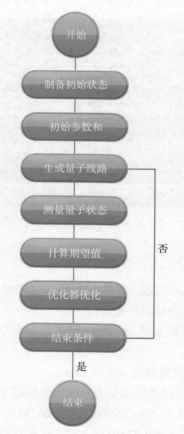

开始

制备初始状态

初始参数和

生成量子线路

测量量子状态

计算期望值

优化器优化

结束条件

否

是

结束

图 4.5.11　QAOA 的工作流程图

第 3 步　根据参数生成量子线路；

第 4 步　测量量子状态计算每一个子项的期望；

第 5 步　计算当前参数对应的总的期望值;

第 6 步　将当前参数及其对应的期望值传入到经典优化器进行优化得到一组新的参数;

第 7 步　重复执行 3~6 步,一直到满足预先设定好的结束条件。

计算期望的表达式如下:

$$Cost\left(\overrightarrow{\beta},\overrightarrow{\gamma}\right)=\langle\phi_0|U^\dagger\left(\overrightarrow{\beta},\overrightarrow{\gamma}\right)H_pU\left(\overrightarrow{\beta},\overrightarrow{\gamma}\right)|\phi_0\rangle$$

量子处理器与经典处理器的工作流程,如图 4.5.12 所示。

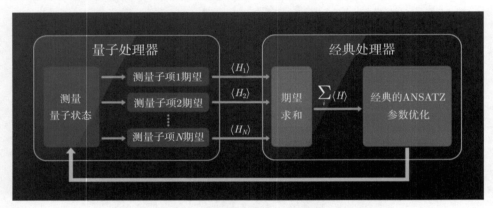

图 4.5.12　量子处理器与经典处理器的工作流程图

4.5.8　QAOA 综合示例

对于 n 对象的 max-cut 问题,需要 n 个量子位来对结果进行编码,其中测量结果 (二进制串) 表示问题的切割配置。

通过 VQNet 可以有效地实现 max-cut 问题的 QAOA 算法。VQNet 中 QAOA 的流程图如图 4.5.13 所示。

给定一个 max-cut 的问题如图 4.5.14 所示。

首先,输入 max-cut 问题的图形信息,以用来构造相应的问题哈密顿量。

problem = {'Z0 Z4':0.73,'Z0 Z5':0.33,'Z0 Z6':0.5,'Z1 Z4':0.69,'Z1 Z5':0.36,
　　　　　　'Z2 Z5':0.88,'Z2 Z6':0.58,'Z3 Z5':0.67,'Z3 Z6':0.43}

然后,使用哈密顿量和待优化的变量参数 $\overrightarrow{\beta}$ 和 $\overrightarrow{\gamma}$,构建 QAOA 的 VQC。QOP 的输入参数是问题哈密顿量、VQC、一组量子比特和量子运行环境。QOP 的输出是问题哈密顿量的期望。在这个问题中,损失函数是问题哈密顿量的期望,因此需要最小化 QOP 的输出。通过使用梯度下降优化器 MomentumOptimizer 来优化 VQC 中的变量 $\vec{\beta}$ 和 $\vec{\gamma}$。

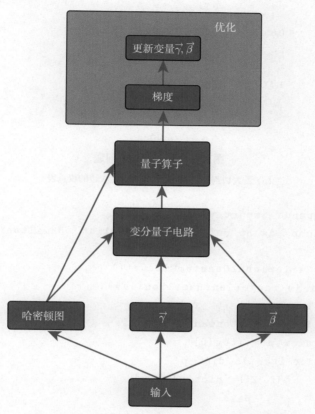

图 4.5.13　VQNet 中 QAOA 的流程图

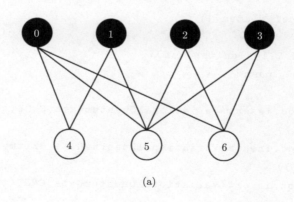

(a)

边	权重	边	权重
0,4	0.73	2,5	0.88
0,5	0.33	2,6	0.58
0,6	0.5	3,5	0.67
1,4	0.69	3,6	0.43
1,5	0.36	权重和	5.17

(b)

图 4.5.14 max-cut 问题

(a) 最大切割图;(b) 最大分割图对应边的权重表

```
1.   from pyqpanda import *
2.   import numpy as np def oneCircuit(qlist, Hamiltonian, beta,
     gamma):
3.       vqc=VariationalQuantumCircuit()
4.       for i in range(len(Hamiltonian)):
5.           tmp_vec=[]
6.           item=Hamiltonian[i]
7.           dict_p = item[0]
8.           for iter in dict_p:
9.               if 'Z'!= dict_p[iter]:
10.                  pass
11.              tmp_vec.append(qlist[iter])
12.
13.          coef = item[1]
14.
15.          if 2 != len(tmp_vec):
16.              pass
17.
18.          vqc.insert(VariationalQuantumGate_CNOT(tmp_vec[0],
     tmp_vec[1]))
19.          vqc.insert(VariationalQuantumGate_RZ(tmp_vec[1], 2*
     gamma*coef))
20.          vqc.insert(VariationalQuantumGate_CNOT(tmp_vec[0],
```

```
       tmp_vec[1]))
21.
22.        for j in qlist:
23.            vqc.insert(VariationalQuantumGate_RX(j,2.0*beta))
24.        return vqc
25.
26.
27.    if__name__=="__main__":
28.
29.        Hp = PauliOperator(problem)
30.        qubit_num = Hp.getMaxIndex()
31.
32.        machine=init_quantum_machine(QMachineType.CPU_SINGLE_
       THREAD)
33.        qlist = machine.qAlloc_many(qubit_num)
34.
35.        step = 4
36.
37.        beta = var(np.ones((step,1),dtype = 'float64'), True)
38.        gamma = var(np.ones((step,1),dtype = 'float64'), True)
39.
40.        vqc=VariationalQuantumCircuit()
41.
42.        for i in qlist:
43.            vqc.insert(VariationalQuantumGate_H(i))
44.
45.        for i in range(step):
46.            vqc.insert(oneCircuit(qlist,Hp.toHamiltonian(1), beta
       [i], gamma[i]))
47.
48.
49.        loss = qop(vqc, Hp, machine, qlist)
50.        optimizer = MomentumOptimizer.minimize(loss, 0.02, 0.9)
51.
52.        leaves = optimizer.get_variables()
53.
```

```
54.    for i in range(100):
55.        optimizer.run(leaves, 0)
56.        loss_value = optimizer.get_loss()
57.        print("i:", i, "loss:",loss_value )
58.
59.    #验证结果
60.    prog = QProg()
61.    qcir = vqc.feed()
62.    prog.insert(qcir)
63.    directly_run(prog)
64.
65.    result = quick_measure(qlist, 100)
66.    print(result)
```

将图 4.5.15 的测量结果绘制出柱状，如图 4.5.16 所示，可以看到 '0001111' 和 '1110000' 这两个比特串测量得到的概率最大，也正是这个问题的解。

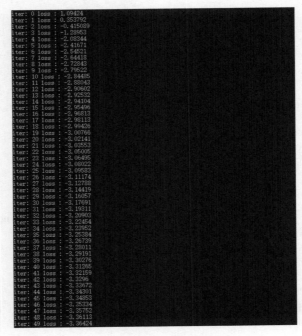

图 4.5.15　测量结果

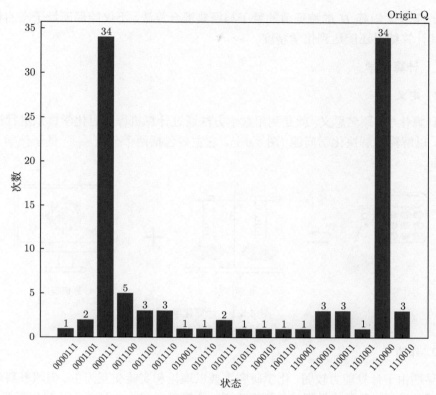

图 4.5.16　柱状图

4.6　VQE 算法

随着量子化学理论的不断完善，计算化学已经成了化学工作者解释实验现象、预测实验结果、指导实验设计的重要工具，在药物的合成、催化剂的制备等方面有着广泛的应用。但是，面对计算化学所涉及的巨大计算量，经典计算机在计算精度、计算尺寸等方面显得能力有限，这就在一定程度上限制了计算化学的发展。而费曼曾提出：可以创造一个与已知物理系统条件相同的系统，让它以相同的规律演化，进而获得我们自己想要的信息。费曼的这一猜想提示我们 —— 既然化学所研究的体系是量子体系，我们何不在量子计算机上对其进行模拟呢？

就目前的量子计算机发展水平而言，可以通过变分量子特征值求解 (variational-quantum-eigensolver，VQE) 算法，在量子计算机上实现化学模拟。该算法作为用于

155

寻找一个较大矩阵 H 的特征值的量子与经典混合算法,不仅能保证量子态的相干性,其计算结果还能达到化学精度。

4.6.1 计算化学

1. 定义

计算化学,顾名思义,就是利用数学方法通过计算机程序对化学体系进行模拟计算,以解释或解决化学问题 (图 4.6.1)。它主要包括两个分支 —— 量子化学与分子模拟。

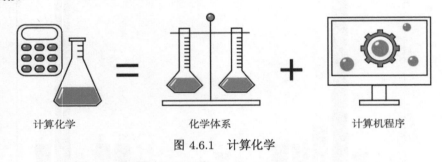

图 4.6.1 计算化学

2. 作用

早期由于计算能力较弱,化学研究主要以理论和实验交互为主。但随着科学技术的蓬勃发展、量子化学理论的不断完善,计算已经成为一种独立的科研手段,与理论和实验形成三足鼎立之势,如图 4.6.2 所示。

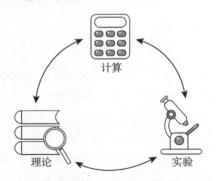

图 4.6.2 三足鼎立之势

而如今,计算化学对于化学工作者来说,已经成了解释实验现象、预测实验结果、指导实验设计的重要工具,在材料科学、纳米科学、生命科学等领域得到了广泛的应用。

1) 原子间库仑衰变现象的成功预测

早在 1997 年, 塞德鲍姆 (Cederbaum) 等通过计算和分析 HF-monomer(分子) 和 H_2O-monomer (分子) 的电离谱 (图 4.6.3), 成功预测了 2003 年才发现的原子间库仑衰变现象 (interatomic Coulombic decay, ICD)。

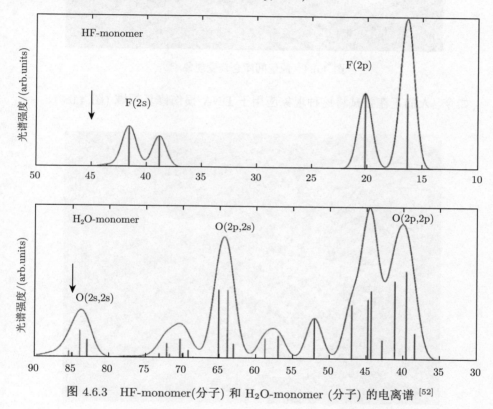

图 4.6.3 HF-monomer(分子) 和 H_2O-monomer (分子) 的电离谱[52]

原子间库仑衰变现象是指对于组成团簇的原子 (或分子), 如果它的电子层中存在激发态的电子, 就可能会把能量传递到相邻原子的价层电子, 使得后者电离变成阳离子。

如图 4.6.4 所示, 左侧原子中的一个激发态电子, 从高能级跃迁至低能级时, 所释放出的能量被右侧原子的一个价层电子吸收, 由于原子核对价层电子的束缚能力本来就比较弱, 所以吸收了这部分能量的价层电子很容易逸出, 使右侧原子变成阳离子。

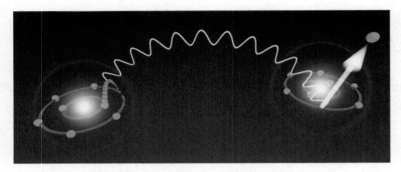

图 4.6.4　原子间库仑衰变现象 [53]

如今，人们正在尝试将这种现象应用于 DNA 损伤修复领域 (图 4.6.5)。

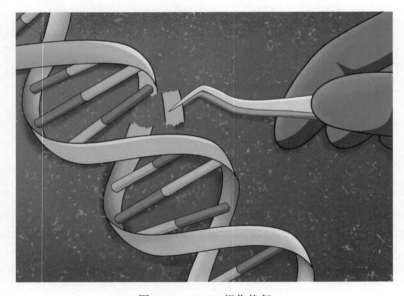

图 4.6.5　DNA 损伤修复

2) α 突触核蛋白聚集过程的动力学模拟

2007 年，齐格列尼等美国科研工作者利用超级计算中心的运算能力，对含有 23 万多个原子的体系进行动力学模拟，并结合生物化学分析和超微结构分析，首次揭示了 α 突触核蛋白的聚集过程及其在细胞膜表面形成致病孔状结构的复杂过程 (图 4.6.6)，这一成果为帕金森症的治疗提供了新的线索。

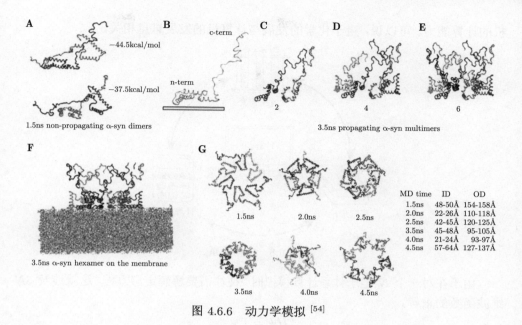

图 4.6.6　动力学模拟 [54]

4.6.2　量子化学

量子化学，作为计算化学的主要研究方向之一，简单来说就是应用量子力学的规律和方法来研究化学问题 (图 4.6.7)。

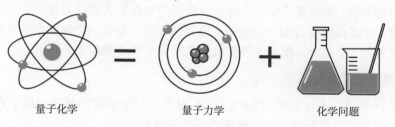

量子化学　　　　　　　量子力学　　　　　　化学问题

图 4.6.7　量子化学

量子化学的研究范围包括：分子的结构、性能及其结构与性能之间的关系；分子与分子之间的相互作用；分子之间的相互碰撞和相互反应等问题。P. O. Lowdin 提出量子化学可以分为三个领域，包括基础理论、计算方法和应用研究，三者之间相互影响，构成了三角关系 (图 4.6.8)，只有严密的理论、精细的算法、深入的应用相结合，才能构成完美的量子化学。但是，要想真正通过计算模拟、运用基础理论去解决或解释化学问题，仅仅依靠精细的算法还是无法实现，必须还要借助于计算机的计算能力。可以说, 量子化学的发展与计算机的发展息息相关。

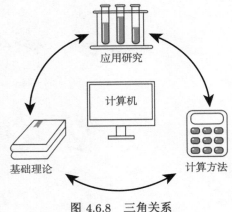

图 4.6.8　三角关系

由于在对一个 N 电子体系计算模拟时, 往往需要解薛定谔方程, 这就涉及 $3N$ 维波函数的求解。

$$\hat{H}\Psi = E\Psi$$

$$\hat{H} = \frac{h^2}{2m_e}\sum_{i=1}^{n}\nabla_i^2 - \sum_{i=1}^{n}\frac{Ze^2}{r_i} + \sum_{i=1}^{n}\sum_{\substack{j=1\\(j>i)}}^{n}\frac{e^2}{r_{ij}}$$

由此可知, 计算量会随着研究体系的电子数的增加而呈指数式递增。

就目前而言, 面对量子化学计算中所涉及的如此惊人的计算量, 经典计算机在计算精度、计算范围等方面十分有限。想要突破这一瓶颈, 就必须依靠量子计算机强大的计算能力。因此, 在量子计算机上实现量子化学模拟刻不容缓。

4.6.3　量子化学模拟

量子计算最引人注目的可能性之一是对其他量子系统的模拟。量子系统的量子模拟包含了广泛的任务, 其中最重要的任务包括:

- 量子系统时间演化的模拟。
- 基态属性的计算。

当考虑相互作用的费米子系统时, 这些应用特别有用, 例如分子和强相关材料, 费米子系统的基态性质的计算是凝聚态哈密顿量的相图映射出来的起点, 它也为量子化学中电子结构问题的关键问题即反应速率提供了途径。

由于在化学应用中的相关性, 尺寸相对适中的分子系统, 它们被认为是早期量子计算机的理想测试平台。更正式地, 基态问题要求如下:

对于某些物理哈密顿量 H, 找到其最小特征值 E_g, 这样 $H|\varphi_g\rangle = E_g|\varphi_g\rangle$, 其中 $|\varphi_g\rangle$ 是对应于 E_g 的特征向量。

而量子化学模拟是指将真实化学体系的哈密顿量 (包括其形式和参数) 映射到由自己构建的可操作哈密顿量上, 然后通过调制参数和演化时间, 找到能够反映真实体系的本征态 (图 4.6.9)。

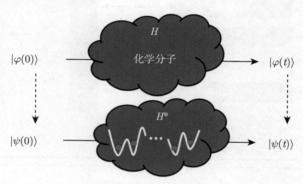

图 4.6.9　量子化学模拟

众所周知, 即使在量子计算机上, 这个问题通常也是难以处理的, 这意味着不能指望有一种有效的量子算法可以用来准备一般哈密顿量的基态。尽管存在这种限制, 但对于特定的哈密顿量而言, 考虑到相互作用的物理限制, 有可能有效地解决上述问题。目前, 至少存在四种不同的方法来解决这个问题。

• 量子相位估计: 假设可以近似准备状态 $|\varphi_g\rangle$, 该例使用哈密顿量的受控来找到其最小的特征值。

• 量子力学的绝热定理: 通过哈密顿量的缓慢演化, 量子系统被绝热地从一个普通哈密顿量的基态演化为期望目标问题的哈密顿量基态。

• 耗散 (非酉矩阵) 量子操作: 目标系统的基态是个固定点, 而非平凡假设是指在量子硬件上实现耗散映射。

• 变分量子特征值求解算法: 假设基态可以用包含相对较少参数的参数化表示。

为了使量子化学模拟在近期硬件设备上实现, 我们采用变分量子特征值求解算法来寻找体系的基态。该量子算法不仅能保证量子态的相干性, 其计算结果还能达到化学精度。

该算法是用于寻找一个较大矩阵 H 的特征值的量子与经典混合算法, 如图 4.6.10 所示。

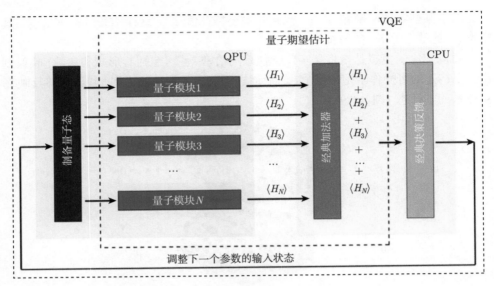

图 4.6.10 算法示意图 [55]

量子化学计算包：

常用的量子化学计算包有 Gaussian 16、PyQuante、pyscf、PSI4 等 (图 4.6.11)。

图 4.6.11 量子化学计算包

其中，PSI4，它是开源的一款从头算量子化学计算包，它能够运用 Hartree-Fock 方法、密度泛函理论、耦合团簇理论、组态相互作用方法等对电子结构进行计算。后续章节将利用 PSI4 中的 Hartree-Fock 方法计算得到的二次哈密顿量构造量子线路，寻找 H_2 的基态。

4.6.4　费米子哈密顿量

1. 二次量子化哈密顿量

$$H\Psi = E\Psi \tag{1}$$

$$H = -\frac{h^2}{2m_\mathrm{e}}\sum_{i=1}^{n}\nabla_i^2 - \sum_{i=1}^{n}\frac{Ze^2}{r_i} + \sum_{i=1}^{n}\sum_{j=1}^{n}\frac{e^2}{r_{ij}} \tag{2}$$

在之前的章节中，曾提到描述 N 电子体系的薛定谔方程，其中式 (1) 中的 H 算符就是哈密顿量。在玻恩–奥本海默近似下，哈密顿量可以写成式 (2) 这种形式，等式中 $-\dfrac{h^2}{2m_\mathrm{e}}\sum\limits_{i=1}^{n}\nabla_i^2$ 是电子的动能项；$\sum\limits_{i=1}^{n}\dfrac{Ze^2}{r_i}$ 是核与电子之间的引力势能项；$\sum\limits_{i=1}^{n}\sum\limits_{j=1}^{n}\dfrac{e^2}{r_{ij}}$ 是电子之间的排斥能项。

由此，式 (2) 被称为一次量子化哈密顿量。

如图 4.6.12 所示，由于一次量子化哈密顿量映射到量子比特上需要耗费的量子比特数要比二次量子化哈密顿量多，VQE 算法选择了更为经济的二次量子化哈密顿量。

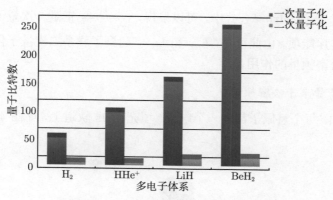

图 4.6.12　一次量子化与二次量子化

所谓二次量子化哈密顿量，就是将波场函数转换为场算符，这一转换需要借助创造算子 $a_p^{\dagger}$ 和湮灭算子 a_q 来实现，它们满足反对易关系，即

$$\{a_p^{\dagger}, a_q\} = \delta_{pq}$$

最终可以得到如下形式的二次量子化哈密顿量:

$$H_P = \sum_{pq} h_{pq} a_p^\dagger a_q + \frac{1}{2} \sum_{pqrs} h_{pqrs} a_p^\dagger a_q^\dagger a_r a_s$$

式中,$\sum\limits_{pq} h_{pq} a_p^\dagger a_q$ 是单粒子算符;$\frac{1}{2} \sum\limits_{pqrs} h_{pqrs} a_p^\dagger a_q^\dagger a_r a_s$ 是双粒子算符;下标 $pqrs$ 分别代表不同的单电子自旋分子轨道;h_{pq} 和 h_{pqrs} 是常数项,前者称为单电子积分项,后者称为双电子积分项。

计算公式如下:

$$h_{pq} = \int \mathrm{d}r x_p(r)^* \left(-\frac{1}{2}\nabla^2 - \sum_\alpha \frac{Z_\alpha}{|r_\alpha - r|} \right) x_q(r)$$

$$h_{pqrs} = \int \mathrm{d}r_1 \mathrm{d}r_2 \frac{1}{|r_1 - r_2|} \cdot x_p(r_1)^* x_q(r_2)^* x_r(r_1) x_s(r_2)$$

χ_p、χ_q 等分别表示不同的单电子自旋轨道波函数;Z_α 表示核电荷;r_α 表示核位置;r_1、r_2 分别表示不同电子的位置。

从 h_{pq} 的计算公式中,可以发现括号中的两项正是一次量子化哈密顿量中的电子动能项 $\frac{1}{2}\nabla^2$ 和核与电子之间的引力势能项 $\sum\limits_\alpha \frac{Z_\alpha}{|r_\alpha - r|}$,只不过这里采用的是原子单位;从 h_{pqrs} 的计算公式中,可以发现,$\frac{1}{|r_1 - r_2|}$ 正是一次量子化哈密顿量中的电子间排斥能项。由此可见,h_{pq} 和 h_{pqrs} 起到了联系二次量子化哈密顿量与一次量子化哈密顿量的作用。

2. 氢分子费米子哈密顿量

众所周知,每个氢原子都有一个电子,填充在 1s 轨道上,如图 4.6.13 所示。

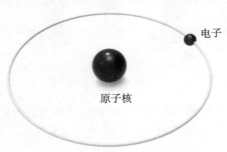

图 4.6.13 氢原子

而氢分子则由两个氢原子组成，那么它就含有两个电子。以 q0、q1 量子比特表示 a 号氢原子自旋向下和自旋向上的 1s 轨道，以 q2、q3 分别表示 b 号氢原子自旋向下和自旋向上的 1s 轨道，如图 4.6.14 所示。

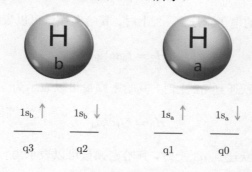

图 4.6.14　氢分子

假设氢分子的两个电子分别处在 q0 和 q1 这两个轨道上面，如图 4.6.15 所示。

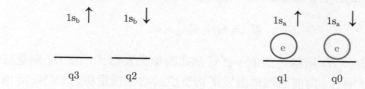

图 4.6.15　q0 和 q1 轨道

如果以量子态 $|1\rangle$ 表示自旋轨道上有一个电子，以量子态 $|0\rangle$ 表示自旋轨道为空轨道，那么此时氢分子的状态可以表示为 $|0011\rangle$。

当 q0 上的电子跃迁到 q2 上时，也就是电子从 q0 上"湮灭"，在 q2 上"创造"，如图 4.6.16 所示。

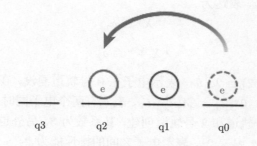

图 4.6.16　q0 上的电子跃迁到 q2 上

165

其哈密顿量可以用费米子算符表示为

$$H_1 = t_{20}a_2^\dagger a_0$$

同理，当 q0 上的电子跃迁到 q3 上时，其哈密顿量可以表示为

$$H_2 = t_{30}a_3^\dagger a_0$$

当 q1 上的电子跃迁到 q2 上时，其哈密顿量可以表示为

$$H_3 = t_{21}a_2^\dagger a_1$$

当 q1 上的电子跃迁到 q3 上时，其哈密顿量可以表示为

$$H_4 = t_{31}a_3^\dagger a_1$$

当 q0、q1 上的电子同时跃迁到 q2、q3 上时，其哈密顿量可以表示为

$$H_5 = t_{3210}a_3^\dagger a_2^\dagger a_1 a_0$$

H_1、H_2、H_3、H_4 所描述的电子跃迁形式为单激发形式，而 H_5 则是双激发形式。对于氢分子而言，由前四项单激发所构造成的哈密顿量称为 CCS，而由单激发和双激发所共同构造成的哈密顿量被称为 CCSD，也就是这五项之和 (图 4.6.17)，即

$$H_U = t_{20}a_2^\dagger a_0 + t_{30}a_3^\dagger a_0 + t_{21}a_2^\dagger a_1 + t_{31}a_3^\dagger a_1 + t_{3210}a_3^\dagger a_2^\dagger a_1 a_0$$

3. 费米子算符类

假设，用字符串 X 来表示湮没算符，用字符串 $X+$ 来表示创建算符，其中 X 表示电子轨道的序号，表达为

$$"X" \equiv a_x$$

$$"X+" \equiv a_x^\dagger$$

例如，$\{"1+0",2\} \equiv 2a_1^\dagger a_0$，表示电子在 0 号轨道湮没，在 1 号轨道创建，其系数为 2；$\{"3+2+10",3\} \equiv 3a_3^\dagger a_2^\dagger a_1 a_0$，表示有两个电子同时从 0 号轨道和 1 号轨道湮没，并在 3 号轨道和 2 号轨道创建，其系数为 3。另外也可以定义电子之间的排斥能，例如，$\{"",2\} = 2I$，表示电子之间的排斥能为 2。

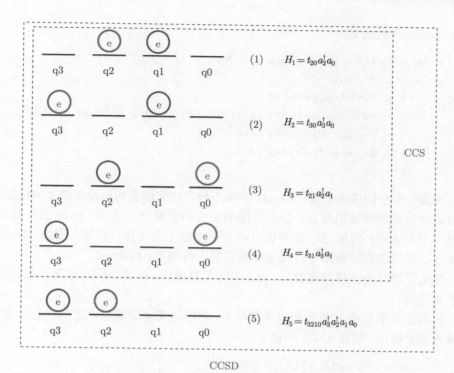

$$H_1 = t_{20} a_2^\dagger a_0 \qquad (1)$$

$$H_2 = t_{30} a_3^\dagger a_0 \qquad (2)$$

$$H_3 = t_{21} a_2^\dagger a_1 \qquad (3)$$

$$H_4 = t_{31} a_3^\dagger a_1 \qquad (4)$$

$$H_5 = t_{3210} a_3^\dagger a_2^\dagger a_1 a_0 \qquad (5)$$

图 4.6.17　CCS 和 CCSD

在 QPanda 中实现示例

通过如下示例代码构建费米子算符类。使用 C++ 构建方式：

```cpp
1.  #include "QPanda.h"
2.  int main()
3.  {
4.      using namespace QPanda;
5.      FermionOperator p1;
6.      FermionOperator p2({{"1+  0", 2},{"3+ 2+  1 0", 3}});
7.      FermionOperator p3("1+ 0", 2);
8.      FermionOperator p4(2); // FermionOperator p4("", 2);
9.      FermionOperator p5(p2);
10.
11.     return 0;
12. }
```

Python 构建方式:

```
1.    from pyqpanda import *
2.    if__name__=="__main__":
3.        p1 = FermionOperator()
4.        p2 = FermionOperator({'1+ 0': 2,'3+ 2+ 1 0': 3})
5.        p3 = FermionOperator('1+ 0', 2)
6.        p4 = FermionOperator(2)
7.        p5 = p2
```

构造一个空的费米子算符类 p1,里面不包含任何创建和湮没算符及单位矩阵;也可以通过前面所述的规则,以字典序的形式构建多个表达式,例如 p2;或者只构建一个表达式,例如 p3;还可以只构造一个电子之间排斥能项,例如 p4;也可以通过已经构造好的费米子算符来构造它的一份副本,例如 p5。

费米子算符类支持常规的加、减、乘等运算操作。计算返回的结果还是一个费米子算符类。

假设定义了 a 和 b 两个费米子算符类,可以让费米子算符类之间进行加操作、减操作和乘操作。使用 C++ 示例:

```
1.    #include "QPanda.h"
2.    int main()
3.    {
4.        using namespace QPanda;
5.        FermionOperator a("1+  0", 2);
6.        FermionOperator b("3+  2", 3);
7.        auto plus = a + b;
8.        auto minus = a - b;
9.        auto muliply = a * b;
10.
11.       return 0;
12.   }
```

Python 示例:

```
1.    from pyqpanda import *
2.    if__name__=="__main__":
3.        a = FermionOperator('1+ 0', 2)
4.        b = FermionOperator('3+ 2', 3)
```

```
5.      plus = a + b
6.      minus = a - b
7.      muliply = a * b
```

费米子算符类同样也支持打印功能,可以直接将费米子算符类打印输出到屏幕上。C++ 打印输出方式:

```
1.      std::cout << "a + b = " << plus << std::endl;
2.      std::cout << "a - b = " << minus << std::endl;
3.      std::cout << "a * b = " << muliply << std::endl;
```

Python 打印输出方式:

```
1.      print("a + b = {}".format(plus))
2.      print("a - b = {}".format(minus))
3.      print("a * b = {}".format(muliply))
```

通过使用上述示例代码,$a+b$,$a-b$ 和 $a*b$ 的计算结果如下:

```
1.  a + b = {
2.  1+ 0 : 2.000000
3.  3+ 2 : 3.000000
4.  }
5.  a - b = {
6.  1+ 0 : 2.000000
7.  3+ 2  : -3.000000
8.  }
9.  a * b = {
10. 1+ 0 3+ 2 : 6.000000
11. }
```

还可以通过 normal_ordered 接口对费米子算符进行整理。在这个转换中规定张量因子从高到低进行排序,并且创建算符出现在湮没算符之前。

整理规则如下:对于相同数字,交换湮没和创建算符,等价于单位 1 减去正规序,如果同时存在两个创建或湮没算符,则该项表达式等于 0;对于不同的数字,整理成正规序,需要将正规序的系数变为相反数。

相同数字:

$$"1\ 1+" = 1-"1+1"$$

$$"1+1+" = 0$$

$$\text{"1 1"} = 0$$

不同数字：

$$\text{"1 2"} = -1*\text{"2 1"}$$

$$\text{"1+2"} = -1*\text{"2 1+"}$$

$$\text{"1+2+"} = -1*\text{"2+1+"}$$

normal_ordered 接口的使用方式如示例代码所示。C++ 示例：

```cpp
1.  #include "QPanda.h"
2.  int main()
3.  {
4.      using namespace QPanda;
5.      FermionOperator a("0 1 3+ 2+", 2);
6.      auto b = a.normal_ordered();
7.      std::cout << "before = " << a << std::endl;
8.      std::cout << "after = " << b << std::endl;
9.      return 0;
10. }
```

Python 示例：

```python
1.  from pyqpanda import *
2.  if _name_=="_main_":
3.      a = FermionOperator('0 1 3+ 2+', 2)
4.      b = a.normal_ordered()
5.      print("before = {}".format(a))
6.      print("after = {}".format(b))
```

对于表达式 "0 1 3+ 2+"，整理成正规序 "3+ 2+ 1 0"，相当于不同数字交换了 5 次，系数变为了相反数。

```
1.  before = {
2.  0 1 3+ 2+ : 2.000000
3.  }
4.  after = {
5.  3+ 2+ 1 0 : -2.000000
6.  }
```

费米子算符类还提供了其他一些常用功能，例如：isEmpyt 接口，用来判断是
否是个空的费米子算符；toString 接口返回费米子算符的字符串形式；data 接口返
回费米子算符内部维护的数据。

```
1.  isEmpyt()                // 判空
2.  toString()               // 返回字符串形式
3.  data()                   // 返回内部维护的数据
```

C++ 示例：

```cpp
1.  #include "QPanda.h"
2.  int main()
3.  {
4.      using namespace QPanda;
5.      FermionOperator a("1+  0", 2);
6.
7.      auto data = a.data();
8.
9.      std::cout << "isEmpty = " << a.isEmpty() << std::endl;
10.     std::cout << "stringValue = " << a.toString() << std::endl;
11.
12.     return 0;
13. }
```

Python 示例：

```python
1.  from pyqpanda import *
2.  if __name__=="__main__":
3.      a = FermionOperator('1+ 0', 2)
4.      print("isEmpty = {}".format(a.isEmpty()))
5.      print("strValue = {}".format(a.toString()))
6.      print("data = {}".format(a.data()))
```

计算结果为

```
1.  isEmpty = False
2.  strValue = {
3.  1+ 0 : 2.000000
4.  }
```

```
5.  data = [(([(1, True), (0, False)], '1+ 0'), (2+0j))]
```

4. 可变费米子算符类和可变泡利算符类

费米算符类是一个模板类，如果用 complex<double> 来构造该模板参数 T，得到的就是费米子算符类；如果用 complex_var 类来构造模板参数 T，得到的就是可变费米子算符类；同样泡利算符类也是一个模板类，选择不同的模板参数类型，可以得到泡利算符类和可变泡利算符类，如图 4.6.18 所示。

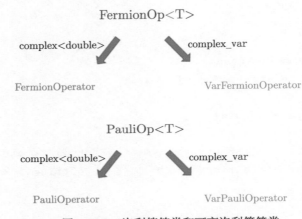

图 4.6.18 泡利算符类和可变泡利算符类

可变费米子算符类和可变泡利算符类，跟费米子算符类和泡利算符类拥有相同的接口，但是在构造它们的时候所传的参数是个 var 变量。var 类是 VQNet 框架中的符号计算系统，在表达式不变的情况下，通过改变 var 的值，即可改变表达式的值。因此可以通过构造可变费米子算符类和可变泡利算符类并利用 VQNet 框架，来实现 VQE 算法。

C++ 示例：

```
1.  #include "Veriational/VarFermionOperator.h"
2.  #include "Veriational/VarPauliOperator.h"
3.  int main()
4.  {
5.      using namespace QPanda;
6.      using namespace Variational;
7.      var a(2, true);
```

```
8.      var b(3, true);
9.      VarFermionOperator fermion_op("1+ 0", a);
10.     VarPauliOperator pauli_op("Z1 Z0", b);
11.     return 0;
12. }
```

Python 示例:

```
1.  from pyqpanda import *
2.  if__name__=="__main__":
3.      a = var(2, True)
4.      b = var(3, True)
5.      fermion_op = VarFermionOperator('1+ 0', a)
6.      pauli_op = VarPauliOperator('Z1 Z0', b)
```

费米子算符类构造分子的哈密顿量示例介绍:

通过向 get_ccsd 接口传入轨道个数 (也就是比特数)、电子数和每一个子项的系数, 即可构造所需的费米子哈密顿量。

```
1.  def get_ccsd(qn, en, para):
2.      if n_electron>n_qubit:
3.          assert False
4.      if n_electron==n_qubit:
5.          return FermionOperator()
6.      if get_ccsd_n_term(qn, en) != len(para):
7.          assert False
8.
9.      cnt = 0
10.
11.     fermion_op = FermionOperator()
12.     for i in range(en):
13.         for ex in range(en, qn):
14.             fermion_op += FermionOperator(str(ex) + "+ "
                                   + str(i), para[cnt])
15.             cnt += 1
16.
17.     for i in range(n_electron):
18.         for j in range(i+1,n_electron):
```

```
19.              for ex1 in range(n_electron,n_qubit):
20.                  for ex2 in range(ex1+1,n_qubit):
21.                      fermion_op += FermionOperator(
22.                          str(ex2)+"+ "+str(ex1)+"+ "+str(j)+" "
                             +str(i),
23.                          para[cnt]
24.                      )
25.                      cnt += 1
26.
27.      return fermion_op
```

在图 4.6.19 中，红色框起来的部分代码构造的是单电子激发的哈密顿量，绿色框起来的部分构造的是双电子激发的哈密顿量。构造 CCS 只需要包含红色框起来的部分即可，而构造 CCSD 需要包含红色和绿色框起来的代码。

图 4.6.19　构造 CCS 和 CCSD

在二次量子化哈密顿量的介绍中，曾提到过费米子算符遵循反对易关系，$[a_p^\dagger, a_q] = \delta_{pq}$，因此，在进行量子化学模拟时，将费米子哈密顿量成功映射到量子比特上的核心问题在于能否在量子线路的构造中将这一反对易关系反映出来，为了解决这一问题，需要通过 J-W 变换、Parity 变换、B-K 变换等方法将费米子算符转换成泡利算符。

1) J-W 变换

$$a_j^\dagger = I^{\otimes n-j-1} \otimes Q^+ \otimes \overrightarrow{Z_{j-1}} \tag{1}$$

$$a_j = I^{\otimes n-j-1} \otimes Q^- \otimes \overrightarrow{Z_{j-1}} \tag{2}$$

将创造算子和湮灭算子分别表示成式 (1)、式 (2) 这种形式。其中，n 表示自旋轨道的数目，也就是量子比特数；j 为算符所作用的子空间，也就是量子比特序号；$\overrightarrow{Z_{j-1}}$ 这一项被称为宇称算子，定义如下

$$\overrightarrow{Z_{j-1}} = \sigma_{j-1}^z \otimes \sigma_{j-2}^z \otimes \cdots \otimes \sigma_1^z \otimes \sigma_0^z$$

为了能够同 $\overrightarrow{Z_{j-1}}$ 一起将创造算子和湮灭算子之间的反对易关系反映出来，需要将 Q^+、Q^- 分别构造成 $|1\rangle$ 和 $|0\rangle$ 的外积、$|0\rangle$ 和 $|1\rangle$ 的外积，即

$$Q^+ = |1\rangle\langle 0| = \frac{1}{2}\left(\sigma^x - \mathrm{i}\sigma^y\right)$$

$$Q^- = |0\rangle\langle 1| = \frac{1}{2}\left(\sigma^x + \mathrm{i}\sigma^y\right)$$

J-W 变换需要消耗的逻辑门个数与量子比特数成线性关系。

可以通过 QPanda 或者 pyQPanda 来构造 J-W 变换，这里给出的是 Python 代码示例，get_fermion_jordan_wigner 接口返回的是费米子算符中的一个子项 J-W 变换。

```
1.   def get_fermion_jordan_wigner(fermion_item):
2.       pauli = PauliOperator("", 1)
3.       for i in fermion_item:
4.           op_qubit = i[0]
5.           op_str = ""
6.           for j in range(op_qubit):
7.               op_str += "Z" + str(j) + " "
8.           op_str1 = op_str + "X" + str(op_qubit)
9.           op_str2 = op_str + "Y" + str(op_qubit)
10.
11.          pauli_map = {}
12.          pauli_map[op_str1] = 0.5
13.
14.          if i[1]:
```

```
15.                pauli_map[op_str2] = -0.5j
16.        else:
17.                pauli_map[op_str2] = 0.5j
18.
19.        pauli *= PauliOperator(pauli_map)
20.
21.    return pauli
```

JordanWignerTransform 是对整个费米子算符进行 J-W 变换。

```
1.  def JordanWignerTransform(fermion_op):
2.      data = fermion_op.data()
3.      pauli = PauliOperator()
4.      for i in data:
5.          pauli += get_fermion_jordan_wigner(i[0][0])*i[1]
6.      return pauli
```

JordanWignerTransformVar 是对可变费米子算符进行 J-W 变换。

```
1.  def JordanWignerTransformVar(var_fermion_op):
2.      data = var_fermion_op.data()
3.      var_pauli = VarPauliOperator()
4.      for i in data:
5.          one_pauli = get_fermion_jordan_wigner(i[0][0])
6.          for j in one_pauli.data():
7.              var_pauli += VarPauliOperator(j[0][1], complex_
    var(
8.                  i[1].real()*j[1].real-i[1].imag()*j[1].imag,
9.                  i[1].real()*j[1].imag+i[1].imag()*j[1].real))
10.
11.    return var_pauli
```

2) Parity 变换

$$a_j^\dagger \equiv \frac{1}{2} X_{j+1}^{\leftarrow} \otimes \left(\sigma_j^x \otimes \sigma_{j-1}^z - \mathrm{i}\sigma_j^y \right)$$

$$a_j \equiv \frac{1}{2} X_{j+1}^{\leftarrow} \otimes \left(\sigma_j^x \otimes \sigma_{j-1}^z + \mathrm{i}\sigma_j^y \right)$$

$X_{j+1}^{\leftarrow}$ 称为更新算子，定义式如下：

$$X_{j+1}^{\leftarrow} = \sigma_{n-1}^x \otimes \sigma_{n-2}^x \otimes \cdots \otimes \sigma_{j+2}^x \otimes \sigma_{j+1}^x$$

通过比较 J-W 变换和 Parity 变换，可以发现，由于 J-W 变换中存在宇称算子，而 Parity 变换中存在更新算子，所以 Parity 变换所需要消耗的逻辑门数也是与量子比特数成线性关系。

3) B-K 变换

$$a_j^+ = \frac{1}{2} X_{U(j)} \otimes (\sigma_j^x \otimes Z_{P(j)} - \mathrm{i}\sigma_j^y \otimes Z_{\rho(j)})$$

$$a_j = \frac{1}{2} X_{U(j)} \otimes (\sigma_j^x \otimes Z_{P(j)} + \mathrm{i}\sigma_j^y \otimes Z_{\rho(j)})$$

从 B-K 变换的表达式不难发现，它要比 J-W 变换和 Parity 变换复杂得多，因为它既有更新算子 X_U，又有宇称算子 Z_P，只不过在这里，更新算子不再是 $(n-j-1)$ 个泡利 X 的张量积，宇称算子也不再是 j 个泡利 Z 的张量积。最后一项 $Z_{\rho(j)}$ 在 j 为偶数时，就等于宇称算子，在 j 为奇数时，就等于 $Z_{R(j)}$。$R(j)$ 被称为余子集，它等于 $P(j)$ 对翻转集 $F(j)$ 求余，即

$$R(j) = P(j) \,\% \, F(j)$$

假设 $j=3$，若 $U(3) = (q_5, q_6), P(3) = (q_0, q_2), F(3) = (q_0)$，则更新算子就等于作用于相应量子比特上的两个泡利 X 的张量积，宇称算子就等于作用于相应量子比特上的两个泡利 Z 的张量积。

$$X_{U(3)} = \sigma_x^6 \otimes \sigma_x^5, \quad Z_{P(3)} = \sigma_z^2 \otimes \sigma_z^0$$

而余子集：

$$R(3) = P(3) \,\% \, F(3) = (q_2)$$

由此：

$$Z_{\rho(3)} = Z_{R(3)} = \sigma_z^2$$

虽然，B-K 变换相对于 J-W 变换和 Parity 变换在形式上很复杂，但实际上它所需要消耗的量子逻辑门数是与量子比特数的对数成线性关系，可以节省量子逻辑门资源，简化量子线路。

4.6.5　算法原理

对于一个 n 阶的较大方阵，如果想找到它的特征值，$\lambda_1 \lambda_2 \cdots \lambda_n$ 可以利用 VQE 算法，同样该算法也可以寻找到描述某一体系 (如多电子体系) 的哈密顿量的特征值 $E_1 E_2 \cdots E_n$，进而求得体系的基态能量 E_0，VQE 算法是基于变分原理而提出的。

所谓变分原理, 是指对于任意一个试验态 (它是一个品优波函数), 用某一体系 (如多电子体系) 的哈密顿量作用于它时, 可以得到该体系在这一状态下的平均能量 E, 它将大于或接近于体系的基态能量 E_0, 即

$$E = \frac{\langle \psi^* |H| \psi \rangle}{\langle \psi^* | \psi \rangle} \geqslant E_0$$

从该表达式中不难看出, 如果所选择的试验态 $|\psi\rangle$ 正好就是体系的基态 $|\psi_0\rangle$, 那么不等式中的等号成立, 直接得到了体系的基态能量 E_0; 但往往更多的情况是, 选择的试验态 $|\psi\rangle$ 与体系的基态相比有一定差距, 导致计算得到的 E 大于 E_0 很多, 这时就需要引入一组参数 $\vec{t}$, 通过不断调节 $\vec{t}$ 来调节试验态, 使其最终非常接近体系的基态。

通过对变分原理的介绍, 可以发现 VQE 算法在寻找体系基态能量时, 实际上需要依次完成三步操作:

(1) 制备试验态 $|\psi\left(\vec{t_n}\right)\rangle$。

(2) 测量试验态 $|\psi\left(\vec{t_n}\right)\rangle$ 的平均能量 E_n。

(3) 判断 $E_n - E_{n-1}$ 是否小于所设定的阈值。是, 就返回 E_n 作为基态能量; 否, 则用优化器优化生成一组新参数 $\vec{t}$ 重新制备试验态。

显然, 如图 4.6.20 所示, 这是一个循环迭代的过程。其中, 步骤 (1) 和 (2) 是

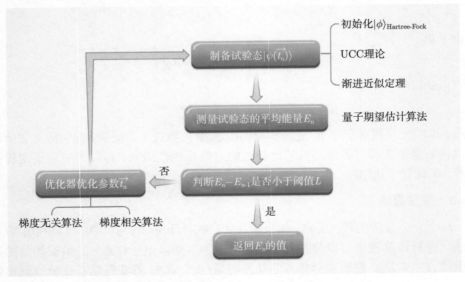

图 4.6.20　VQE 算法

在量子处理器上完成的，步骤 (3) 是在经典处理器上完成的。在构造量子线路以制备试验态时，VQE 算法利用了幺正耦合团簇理论 (UCC 理论) 和渐进近似定理；在试验态能量进行测量时，VQE 采用的是量子期望估计方法；在对参数 $\vec{t}$ 进行优化时，VQE 算法利用的是非线性的经典优化器，包括梯度无关和梯度相关两大类，这两类优化器已经在 QAOA 算法原理章节介绍过了，这里不再赘述。

1. 初始化 Hartree-Fock 态

对于含有四个单电子自旋分子轨道两个电子的氢分子的 Hartree-Fock 态，是用量子态 $|0011\rangle$ 来表示的，即一个量子比特代表一个自旋分子轨道，$|0\rangle$ 表示空轨道，$|1\rangle$ 表示占据轨道。这样的话，只要在 q0 和 q1 上分别加上一个 NOT 门，就可以在量子线路中将 $|0000\rangle$ 初始化成 $|0011\rangle$，如图 4.6.21 所示。

事实上，对于任意一个含有 M 个自旋分子轨道的 N 电子体系，它的 Hartree-Fock 态都可以这样简单地表示，如图 4.6.22 所示，只要在量子线路中给定 M 个量子比特，然后在前 N 个量子线路上加上 NOT 门即可得到所需的 N 电子体系的 Hartree-Fock 态。

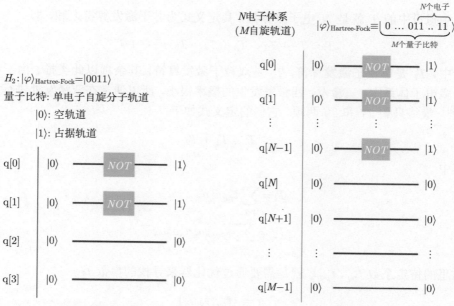

图 4.6.21　初始化 Hartree-Fock 态　　图 4.6.22　N 电子体系的 Hartree-Fock 态

在 QPanda 或 pyQPanda 中用如下示例代码来初始化 Hartree-Fock 态:

```
1.  def prepareInitialState(qlist, en):
2.      circuit = QCircuit()
3.      if len(qlist) < en:
4.          return circuit
5.
6.      for i in range(en):
7.          circuit.insert(X(qlist[i]))
8.
9.      return circuit;
```

2. 耦合簇法 (coupled cluster, CC)

它是一种从 Hartree-Fock 分子轨道 $|\varphi\rangle$ 出发,通过拟设得到试验态 $|\psi\rangle$ 的方法。这里的拟设为指数耦合簇算符 e^T:

$$|\psi\rangle = e^T |\psi\rangle_{\text{Hartree-Fock}}$$

拟设中的 T 就是 N 电子簇算符,其定义式为若干激发算符之和,即

$$T = T_1 + T_2 + T_3 + T_4 + T_5 + \cdots + T_N$$

其中,T_1 是单粒子激发算符,T_2 是双粒子激发算符,其余项以此类推。由于在一个多电子体系中,三激发、四激发发生的概率很小,所以通常在双激发处进行 "截断",最终只剩 T_1 和 T_2 两项,它们的定义式如下:

$$T = T_1 + T_2$$

其中

$$T_1 = \sum_{pq} t_{pq} a_p^\dagger a_q$$
$$T_2 = \sum_{pqrs} t_{pqrs} a_p^\dagger a_q^\dagger a_r a_s$$

这里的待定系数 t_{pq}、t_{pqrs} 就是需要通过优化器来寻找的参数 $\vec{t}$:

$$\vec{t} = \{t_{pq}, t_{pqrs}\}$$

对于描述氢分子的 $|0011\rangle_{\text{Hartree-Fock}}$ 态,此时的 T 正是费米子哈密顿量 H_U:

$$T = H_U = t_{20} a_2^\dagger a_0 + t_{30} a_3^\dagger a_0 + t_{21} a_2^\dagger a_1 + t_{31} a_3^\dagger a_1 + t_{3210} a_3^\dagger a_2^\dagger a_1 a_0$$

$$T_1 = t_{20}a_2^\dagger a_0 + t_{30}a_3^\dagger a_0 + t_{21}a_2^\dagger a_1 + t_{31}a_3^\dagger a_1$$

$$T_2 = t_{3210}a_3^\dagger a_2^\dagger a_1 a_0$$

当 $T = T_1$ 时，即由前四项单激发所构造成的哈密顿量，称为 CCS；

当 $T = T_1 + T_2$ 时，即由单激发和双激发所共同构造成的哈密顿量，称为 CCSD。

3. 幺正耦合簇算符 (unitary coupled cluster, UCC)

但是，想要将 e^T 这种指数耦合簇算符通过 J-W 变换、B-K 变换等方法映射到量子比特上，这是行不通的，因为 e^T 这种指数耦合簇算符不是酉算子，无法设计成量子线路，所以，需要构造出酉算子版本的指数耦合簇算符，即幺正耦合簇算符 (unitary coupled cluster, UCC)，可以完美地解决这个问题。那么如何构造 UCC 呢？

首先，定义一个等效的厄米哈密顿量 $H(\vec{t})$，令它等于 $\mathrm{i}(T - T^\dagger)$。

$$H(\vec{t}) = \mathrm{i}(T - T^\dagger)$$

然后，以 $H(\vec{t})$ 为生成元就生成了 UCC 算符：

$$U\left[H(\vec{t})\right] = \exp\left[-\mathrm{i}H(\vec{t})\right] = e^{T - T^\dagger}$$

若 UCC 中的簇算符 T 只含有 T_1 这一项，则称这一拟设为单激发耦合簇 (UCCS)；若 UCC 中的簇算符 T 含有 T_1 和 T_2 两项，则称这个拟设为单双激发耦合簇 (UCCSD)。

4. 渐进近似定理

费米子哈密顿量通过 J-W 变换变成泡利算子形式时，它是若干子项的和，表达式为

$$H(\vec{t}) = H(\vec{h}) = \sum h_\alpha^i \sigma_\alpha^i + \sum h_{\alpha\beta}^{ij} \sigma_\alpha^i \otimes \sigma_\beta^j + \cdots$$

其中，σ 是泡利算子；$\alpha, \beta \in (X, Y, Z, I)$；而 i、j 则表示哈密顿量子项所作用的子空间；h 是实数。

但是，如果对这些子项进行求和，最后得到的泡利算子形式哈密顿量想要对角化以生成酉算子，是比较困难的。

那么，假设令 $H_k\left(h_{\alpha\beta\cdots}^{ij\cdots}\right) = h_\alpha^i \sigma_\alpha^i / h_{\alpha\beta}^{ij} \sigma_\alpha^i \otimes \sigma_\beta^j / \cdots$，是不是就可以将该哈密顿

量分解成有限个酉算子 U_k 了呢？

$$
\begin{aligned}
U\left[H\left(\vec{h}\right)\right] &= \exp[-\mathrm{i}H(\vec{h})] \\
&= \exp\left[-\mathrm{i}\sum H_k\left(h_{\alpha\beta\cdots}^{ij\cdots}\right)\right] \\
&= \prod \exp\left[-\mathrm{i}H_k(h_{\alpha\beta\cdots}^{ij\cdots})\right] \\
&= \prod U_k\left[H_k(h_{\alpha\beta\cdots}^{ij\cdots})\right]
\end{aligned}
$$

答案是不可以，这是因为一般情况下，子项 H_k 之间并不是对易的，即

$$
[H_k, H_l] \neq 0
$$

在推导过程中：

$$
\exp\left[-\mathrm{i}\sum H_k\left(h_{\alpha\beta\cdots}^{ij\cdots}\right)\right] \neq \prod \exp\left[-\mathrm{i}H_k(h_{\alpha\beta\cdots}^{ij\cdots})\right]
$$

为了能够以每个子项 H_k 为生成元将 UCC 算符分解成有限个酉算子来进行哈密顿量模拟，有必要引进渐进近似定理 —— 特罗特公式 (Trotter formula)，该定理是量子模拟算法的核心：

$$
\lim_{n\to\infty}(\mathrm{e}^{\mathrm{i}At/n}\mathrm{e}^{\mathrm{i}Bt/n})^n = \mathrm{e}^{\mathrm{i}(A+B)t}
$$

其中，A、B 均为厄米算符；t 为实数；n 为正整数。

从特罗特公式可以看出，如果将系数 h 分成 n 片，每一片记为 θ，即

$$
h_{\alpha\beta\cdots}^{ij\cdots} = n*\theta_{\alpha\beta\cdots}^{ij\cdots}
$$

那么，当 n 趋于无穷大时，可以得到

$$
\exp\left[-\mathrm{i}\sum H_k\left(h_{\alpha\beta\cdots}^{ij\cdots}\right)\right] = \left\{\prod \exp\left[-\mathrm{i}H_k\left(\theta_{\alpha\beta\cdots}^{ij\cdots}\right)\right]\right\}^n
$$

这就提供了一个分解 UCC 算子构造量子线路的新思路。

如图 4.6.23 所示，可以通过三次演化逐步逼近最终得到试验态，这样的话，每一次演化都是通过有限个酉算子 U_k 所构造的量子线 $U(\prod U_k)$。

此时，U_k 的生成元为 $H_k(\theta_{\alpha\beta\cdots}^{ij\cdots})$，其中 $\theta_{\alpha\beta\cdots}^{ij\cdots}=\dfrac{h_{\alpha\beta\cdots}^{ij\cdots}}{3}$。

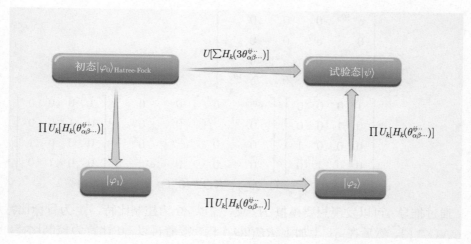

图 4.6.23 三次演化

5. 哈密顿量模拟

假设 J-W 变换后的泡利算子型哈密顿量 H 形式如下：

$$H = H_1 + H_2 + H_3 + H_4 + H_5$$
$$= \sigma_z^0 + \sigma_z^0 \otimes \sigma_z^1 + \sigma_z^0 \otimes \sigma_z^1 \otimes \sigma_z^2 + \sigma_x^0 \otimes \sigma_z^1 + \sigma_y^0 \otimes \sigma_z^1$$

将以它为例具体介绍如何构造量子线路来模拟哈密顿量。

根据渐进近似定理，可以逐项模拟。先对 H_1 项进行模拟：

$$U_1(H_1, \theta_1) = \mathrm{e}^{-\mathrm{i}\sigma_z^0 \theta_1} = \begin{bmatrix} \mathrm{e}^{-\mathrm{i}\theta_1} & 0 \\ 0 & \mathrm{e}^{\mathrm{i}\theta_1} \end{bmatrix} = RZ(0, 2\theta_1)$$

通过推导，不难得出在 q0 上直接加上 RZ 门即可模拟 H_1 项 (图 4.6.24)。

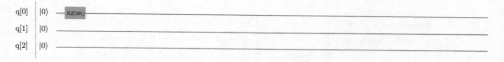

图 4.6.24 模拟 H_1 项

对于 H_2 项进行模拟：

$$U_2(H_2, \theta_2) = \mathrm{e}^{-\mathrm{i}\sigma_z^0 \otimes \sigma_z^1 \theta_2}$$

$$= \begin{bmatrix} e^{-i\theta_2} & 0 & 0 & 0 \\ 0 & e^{i\theta_2} & 0 & 0 \\ 0 & 0 & e^{i\theta_2} & 0 \\ 0 & 0 & 0 & e^{-i\theta_2} \end{bmatrix}$$

$$= \begin{bmatrix} 1 & 0 & 0 & 0 \\ 0 & 1 & 0 & 0 \\ 0 & 0 & 0 & 1 \\ 0 & 0 & 1 & 0 \end{bmatrix} \begin{bmatrix} e^{i\theta_2} & 0 & 0 & 0 \\ 0 & e^{-i\theta_2} & 0 & 0 \\ 0 & 0 & e^{i\theta_2} & 0 \\ 0 & 0 & 0 & e^{-i\theta_2} \end{bmatrix} \begin{bmatrix} 1 & 0 & 0 & 0 \\ 0 & 1 & 0 & 0 \\ 0 & 0 & 0 & 1 \\ 0 & 0 & 1 & 0 \end{bmatrix}$$

$$= CNOT(0,1)\,RZ(1,2\theta_2)\,CNOT(0,1)$$

通过推导，可以发现想要模拟 H_2 项，需以 q0 为控制比特，q1 为目标比特加上 $CNOT$ 门，然后在 q1 上加上 $RZ(2\Theta_2)$ 门，接着再以 q0 比特为控制比特，q1 为目标比特加上 $CNOT$ 门（图 4.6.25）。

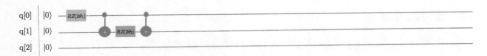

图 4.6.25 模拟 H_2 项

对于 H_3 项，可以参照 H_1 和 H_2，可得

$$U_3(H_3,\theta_3) = e^{-i\sigma_z^0 \otimes \sigma_z^1 \otimes \sigma_z^2 \theta_3}$$

$$= CNOT(0,2)\,CNOT(1,2)\,RZ(2,2\theta_3)\,CNOT(1,2)\,CNOT(0,2)$$

通过推导，可知模拟 H_3 项，需要先依次以 q0 为控制比特，q2 为目标比特，q1 为控制比特、q2 为目标比特依次添加上两个 $CNOT$ 门，然后在 q2 上加上 $RZ(2\Theta_3)$ 门，接着再依次以 q1 为控制比特，q2 为目标比特，q0 为控制比特，q2 为目标比特依次添加上两个 $CNOT$ 门（图 4.6.26）。

图 4.6.26 模拟 H_3 项

对于 H_4 项，因为 σ_x 不是对角阵，所以需要将它先对角化，然后再进行推导。

$$U_4(H_4,\theta_4) = e^{-i\sigma_x^0 \otimes \sigma_z^1 \theta_4} = e^{-i(H_0\sigma_z^0 H_0) \otimes \sigma_z^1 \theta_4}$$

$$= H_0 e^{-i\sigma_z^0 \otimes \sigma_z^1 \theta_4} H_0 = H(0)\, CNOT(0,1)\, RZ(1,2\theta_4)\, CNOT(0,1)\, H(0)$$

通过推导，可以发现模拟 H_4 项，需先在 q0 上加上 Hadamard 门；再以 q0 为控制比特，q1 为目标比特加上 $CNOT$；接着在 q1 上加上 $RZ(2\Theta_4)$ 门；然后再以 q0 为控制比特，q1 为目标比特加上 $CNOT$；最后再在 q0 上加上 Hadamard 门 (图 4.6.27)。

图 4.6.27　模拟 H_4 项

对于 H_5 项，因为 σ_y 也不是对角阵，所以需要对它进行对角化处理，类比 H_4，不难得出

$$U_5(H_5,\theta_5) = e^{-i\sigma_y^0 \otimes \sigma_z^1 \theta_5} = e^{-i\left(RX_0\left(\frac{\pi}{2}\right)\sigma_z^0 RX_0\left(-\frac{\pi}{2}\right)\right) \otimes \sigma_z^1 \theta_5}$$

$$= RX_0\left(\frac{\pi}{2}\right) e^{-i\sigma_z^0 \otimes \sigma_z^1 \theta_5} RX_0\left(-\frac{\pi}{2}\right)$$

$$= RX\left(0,\frac{\pi}{2}\right) CNOT(0,1)\, RZ(1,2\theta_5)\, CNOT(0,1)\, RX\left(0,-\frac{\pi}{2}\right)$$

因此，要想模拟 H_5 项，需先在 q0 上先加上 $RX\left(\frac{\pi}{2}\right)$ 门；再以 q0 为控制比特，q1 为目标比特加上 $CNOT$；接着在 q1 上加上 $RZ(2\Theta_5)$ 门；然后再以 q0 为控制比特，q1 为目标比特加上 $CNOT$；最后再在 q1 加上 $RX\left(-\frac{\pi}{2}\right)$ 门 (图 4.6.28)。

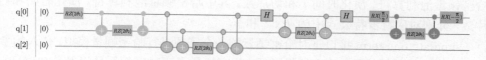

图 4.6.28　模拟 H_5 项

那么，最终模拟 H 的量子线路构造为 (图 4.6.29)

图 4.6.29　模拟 H 的量子线路构造

可以通过 QPanda 来实现上述的哈密顿量模拟算法，哈密顿量模拟的 Python 示例代码：

```
1.   def simulate_hamiltonian(qubit_list,pauli,t,slices=3):
2.       '''
3.       Simulate a general case of hamiltonian by Trotter-Suzuki
4.       approximation. U=exp(-iHt)=(exp(-i H1 t/n)*exp
         (-i H2 t/n))^n
5.       '''
6.       circuit =QCircuit()
7.
8.       for i in range(slices):
9.           for op in pauli.data():
10.              term = op[0][0]
11.              circuit.insert(
12.                  simulate_one_term(
13.                      qubit_list,
14.                      term, op[1].real,
15.                      t/slices
16.                  )
17.              )
18.
19.      return circuit
```

simulate_hamiltonian 接口需要传入的参数是哈密顿量相关联的一组量子比特、哈密顿量泡利算符、演化时间 t 和切片数。其中哈密顿量泡利算符、演化时间和切片数，分别对应特罗特公式中的 H、t 和 n。

simulate_one_term 接口是对哈密顿量的一个子项进行哈密顿量模拟，传入的参数分别为一组量子比特、哈密顿量子项、哈密顿量子项对应的系数以及演化时间。

```
1.   def simulate_one_term(qubit_list, hamiltonian_term, coef, t):
2.       '''
3.       Simulate a single term of Hamilonian like "X0 Y1 Z2" with
4.       coefficient and time. U=exp(-it*coef*H)
5.       '''
6.       circuit =QCircuit()
7.
```

```
8.        if not hamiltonian_term:
9.            return circuit
10.
11.        transform=QCircuit()
12.        tmp_qlist = []
13.        for q, term in hamiltonian_term.items():
14.            if term is 'X':
15.                transform.insert(H(qubit_list[q]))
16.            elif term is 'Y':
17.                transform.insert(RX(qubit_list[q],pi/2))
18.
19.            tmp_qlist.append(qubit_list[q])
20.
21.        circuit.insert(transform)
22.
23.        size = len(tmp_qlist)
24.        if size == 1:
25.            circuit.insert(RZ(tmp_qlist[0], 2*coef*t))
26.        elif size > 1:
27.            for i in range(size - 1):
28.                circuit.insert(CNOT(tmp_qlist[i],
                    tmp_qlist[size - 1]))
29.            circuit.insert(RZ(tmp_qlist[size-1], 2*coef*t))
30.            for i in range(size - 1):
31.                circuit.insert(CNOT(tmp_qlist[i],
                    tmp_qlist[size - 1]))
32.
33.        circuit.insert(transform.dagger())
34.
35.    return circuit
```

6. 量子期望估计算法

　　VQE 算法在制备出试验态 $|\psi_n\rangle$ 后，需要开始利用量子期望估计算法来计算试验态 $|\psi_n\rangle$ 在分子哈密顿量上的期望。那么，什么是量子期望估计方法呢？

所谓量子期望估计，是指对于多电子体系、Heisenberg 模型 (海森伯模型)、量子 Ising 模型 (伊辛模型) 等体系的哈密顿量 H 可以展开成多个子项的和，即

$$H = \sum h_\alpha^i \sigma_\alpha^i + \sum h_{\alpha\beta}^{ij} \sigma_\alpha^i \sigma_\beta^j + \sum h_{\alpha\beta\gamma}^{ijk} \sigma_\alpha^i \sigma_\beta^j \sigma_\gamma^k + \cdots$$

其中，h 是实数；σ 是泡利算子 (α、β 和 γ 可以在 $X/Y/Z/I$ 中进行取值)；而 i、j 则表示哈密顿量子项所作用的子空间。

由于可观测量是线性的，因此在利用下式计算体系的平均能量时，

$$E = \langle \psi^* | H | \psi \rangle \, (\psi^* \text{与} \psi \text{是正交归一的})$$

等式右边也可以展开成这种形式：

$$E = \sum h_\alpha^i \langle \psi^* | \sigma_\alpha^i | \psi \rangle + \sum h_{\alpha\beta}^{ij} \langle \psi^* | \sigma_\alpha^i \sigma_{\alpha\beta}^{ij} | \psi \rangle$$

由此可知，只需先对每个子项求期望，然后对各个期望求和，就能得到体系的平均能量 E。

在 VQE 算法中，每个子项期望的测量是在量子处理器上进行的，而经典处理器则负责对各个期望进行求和 (图 4.6.30)。

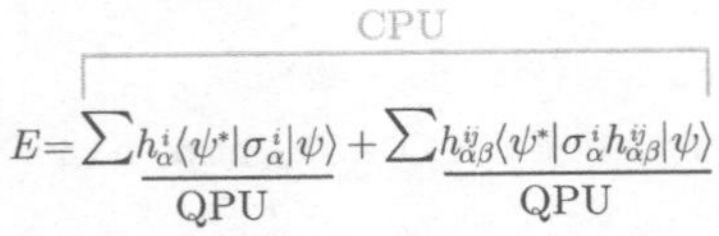

$$\overbrace{E = \underbrace{\sum h_\alpha^i \langle \psi^* | \sigma_\alpha^i | \psi \rangle}_{\text{QPU}} + \underbrace{\sum h_{\alpha\beta}^{ij} \langle \psi^* | \sigma_\alpha^i h_{\alpha\beta}^{ij} | \psi \rangle}_{\text{QPU}}}^{\text{CPU}}$$

图 4.6.30　各个期望求和

假设某一个体系的哈密顿量为 H，它最终可以展开成这种形式：

$$H_P = H_1 + H_2 + H_3 = I^{\otimes 2} + \sigma_z^0 \otimes \sigma_z^1 + \sigma_x^0 \otimes \sigma_y^1$$

在该式中，所有子项系数 h 均是 1。并假设所制备出的试验态为这种形式：

$$|\psi\rangle = a|00\rangle + b|01\rangle + c|10\rangle + d|11\rangle$$

其中，a^2、b^2、c^2、d^2(这里假设 a、b、c、d 为实数) 分别指测量试验态时，坍塌到 $|00\rangle$、$|01\rangle$、$|10\rangle$、$|11\rangle$ 的概率 P_s，将哈密顿量的各个子项 H_1、H_2、H_3 分别作用于试验态上，可以依次得到期望 $E(1)$、$E(2)$、$E(3)$。

$$E(1) = \langle \psi^* | H_1 | \psi \rangle$$

$$E(2) = \langle \psi^* | H_2 | \psi \rangle$$

$$E(3) = \langle \psi^* | H_3 | \psi \rangle$$

下面将以 $E(1)$、$E(2)$ 和 $E(3)$ 为例，详细介绍 VQE 算法是如何构造线路来测量各项期望，进而计算出平均能量 E 的。

对于期望 $E(1)$，系数 h 就是期望，无须构造线路测量。

$$E(1) = \langle \psi | I^{\otimes 2} | \psi \rangle = h = 1$$

对于期望 $E(2)$，其哈密顿量为

$$\sigma_z^0 \otimes \sigma_z^1$$

由于测量操作是在 σ_z 上 (以 σ_z 的特征向量为基向量所构成的子空间) 进行的，所以只需要在 0 号量子比特和 1 号量子比特上加上测量门即可，然后将测量结果传递给经典处理器求和，如图 4.6.31 所示。

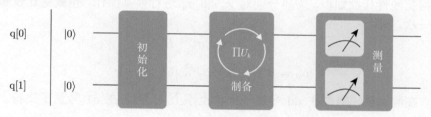

图 4.6.31　测量过程

具体测量过程是这样的，因为两个 σ_z 张乘所形成的矩阵是一个对角阵：

$$\sigma_z^0 \otimes \sigma_z^1 = \begin{bmatrix} 1 & 0 & 0 & 0 \\ 0 & -1 & 0 & 0 \\ 0 & 0 & -1 & 0 \\ 0 & 0 & 0 & 1 \end{bmatrix}$$

根据线性代数知识可知，其特征值就是对角线上的元素 1、-1、-1、1，与特征值相对应的特征向量正好就是基底 S:$|00\rangle$、$|01\rangle$、$|10\rangle$、$|11\rangle$，如果仔细观察的话，可以发现，量子态为 $|00\rangle$、$|11\rangle$ 时，其中 1 的个数分别为 0 和 2，均为偶数，特征值均为 $+1$，而量子态为 $|01\rangle$、$|10\rangle$ 时，其中 1 的个数均为 1，为奇数，特征值均为 -1。

事实上，对于任何作为基底的量子态的特征值都有这样 "奇负偶正" 的规律。这样的话，一将测量门加到相应的量子线路，试验态就会以一定概率坍塌到不同的量子态 s，接着确定量子态 s 中 1 的个数 N_s 就行了，然后通过下式就可以计算出期望 $E(i)$。

$$E(i) = h_{\alpha\beta\cdots}^{ij\cdots} \sum_{|00\cdots\rangle}^{|11\cdots\rangle} (-1)^{N_s} P_s$$

即如果量子态中有奇数个 1，其概率 P 取负值；如果量子态中有偶数个 1，其概率 P 取正值，然后累加起来，再乘以系数 h 就得到了期望。

$$E(2) = \langle\psi| \sigma_z^0 \otimes \sigma_z^1 |\psi\rangle = a^2 - b^2 - c^2 + d^2$$

对于 $E(3)$ 项，其哈密顿量：

$$\sigma_x^0 \otimes \sigma_y^1$$

此时，不能直接测量。这是因为对于试验态中的每一个基底（如 $|01\rangle$），它们均是单位阵和 σ_z 的特征向量，但不是 σ_x 和 σ_y 的特征向量。

根据线性代数知识，需要分别对 σ_x 和 σ_y 进行换基操作，也就是让试验态再演化一次，而

$$\sigma_x = H \times \sigma_z \times H$$

$$\sigma_y = RX\left(\frac{\pi}{2}\right) \times \sigma_z \times RX\left(-\frac{\pi}{2}\right)$$

所以，在测量前，需要在 q0 号量子比特上添上 H 门，在 q1 号量子比特上添上 $RX\left(\frac{\pi}{2}\right)$ 门，如图 4.6.32 所示。

图 4.6.32　测量操作

此时，试验态 $|\psi\rangle$ 演化为 $|\psi'\rangle$。

$$|\psi'\rangle = A|00\rangle + B|01\rangle + C|10\rangle + D|11\rangle$$

之后再利用"奇负偶正"这一规律进行测量，不难得到

$$E(3) = \langle\psi^*| \sigma_x^0 \otimes \sigma_y^1 |\psi\rangle = \langle\psi'^*| \sigma_z^0 \otimes \sigma_z^1 |\psi'\rangle = A^2 - B^2 - C^2 + D^2$$

在 CPU 上对这三个期望求和，就得到了平均能量 E。

$$E = E(1) + E(2) + E(3)$$

同样，也可以利用 QPanda 来实现量子期望估计算法，在 VQE 算法演示中，需要向优化器注册一个计算损失值的函数。

这里定义损失值为计算体系哈密顿量在试验态下的期望值，定义损失函数 loss_func，传入的参数为待优化的参数列表、量子比特个数、电子个数、体系哈密顿量。

```
1.  def loss_func(para_list, qubit_number, electron_number,
    Hamiltonian):
2.      '''
3.      <ψ^*|H|ψ>, Calculation system expectation of Hamiltonian
    in experimental state.
4.      para_list: parameters to be optimized
5.      qubit_number: qubit number
6.      electron_number: electron number
7.      Hamiltonian: System Hamiltonian
8.      '''
9.      fermion_cc =get_ccsd(qubit_number, electron_number, para_
    list)
10.     pauli_cc = JordanWignerTransform(fermion_cc)
11.     ucc = cc_to_ucc_hamiltonian(pauli_cc)
12.     expectation=0
13.     for component in Hamiltonian:
14.         expectation+=get_expectation(qubit_number, electron_
    number, ucc, component)
15.     expectation=float(expectation.real)
16.
17.     return ("", expectation)
```

get_expectation 接口用来计算体系哈密顿量的子项在试验态下的期望。这个接口需要传入的参数为量子比特数、电子个数、通过 UCC 模型构造的哈密顿量、体系哈密顿量的一个子项。

程序大体流程是首先创建一个虚拟机，从虚拟机申请量子比特，接着构建量子线路，先制备初态，再构造 UCC 哈密顿量的模拟线路，并在测量前对体系哈密顿量子项进行换基操作，最后进行测量，并根据测量结果通过"奇负偶正"规则，计算当前体系哈密顿量子项的期望。

```
1.  def get_expectation(n_qubit, n_en, ucc, component):
2.      '''
3.      get expectation of one hamiltonian.
4.      n_qubit: qubit number
5.      n_en: electron number
6.      ucc: unitary coupled cluster operator
7.      component: paulioperator and coefficient,e.g.
        ('X0 Y1 Z2',0.2)
8.      '''
9.
10.     machine=init_quantum_machine(QMachineType.CPU)
11.     q = machine.qAlloc_many(n_qubit)
12.     prog=QProg()
13.
14.     prog.insert(prepareInitialState(q, n_en))
15.     prog.insert(simulate_hamiltonian(q, ucc, 1.0, 4))
16.
17.     for i, j in component[0].items():
18.         if j=='X':
19.             prog.insert(H(q[i]))
20.         elif j=='Y':
21.             prog.insert(RX(q[i],pi/2))
22.
23.     machine.directly_run(prog)
24.     result=machine.get_prob_dict(q, select_max=-1)
25.     machine.qFree_all(q)
26.
27.     expectation=0
28.     #奇负偶正
29.     for i in result:
30.         if parity_check(i, component[0]):
31.             expectation-=result[i]
32.         else:
33.             expectation+=result[i]
34.  return expectation*component[1]
```

其中，奇偶校验代码如下：

```
1.   def parity_check(number, terms):
2.       check=0
3.       number=number[::-1]
4.
5.       for i in terms:
6.           if number[i]=='1':
7.               check+=1
8.
9.   return check%2
```

7. 利用 VQE 算法寻找基态能量

以氢分子基态的寻找为例，介绍 VQE 算法寻找基态能量的整个流程 (图 4.6.33)。

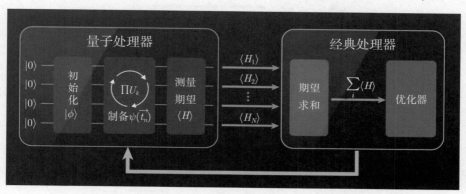

图 4.6.33　量子处理器与经典处理器的 VQE 工作流程图

首先，进行初始化，即在 q0 和 q1 上分别加上 *NOT* 门，得到了氢分子的一个 Hartree-Fock 态 $|0011\rangle$(图 4.6.34)。

然后，将 Hartree-Fock 态制备成试验态 $|\psi\rangle$，演化经过的量子线路是通过 J-W 变换和渐进近似定理将费米子哈密顿量 H_U 映射到量子比特上构造出来的。

但需要注意的是，由于利用了渐进近似定理将系数 $\vec{h}$ 分成 3 个 $\vec{\theta}$，所以需要循环演化 Hartree-Fock 态三次，才能制备出试验态 $|\psi\rangle$(图 4.6.35)。

现在，以第一个酉算子为例，介绍氢分子试验态的制备过程。类比之前哈密顿量模拟时的推导过程，可以得到以下推导：

$$U\left(\sigma_y^0 \otimes \sigma_z^1 \otimes \sigma_z^2 \otimes \sigma_x^3, \theta\right)$$

$$=RX\left(0,\frac{\pi}{2}\right)H\left(3\right)U\left(\sigma_z^0\otimes\sigma_z^1\otimes\sigma_z^2\otimes\sigma_z^3,\theta\right)H\left(3\right)RX\left(0,-\frac{\pi}{2}\right)$$

$$=RX\left(0,\frac{\pi}{2}\right)H\left(3\right)CNOT\left(0,3\right)CNOT\left(1,3\right)CNOT\left(2,3\right)RZ\left(3,2\theta\right)$$

$$CNOT\left(2,3\right)CNOT\left(1,3\right)CNOT\left(0,3\right)H\left(3\right)RX\left(0,-\frac{\pi}{2}\right)$$

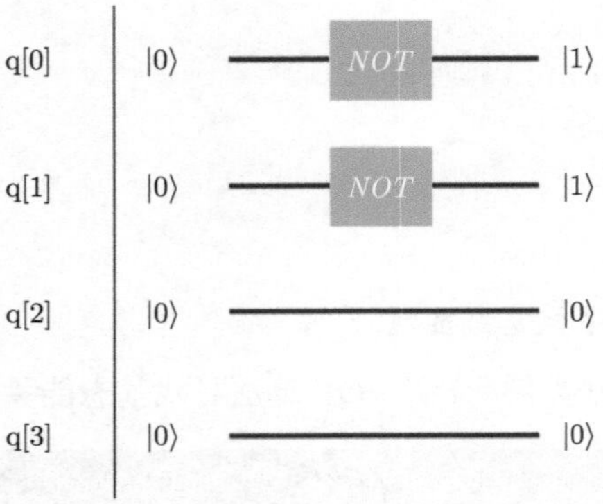

图 4.6.34　初始化

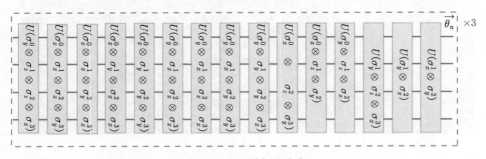

图 4.6.35　制备试验态

根据推导结果，构造出的量子线路见图 4.6.36。

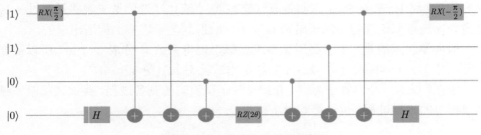

图 4.6.36　构造出的量子线路

再将剩下的哈密顿量子项也映射到量子比特,将费米子哈密顿量 H_U 模拟出来,然后利用这条线路对 Hartree-Fock 态循环演化三次,就制备出了试验态 $|\psi\rangle$。

下面,开始对试验态 $|\psi\rangle$ 进行测量,而测量线路则是通过 J-W 变换等方法将 PSI4 所计算出来的氢分子哈密顿量 H_P 映射到量子比特构造出来。

在测量期望时,所运用的方法是量子期望估计算法,即首先分别构造整个氢分子哈密顿量 H_P 的 15 个子项的测量线路,测得各个子项的期望 $E(i)$(图 4.6.37)。

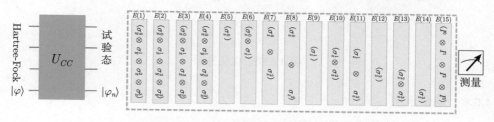

图 4.6.37　量子期望估计算法

将各个子项期望测量线路展开,即可得到各个子项期望 $E(i)$ 的测量线路,如图 4.6.38 所示。

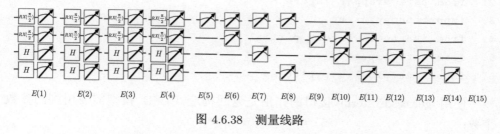

图 4.6.38　测量线路

接着,量子处理器将 $E(i)$ 依次传给经典处理器求和,就得到了氢分子在该试验态下的平均能量 E_n。

$$E_n = \sum_{i=1}^{15} E\left(i\right)$$

最后,CPU 会将求和得到的平均能量 E_n 传给优化器,优化器会判断 $E_n - E_{n-1}$ 是否小于阈值 L,是的话就返回 E_n 的值,作为该键长下的基态能量,否的话优化器会利用梯度相关算法或无关算法优化参数 $\vec{t}_n$,然后传给量子处理器,继续演化和测量,直至找到氢分子在该键长下的基态能量 (图 4.6.39)。

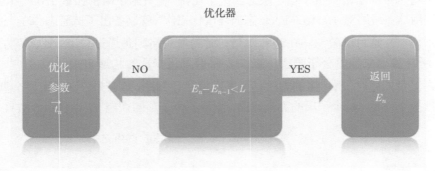

图 4.6.39　优化过程

4.6.6　综合示例

使用梯度下降优化器进行演示。

首先，开始准备工作，导入所需要的库：

```
1.  from pyqpanda import *
2.  from psi4_wrapper import *
3.  import numpy as np
4.  from functools import partial
5.  from math import pi
6.  import matplotlib.pyplot as plt
```

使用 get_ccsd_n_term 接口的作用是返回构造 CCSD 模型需要用到的参数个数：

```
1.  def get_ccsd_n_term(qn, en):
2.      '''
3.      coupled cluster single and double model.
4.      e.g. 4 qubits, 2 electrons
5.      then 0 and 1 are occupied,just consider
    0->2,0->3,1->2,1->3,01->23
6.      '''
7.
8.      if n_electron>n_qubit:
9.          assert False
10.
```

```
11.      return int((qn - en) * en + (qn - en)* (qn -en - 1) * en *
    (en - 1) / 4)
```

使用 get_ccsd_var 接口则是用来构造可变参数对应的 CCSD 模型哈密顿量，代码实现跟 get_ccsd 接口一样，只不过这里用到的费米子算符类是可变费米子算符类。

```
1.  def get_ccsd_var(qn, en, para):
2.      '''
3.      get Coupled cluster single and double model with
    variational parameters.
4.      e.g. 4 qubits, 2 electrons
5.      then 0 and 1 are occupied,just consider
    0->2,0->3,1->2,1->3,01->23.
6.      returned FermionOperator like this:
7.      {{"2+ 0":var[0]},{"3+ 0":var[1]},{"2+ 1":var[2]},
        {"3+ 1":var[3]},
8.      {"3+ 2+ 1 0":var[4]}}
9.
10.     '''
11.     if en > qn:
12.         assert False
13.     if en == qn:
14.         return VarFermionOperator()
15.
16.     if get_ccsd_n_term(qn, en) != len(para):
17.         assert False
18.
19.     cnt = 0
20.     var_fermion_op = VarFermionOperator()
21.     for i in range(en):
22.         for ex in range(en, qn):
23.             var_fermion_op += VarFermionOperator(str(ex) +
                "+ " + str(i), para[cnt])
24.             cnt += 1
25.
26.     return var_fermion_op
```

```
27.
28.     for i in range(en):
29.         for j in range(i+1, en):
30.             for ex1 in range(en, qn):
31.                 for ex2 in range(ex1+1, qn):
32.                     fermion_op += VarFermionOperator(
33.                         str(ex2)+"+"+str(ex1)+"+ "+str(j)+
                             " "+str(i),
34.                         para[cnt]
35.                     )
36.                     cnt += 1
37.
38.     return fermion_op
```

get_fermion_jordan_wigner 接口则是将费米子哈密顿量的子项转换成泡利哈密顿量：

```
1.  def get_fermion_jordan_wigner(fermion_item):
2.      pauli = PauliOperator("", 1)
3.
4.      for i in fermion_item:
5.          op_qubit = i[0]
6.          op_str = ""
7.          for j in range(op_qubit):
8.              op_str += "Z" + str(j) + " "
9.
10.         op_str1 = op_str + "X" + str(op_qubit)
11.         op_str2 = op_str + "Y" + str(op_qubit)
12.
13.         pauli_map = {}
14.         pauli_map[op_str1] = 0.5
15.
16.         if i[1]:
17.             pauli_map[op_str2] = -0.5j
18.         else:
19.             pauli_map[op_str2] = 0.5j
20.
```

```
21.            pauli *= PauliOperator(pauli_map)
22.
23.     return pauli
```

JordanWignerTransformVar 接口的作用是将可变费米子哈密顿量转换成可变泡利哈密顿量：

```
1.   def JordanWignerTransformVar(var_fermion_op):
2.       data = var_fermion_op.data()
3.       var_pauli = VarPauliOperator()
4.       for i in data:
5.           one_pauli = get_fermion_jordan_wigner(i[0][0])
6.           for j in one_pauli.data():
7.               var_pauli += VarPauliOperator(j[0][1],
                     complex_var(
8.                   i[1].real()*j[1].real-i[1].imag()*j[1].imag,
9.                   i[1].real()*j[1].imag+i[1].imag()*j[1].real))
10.
11.     return var_pauli
```

cc_to_ucc_hamiltonian_var 接口的作用是 CC 模型对应的哈密顿量转成 UCC 模型对应的哈密顿量：

```
1.   def cc_to_ucc_hamiltonian_var(cc_op):
2.       '''
3.       generate Hamiltonian form of unitary coupled cluster
     based on coupled cluster,H=1j*(T-dagger(T)),
4.       then exp(-jHt)=exp(T-dagger(T))
5.       '''
6.       pauli = VarPauliOperator()
7.       for i in cc_op.data():
8.           pauli += VarPauliOperator(i[0][1], complex_var(var
     (-2)*i[1].imag(), var(0)))
9.
10.     return pauli
```

prepareInitialState 制备初态：

```
1.   def prepareInitialState(qlist, en):
```

```
2.        '''
3.        prepare initial state.
4.        qlist: qubit list
5.        en: electron number
6.        return a QCircuit
7.        '''
8.        circuit = QCircuit()
9.        if len(qlist) < en:
10.            return circuit
11.
12.        for i in range(en):
13.            circuit.insert(X(qlist[i]))
14.
15.        return circuit;
```

simulate_one_term_var 是构造哈密顿量子项的模拟线路：

```
1.    def simulate_one_term_var(qubit_list, hamiltonian_term,
      coef, t):
2.        '''
3.        Simulate a single term of Hamilonian like "X0 Y1 Z2" with
4.        coefficient and time. U=exp(-it*coef*H)
5.        '''
6.        vqc = VariationalQuantumCircuit()
7.
8.        if len(hamiltonian_term) == 0:
9.            return vqc
10.
11.        tmp_qlist = []
12.        for q, term in hamiltonian_term.items():
13.            if term is 'X':
14.                vqc.insert(H(qubit_list[q]))
15.            elif term is 'Y':
16.                vqc.insert(RX(qubit_list[q],pi/2))
17.
18.            tmp_qlist.append(qubit_list[q])
19.
```

```
20.        size = len(tmp_qlist)
21.        if size == 1:
22.            vqc.insert(VariationalQuantumGate_RZ(tmp_qlist[0],
                 2*coef*t))
23.        elif size > 1:
24.            for i in range(size - 1):
25.                vqc.insert(CNOT(tmp_qlist[i],
                     tmp_qlist[size - 1]))
26.            vqc.insert(VariationalQuantumGate_RZ(tmp_qlist
                 [size-1], 2*coef*t))
27.            for i in range(size - 1):
28.                vqc.insert(CNOT(tmp_qlist[i], tmp_qlist
                     [size - 1]))
29.
30.        # dagger
31.        for q, term in hamiltonian_term.items():
32.            if term is 'X':
33.                vqc.insert(H(qubit_list[q]))
34.            elif term is 'Y':
35.                vqc.insert(RX(qubit_list[q],-pi/2))
36.
37.        return vqc
```

simulate_hamiltonian_var 接口作用是构造哈密顿量的模拟线路:

```
1.    def simulate_hamiltonian_var(qubit_list,var_pauli,t,
           slices=3):
2.        '''
3.        Simulate a general case of hamiltonian by Trotter-Suzuki
4.        approximation. U=exp(-iHt)=(exp(-i H1 t/n)
             *exp(-i H2 t/n))^n
5.        '''
6.        vqc = VariationalQuantumCircuit()
7.
8.        for i in range(slices):
9.            for j in var_pauli.data():
10.               term = j[0][0]
```

```
11.              vqc.insert(simulate_one_term_var(qubit_list,
                    term, j[1].real(), t/slices))
12.
13.      return vqc
```

梯度下降优化算法的主体接口 GradientDescent，该接口接受的参数是体系哈密顿量、轨道个数、电子个数、迭代次数。

具体看一下这个接口的实现，首先初始化一组 var 类型的待优化参数，利用 ccsd 模型构造的可变费米子哈密顿量，通过 J-W 变换将可变费米子哈密顿量转换为可变泡利哈密顿量，接着将 CC 转化成 UCC，然后创建一个量子虚拟机，并向量子虚拟机申请指定数量的量子比特，再接着构建可变量子线路。首先制备初态，然后构造哈密顿量模拟线路。

接着通过 VQNet 的 qop 操作构造损失函数，然后创建一个基于动量的梯度下降优化器、迭代执行优化器，最后返回优化器优化的最低能量。

```
1.   def GradientDescent(mol_pauli, n_qubit, n_en, iters):
2.       n_para = get_ccsd_n_term(n_qubit, n_electron)
3.
4.       para_vec = []
5.       var_para = []
6.       for i in range(n_para):
7.           var_para.append(var(0.5, True))
8.           para_vec.append(0.5)
9.
10.      fermion_cc = get_ccsd_var(n_qubit, n_en, var_para)
11.      pauli_cc = JordanWignerTransformVar(fermion_cc)
12.      ucc = cc_to_ucc_hamiltonian_var(pauli_cc)
13.
14.      machine=init_quantum_machine(QMachineType.CPU)
15.      qlist = machine.qAlloc_many(n_qubit)
16.
17.      vqc = VariationalQuantumCircuit()
18.      vqc.insert(prepareInitialState(qlist, n_en))
19.      vqc.insert(simulate_hamiltonian_var(qlist, ucc, 1.0, 3))
20.
21.      loss = qop(vqc, mol_pauli, machine, qlist)
```

```
22.       gd_optimizer = MomentumOptimizer.minimize(loss, 0.1, 0.9)
23.       leaves = gd_optimizer.get_variables()
24.
25.       min_energy=float('inf')
26.       for i in range(iters):
27.           gd_optimizer.run(leaves, 0)
28.           loss_value = gd_optimizer.get_loss()
29.
30.           print(loss_value)
31.           if loss_value < min_energy:
32.               min_energy = loss_value
33.               for m,n in enumerate(var_para):
34.                   para_vec[m] = eval(n, True)[0][0]
35.
36.       return min_energy
```

获取原子对应的电子数：

```
1.    def getAtomElectronNum(atom):
2.        atom_electron_map = {
3.            'H':1, 'He':2, 'Li':3, 'Be':4, 'B':5, 'C':6, 'N':7,
      'O':8, 'F':9, 'Ne':10,
4.            'Na':11, 'Mg':12, 'Al':13, 'Si':14, 'P':15, 'S':16,
      'Cl':17, 'Ar':18
5.        }
6.
7.        if (not atom_electron_map.__contains__(atom)):
8.            return 0
9.
10.       return atom_electron_map[atom]
```

最后，这是该示例对应的主函数，首先构造一组不同距离下的氢分子模型，然后计算每个氢分子模型对应的基态能量，最后将计算的结果绘制成曲线图。

```
1.    if__name__=="__main__":
2.        distances = [x * 0.1 for x in range(2, 25)]
3.        molecule = "H 0 0 0 \nH 0 0 {0} "
4.
```

```
5.      molecules = []
6.      for d in distances:
7.          molecules.append(molecule.format(d))
8.
9.      chemistry_dict = {
10.         "mol":"",
11.         "multiplicity":1,
12.         "charge":0,
13.         "basis":"sto-3g",
14.     }
15.
16.     energies = []
17.
18.     for d in distances:
19.         mol = molecule.format(d)
20.
21.         chemistry_dict["mol"] = molecule.format(d)
22.         data = run_psi4(chemistry_dict)
23.         #get molecule electron number
24.         n_electron = 0
25.         mol_splits = mol.split()
26.         cnt = 0
27.         while (cnt < len(mol_splits)):
28.             n_electron += getAtomElectronNum(mol_splits[cnt])
29.             cnt += 4
30.
31.         fermion_op = parsePsi4DataToFermion(data[1])
32.         pauli_op = JordanWignerTransform(fermion_op)
33.
34.         n_qubit = pauli_op.getMaxIndex()
35.
36.         energies.append(GradientDescent(pauli_op, n_qubit, n_
    electron, 30))
37.
38.     plt.plot(distances , energies , 'r')
39.     plt.xlabel('distance')
```

```
40.        plt.ylabel('energy')
41.        plt.title('VQE PLOT')
42.        plt.show()
```

图 4.6.40 所示就是对应的输出结果，是氢分子在不同距离下对应的基态能量。

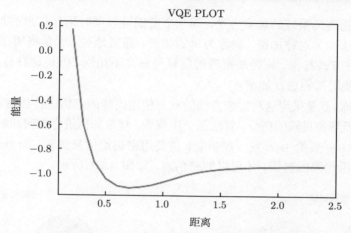

图 4.6.40　氢分子在不同距离下对应的基态能量

4.7　Shor 分解算法

Shor 算法，又叫质因数分解算法，是以数学家 Peter Shor 命名的。1994 年，Shor 针对 "给定一个整数 N，找出它的质因数" 这道题，发明了破解 RSA 加密的量子算法。在一个量子计算机上面，要分解整数 N，Shor 算法的运作需要多项式时间 (时间是 $\log N$ 的某个多项式这么长，$\log N$ 在这里的意义是输入的文件长度)。更精确地说，这个算法花费 $O((\log N)^3)$ 的时间，展示出质因数分解问题可以使用量子计算机以多项式时间解出，因此在复杂度类 BQP 里面。这比起传统已知最快的因数分解算法: 普通数域筛选法，其花费是指数时间 —— 大约 $O(\mathrm{e}^{1.9(\log N)^{1/3}(\log\log N)^{2/3}})$，还要快了一个指数的差异。

4.7.1　加密与解密

自古以来，加密和解密都伴随着人类的发展。中国军事谋略中也常听到 "知己知彼，百战不殆" 的说法。在军事上，信息的安全保密被认为是取得胜利的关键因素；在生活中，也经常可以看到使用智慧找到解开密码的方法 (方法就是密码学里的密钥), 从而解开那些千奇百怪的密文。

密码学, 主要分为古典密码学和现代密码学。对于计算机时代, 主要讨论现代加密方式, 就是基于二进制编码信息的现代密码学。

1. 对称加密 (symmetric encryption)

采用单钥密码系统的加密方法, 同一个密钥可以同时用作信息的加密和解密, 这种加密方法称为对称加密, 也称为单钥加密。通俗地说, 就是将明文 (原本的信息) 通过某种方式打乱, 使得加密后的信息与原文不相同, 但是这种打乱方式有一定的规律, 使用密钥进行加密。

所谓对称, 就是采用这种加密方法的双方使用同样的密钥进行加密和解密。密钥是控制加密及解密过程的指令; 算法是一组规则, 规定如何进行加密和解密。

例如, Alice 要给 Bob 发一段信息, 需要用密钥给信息加密, 而 Bob 接收信息时候需要利用相同的密钥, 才可以解密信息, 如图 4.7.1 所示。

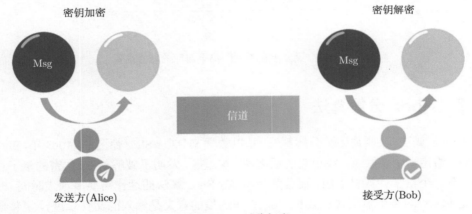

图 4.7.1　对称加密

2. 非对称加密 (asymmetric encryption)

非对称加密算法需要两个密钥来进行加密和解密, 这两个密钥是公开密钥 (public key, 简称公钥) 和私有密钥 (private key, 简称私钥)。公开密钥与私有密钥是一对, 如果用公开密钥对数据进行加密, 只有用对应的私有密钥才能解密; 如果用私有密钥对数据进行加密, 那么只有用对应的公开密钥才能解密, 如图 4.7.2 所示。

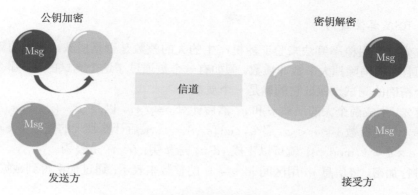

图 4.7.2 非对称加密

4.7.2 RSA 加密算法

RSA 加密算法是 1977 年由罗纳德·李维斯特 (Ron Rivest)、阿迪·萨莫尔 (Adi Shamir) 和伦纳德·阿德曼 (Leonard Adleman) 一起提出的。该算法是著名的非对称加密算法，它是数论与计算机科学相结合产物。目前，很多加密方式都采用这个原理，而 Shor 算法所威胁的正是 RSA 的加密方式。

RSA 是 Internet 上的标准加密算法。该方法是公知的，但非常难以破解。其核心是，它使用两个密钥进行加密，公钥是公开的，客户端使用它来加密随机会话密钥；截获加密密钥的任何人都必须使用第二个密钥 (私钥) 对其进行解密；否则，得到的信息是没有任何含义。而会话密钥解密后，服务器使用它以更快的算法加密和解密更多消息。因此，只要保证私钥安全，通信就是安全的。

实际上，RSA 算法，其核心的思想并不困难，它使用的是两个质数相乘容易，但是反过来分解成两个质数相乘却非常困难的规则来构建。

例如，图 4.7.3，求这串数字相乘，对于经典计算机来说，非常的简单。但是如果将这串数字分解为两个质数相乘，就非常困难。

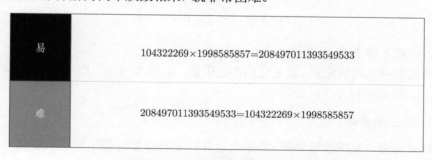

易	$104322269 \times 1998585857 = 208497011393549533$
难	$208497011393549533 = 104322269 \times 1998585857$

图 4.7.3 数字相乘与数字分解

1. RSA 算法规则

首先要使用概率算法来验证随机产生的大的整数是否是质数，这样的算法比较快而且可以消除掉大多数非质数。假如有一个数通过了这个测试的话，那么要使用一个精确的测试来保证它的确是一个质数。

首先，生成两个大的质数 p 和 q；然后计算 $n = p \times q$，以及 $\varphi = (p-1) \times (q-1)$；再选择一个随机数 $1 < e < \varphi$，那么，$\gcd(e, \varphi) = 1$；最后计算唯一的整数 $1 < d < \varphi$，那么，$e \times d = 1 \,(\text{mod } \varphi)$；就可以生成 (d, n) 是私钥；(e, n) 是公钥。

进行加密，将信息 m 用区间 $[0, n-1]$ 的整数来表示；通过加密得到数据 c，然后发送 c。

$$c = m^e \bmod n$$

那么，解密钥则是

$$m = c^d \bmod n$$

2. GCD 算法

两个整数的最大公约数等于其中较小的那个数和两数相除余数的最大公约数。最大公约数缩写为 GCD。GCD 算法是最大公约数算法的简称。例如，$\gcd(N_1, N_2)$，就是求 N_1, N_2 的最大公因数算法，如果 $\gcd(N_1, N_2) = 1$，则称 N_1, N_2 互质。

例：求 $\gcd(12, 24)$？

答：数字 24 可以表示为几组不同正整数的乘积：

$$24 = 1 \times 24 = 2 \times 12 = 3 \times 8 = 4 \times 6$$

所以，24 的正因数为 1，2，3，4，6，8，12，24。

数字 12 可以表示为几组不同正整数的乘积：

$$12 = 1 \times 12 = 2 \times 6 = 3 \times 4$$

所以，12 的正因素为 1，2，3，4，6，12。

两组数中共同的元素，就是它们的公因数：1，2，3，4，6，12；其中的最大公因数是 12，即 $\gcd(12, 24) = 12$。

3. Mod 运算符

Mod 运算，是求模运算符 (即求余运算)，是在整数运算中求一个整数 x 除以另一个整数 y 的余数的运算，且不考虑运算的商。例如，$a \bmod b = c$，表明 a 除以

b 余数为 c。如下所示：

$$1 \bmod 12 = 1$$

$$4 \bmod 12 = 4$$

$$20 \bmod 12 = 8$$

$$25 \bmod 12 = 1$$

模运算满足条件：

$$ab \bmod N = [(a \bmod N) \times (b \bmod N)] \bmod N$$

例：求 $5^3 \bmod 11$？

答：

$$5^3 \bmod 11$$

$$= 5^2 \times 5 \bmod 11$$

$$= 25 \times 5 \bmod 11$$

$$= 3 \times 5 \bmod 11$$

$$= 15 \bmod 11$$

$$= 4$$

那么，由此推导得出的公式为

$$f(r) = a^r \bmod N$$

4. RSA 加密原理

RSA 加密原理，就是发送方把信息进行 RSA 加密算法的运算，得到加密的信息进行传输，传输完成，接收方收到的加密信息需要进行解密算法的运算，才可以得出原始传输数据信息 (图 4.7.4)。信息，也是明文，比如文本、有效数据之类的信息。

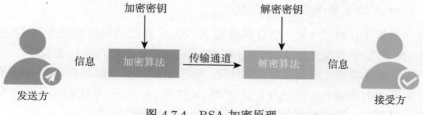

图 4.7.4　RSA 加密原理

例：假设 A=65，B=66，$\cdots$，Z=90，$\cdots$，怎样可以安全地把 BY 这个信息从上海带回合肥 (图 4.7.5)？

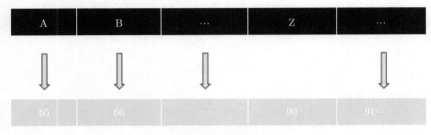

图 4.7.5 例题图

答：由上述信息可知，运用 RSA 算法，明文 BY 对应的字符串 T 是：66，89；再构造公钥和私钥：

选取 $p = 103, q = 97$；那么，得出公钥为 $(e, n) = (1213, 9991)$，私钥为 $(d, n) = (4117, 9991)$。

由 RSA 加密公式 $c = m^e \bmod n$，可得

$$C_1 = 66^{1213} \bmod 9991 = 8151$$

$$C_2 = 89^{1213} \bmod 9991 = 176$$

所以，最终带回合肥的信息为 8151，176。

那么，带回合肥的信息如何解密呢？

由上述可知，私钥为 $(d, n) = (4117, 9991)$；再进行 RSA 解密运算 $m = c^d \bmod n$；可得

$$m_1 = 8151^{4117} \bmod 9991 = 66$$

$$m_2 = 176^{4117} \bmod 9991 = 89$$

再由题中的已知条件，就可以恢复明文为 BY。

5. Shor 算法破解 RSA 加密问题

在一个量子计算机上面，要分解整数 N，Shor 算法的运作需要多项式时间 (时间是 $\log N$ 的某个多项式这么长，$\log N$ 在这里的意义是输入的档案长度)。更精确地说，这个算法花费 $O((\log N)^3)$ 的时间，展示出质因数分解问题可以使用量子计算机以多项式时间解出，因此在复杂度类 BQP 里面，Shor 算法比起传统已知最快的因数分解算法、普通数域筛选法还要快了一个指数的差异。

参考图 4.7.6 的线路图, 量子部分主要帮助寻找到周期。

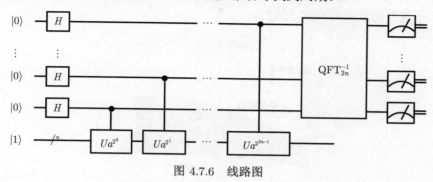

图 4.7.6 线路图

Shor 算法可以分为经典部分和量子部分, 通过两个部分的相互结合, 从而达到分解的目的。经典部分, 主要是在传统计算机上进行运行, 目前不存在已知的算法可以对 RSA 带来威胁; 但是量子部分是需要用量子系统来处理, 量子计算对 RSA 提供了解决方案。

Shor 算法运算流程 (图 4.7.7):

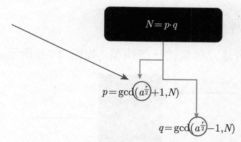

图 4.7.7 Shor 算法运算流程

(1) 随机选择任意数字 $1 < a < N$。

(2) 计算 $\gcd(a, N)$, 使用经典算法完成。

(3) 如果 $\gcd(a, N) \neq 1$, 则返回到第 (1) 步。

(4) 当 $\gcd(a, N) = 1$ 时, 构造函数 $f(x) = a^x \bmod N$。寻找最小周期 r, 使得 $f(x + r) = f(x)$。(量子计算部分)

(5) 如果得到的 r 是奇数, 回到第 (1) 步。

(6) 如果 $a^{\frac{r}{2}} = -1 \pmod{N}$, 同样回到第 (1) 步, 重新开始选择 a。

(7) 如果 $a^{\frac{r}{2}} \neq -1 \pmod{N}$, 则 $\gcd\left(a^{\frac{r}{2}} \pm 1, N\right)$ 即为所求。分解完成。

量子算法效能比较:

经典算法和 Shor 算法就这个问题的对比情况，如图 4.7.8 所示。随着问题的增加，所需要的时间差异非常的大。

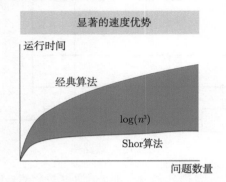

图 4.7.8　经典算法和 Shor 算法对比情况

4.7.3　量子逻辑电路及量子傅里叶变换

量子逻辑电路分为经典不可逆逻辑电路和经典可逆逻辑电路。

1. 经典不可逆逻辑电路

对于经典计算，可建立抽象的计算模型，如图 4.7.9 所示。

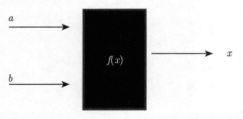

图 4.7.9　计算模型

因为有信息擦除，从而导致输出不可复原输入。这种不可复原输入的计算模型被称为不可逆计算。

例，假设这里有个黑盒子，给 a,b 做模运算，输入 $a=1, b=0$，进行模运算后，得出结果为 $x=1$，如图 4.7.10 所示。

但是，假设已知 $x=1$，返回去是不能求出 a 和 b 的，因为 a 和 b 都有可能为 1。由此得出，输出不可复原输入，是不可逆计算。

图 4.7.10　模运算

2. 经典可逆逻辑电路

对于经典计算，可建立抽象的计算模型，如图 4.7.11 所示。

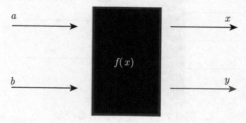

图 4.7.11　计算模型

Bennett 已经证明了任何经典不可逆计算都可以转化为可逆计算的形式。可逆计算的优点，是可以通过逆计算恢复原始输入。

3. 量子线路

在量子计算里，酉变换构成的线路是可逆的，如图 4.7.12 所示。

图 4.7.12　量子可逆线路

经典线路不可逆计算可以通过特殊的方式转换为量子线路。通过构建黑盒子 Ua 来完成可逆计算，使用 Ua^{-1} 可以复原 $|0\rangle$ 和 $|a\rangle$。

量子可逆逻辑电路是构建量子计算机的基本单元，量子可逆逻辑电路综合就是根据电路功能，以较小的量子代价自动构造量子可逆逻辑电路。

4. 量子加法器

经典加法器的模型，包括了三个输入和两个输出。其中输出与输入的对应关系是

$$s_i = a_i \oplus b_i \oplus c_i$$

$$c_{i+1} = a_i b_i \oplus b_i c_i \oplus a_i c_i$$

模型如图 4.7.13 所示。

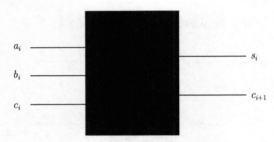

图 4.7.13　经典加法器模型

其对应的真值表，如表 4.7.1 所示。

表 4.7.1　经典加法器真值表

输入			输出	
a_i	b_i	c_i	s_i	c_{i+1}
0	0	0	0	0
0	0	1	1	0
0	1	0	1	0
1	0	0	1	0
1	1	1	1	1
1	0	1	0	1
1	1	0	0	1
0	1	1	0	1

由上述可知，假设给定任意的输入 a_i, b_i, c_i，都能有对应的值输出，并且它们都满足上述的加法条件。

5. 量子加法器假想模型

经典加法器的模型，实际上是一个不可逆的变换，因为它有三个输入、两个输出，不可实现复原操作。所以，量子加法器的模型需要去构建一个酉变换，也就是

可逆操作。它可以通过一次计算，同时得到 s_i 和 c_{i+1}，如图 4.7.14 所示。

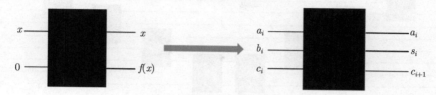

图 4.7.14　量子加法器模型

相对于经典加法器，它的三个输入没有发生变化，只是输出由之前的 s_i 和 c_{i+1}，多了一个输出 a_i。

那么，输出与输入的对应关系是

$$s_i = a_i \oplus b_i \oplus c_i$$

$$c_{i+1} = a_i b_i \oplus b_i c_i \oplus a_i c_i$$

由此可以发现，其对应关系是没有发生变化的。

通过上述假想模型，给量子加法器提供了很好的思考方向。量子加法器里包含两个重要的模块：MAJ 模块和 UMA 模块 (图 4.7.15)。

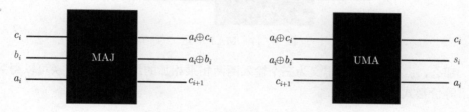

图 4.7.15　MAJ 模块和 UMA 模块

两个模块是构建量子加法器的基本组件，是作为量子加法器最重要的核心单元之一。

假设给定 MAJ 和 UMA 模块后，给定 $i = 4$，那么可以看到，它呈现一种递进关系，如图 4.7.16 所示。

给定一个初始辅助比特 c_0 和 0。重要的是，比如 a_0 的输出 a_{0+1}，那么 a_{0+1} 就会做下一个模块的输入，依次递进；然后这个控制位，主要是用来判断是否有进位项；最后再通过一系列 UMA 模块的操作，从而将比特复原，给下一次反复使用。

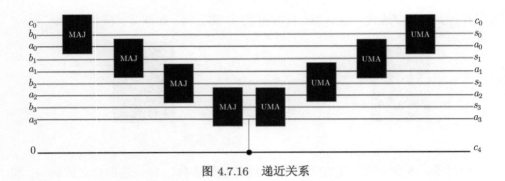

图 4.7.16　递近关系

6. MAJ 单元

MAJ 单元包含三个输入：a_i，b_i，c_i，以及三个输出：c_{i+1}，$a_i \oplus b_i$，$a_i \oplus c_i$，如图 4.7.17 所示。

图 4.7.17　MAJ 单元

那么，c_{i+1} 在这里被定义为三个输入两两相乘相加的结果，通过转换可以得到如下等价形式：

$$c_{i+1} = a_i b_i \oplus b_i c_i \oplus c_i a_i$$
$$= a_i \oplus a_i a_i \oplus a_i b_i \oplus b_i c_i \oplus c_i a_i$$
$$= a_i \oplus (a_i \oplus c_i)(a_i \oplus b_i)$$

7. 量子逻辑门

在量子计算，特别是量子线路的计算模型里面，一个量子逻辑门是一个基本的、操作一个小数量量子位元的量子线路。它是量子线路的基础，就像传统逻辑门跟一般数位线路之间的关系，与多数传统逻辑门不同，量子逻辑门是可逆的。然而，传统的计算可以只使用可逆的门表示。

$CNOT$ 门，对应两个输入 a, b。$CONT$ 门具备这样的操作关系，如图 4.7.18 所示。

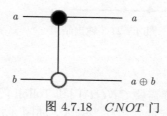

图 4.7.18　$CNOT$ 门

其中，输入 a 为控制位，b 为受控位；a 不发生变化，如 a 为 1 时，b 发生改变，得到结果为 $a \oplus b$。

Toffoli 门，对应的是两个控制位分别是 a, b，那么 c 为受控位。输出的分别是 $a, b, c \oplus ab$，如图 4.7.19 所示。

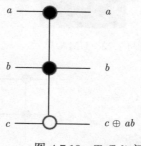

图 4.7.19　Toffoli 门

基于这样基本的一个构造方式，给定三个输入，然后从上到下，逐个去实现，最后可以完整地推导出 MAJ 模块的实际构造情况，如图 4.7.20 所示。

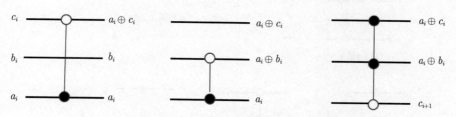

图 4.7.20　MAJ 模块的实际构造情况

输出结果与 MAJ 模块输出相同，如图 4.7.21 所示。

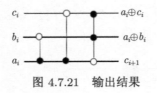

图 4.7.21　输出结果

8. UMA 单元

UMA 单元 (图 4.7.22) 同样需要 $CNOT$ 门和 Toffoli 门来实现构造 (图 4.7.23)，不过 UMA 单元使用 MAJ 单元的输出作为输入，如图 4.7.24 所示。

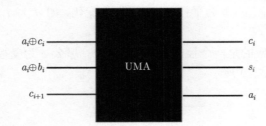

图 4.7.22　UMA 单元

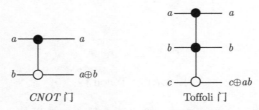

图 4.7.23　$CNOT$ 门和 Toffoli 门

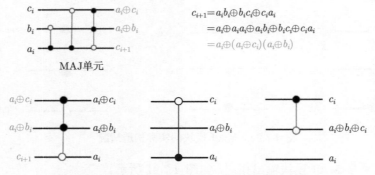

图 4.7.24　UMA 单元使用 MAJ 单元的输出作为输入

最后可以完整地推导出 UMA 模块的实际构造情况，输出结果如图 4.7.25 所示。

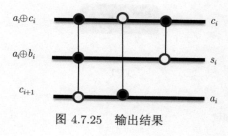

图 4.7.25　输出结果

9. 量子加法器电路

从上述的两个模块中，可以把完整的时序电路绘画出来，如图 4.7.26 所示。

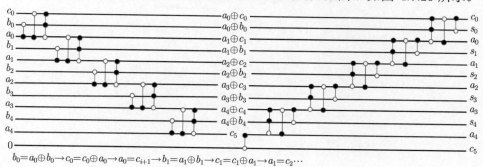

$b_0=a_0\oplus b_0\to c_0=c_0\oplus a_0\to a_0=c_{i+1}\to b_1=a_1\oplus b_1\to c_1=c_1\oplus a_1\to a_1=c_2\cdots$

图 4.7.26　完整的时序电路

量子加法器电路其实是可以优化的，可以采用更少的逻辑门来实现相同的结果。在图 4.7.26 中，如果要完成 n 位的加法器，则需要长度为 $6n+1$ 的时序电路。

10. 快速傅里叶变换 (FFT)

快速傅里叶变换是快速计算序列的离散傅里叶变换 (DFT) 或其逆变换的方法。如图 4.7.27 所示，傅里叶变换是一种积分变换，将信号从频域转换到时域的表示。

傅里叶变换可以将一个时域信号转换成在不同频率下对应的振幅及相位，其频谱就是时域信号在频域下的表现，而逆傅里叶变换可以将频谱再转换回时域的信号。

例，在图 4.7.28 的两个区域中，存在哪些联系和关系？

时域中的周期和频率中的周期成反比关系。如果函数在时域中具有周期 r，则变换函数在频域中具有 $\frac{1}{r}$ 的周期变化。

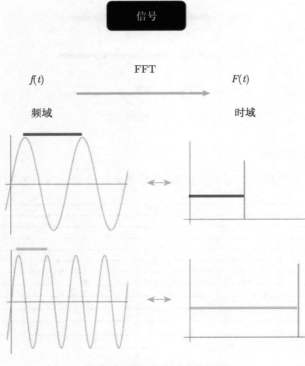

图 4.7.27　傅里叶变换

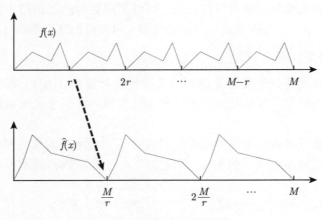

图 4.7.28　两个区域

那么，快速傅里叶变换在数学上的表达形式为

$$y_k = \sum_{j=0}^{N-1} e^{\frac{2\pi i j k}{N}} x_j$$

其中，x_j 是输入；y_k 是输出。由此可见，如果用量子计算中的一些相位门来表达傅里叶变换，以 e 为底，在量子计算中的表达如下。

11. 量子傅里叶变换 (quantum Fourier transform, QFT)

$$\begin{bmatrix} 1 & 0 \\ 0 & e^{i\theta} \end{bmatrix} \begin{bmatrix} \alpha_0 \\ \alpha_1 \end{bmatrix}$$

量子傅里叶变换是一种离散傅里叶变换，将原式分解成更为简单的多个幺正矩阵的积。

量子傅里叶变换实际上是作用在 C^{2n} 空间上的离散傅里叶变换。离散傅里叶变换是作用在复 N 维欧氏空间 C^N 上的一个酉变换，当输入为复向量 $(x_0, x_1, \cdots, x_{N-1})$ 时，其输出为复向量 $(y_0, y_1, \cdots, y_{N-1})$，其中

$$y_k = \frac{1}{\sqrt{N}} \sum_{j=0}^{N-1} x_j e^{\frac{2\pi i j k}{N}} \quad (k = 0, 1, \cdots, N-1)$$

由上式得出

$$(y_0, y_1, \cdots, y_{N-1}) = (x_0, x_1, \cdots, x_{N-1}) \begin{bmatrix} 1 & 1 & \cdots & 1 \\ 1 & e^{\frac{2\pi j}{N}} & \cdots & e^{\frac{2\pi (N-1)j}{N}} \\ \vdots & \vdots & & \vdots \\ 1 & e^{\frac{2\pi (N-1)j}{N}} & \cdots & e^{\frac{2\pi (N-1)^2 j}{N}} \end{bmatrix} \frac{1}{\sqrt{N}}$$

量子傅里叶变换，在量子力学的方式上，表达形式为

$$\sum_j \alpha_j |j\rangle \to \sum_k \tilde{\alpha}_k |k\rangle$$

其中，$\tilde{\alpha}_k$ 的定义形式为

$$\tilde{\alpha}_k = \frac{1}{\sqrt{N}} \sum_{j=0}^{N-1} e^{\frac{2\pi i j k}{N}} \alpha_j$$

由此可见，量子傅里叶变换是可逆的，而且是一个酉变化。

例，假设输入一个 $|10\rangle$，通过傅里叶变换之后，得出的是 $|00\rangle-|01\rangle+|10\rangle-|11\rangle$，就得到了基底的叠加态，如图 4.7.29 所示。

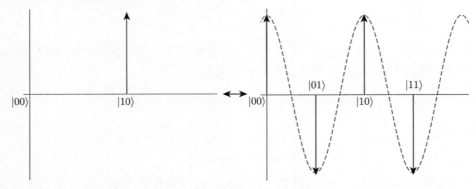

$$|10\rangle \leftrightarrow |00\rangle-|01\rangle+|10\rangle-|11\rangle$$

图 4.7.29　傅里叶变换

如果以线性算子的方式来理解量子傅里叶变换，那就是被定义为一个酉矩阵，表达形式是

$$\text{QFT} = \frac{1}{\sqrt{M}}\begin{pmatrix} 1 & 1 & 1 & 1 & \cdots & 1 \\ 1 & \omega & \omega^2 & \omega^3 & \cdots & \omega^{M-1} \\ 1 & \omega^2 & \omega^4 & \omega^6 & \cdots & \omega^{2M-2} \\ \vdots & \vdots & \vdots & \vdots & & \vdots \\ 1 & \omega^{M-1} & \omega^{2M-2} & \omega^{3M-3} & \cdots & \omega^{(M-1)(M-1)} \end{pmatrix}$$

例，假设 $M=4$，$\omega^0=1, \omega^1=\mathrm{i}, \omega^2=-1, \omega^3=-\mathrm{i}$，分别求出 0,1,2,3。

$$\frac{1}{2}(|0\rangle+|1\rangle+|2\rangle+|3\rangle) = \frac{1}{2}\begin{pmatrix} 1 \\ 1 \\ 1 \\ 1 \end{pmatrix}$$

进行傅里叶变换，得出

$$|\hat{f}\rangle = \frac{1}{4}\begin{pmatrix} 1 & 1 & 1 & 1 \\ 1 & \mathrm{i} & -1 & -\mathrm{i} \\ 1 & -1 & 1 & -1 \\ 1 & -\mathrm{i} & -1 & \mathrm{i} \end{pmatrix}\begin{pmatrix} 1 \\ 1 \\ 1 \\ 1 \end{pmatrix} = \begin{pmatrix} 1 \\ 0 \\ 0 \\ 0 \end{pmatrix}$$

最终的得出状态被映射成 $1, 0, 0, 0$。假设得知最终状态，进行逆变换验证：

$$\omega^4 = 1$$

$$\frac{1}{4}\begin{pmatrix} 1 & 1 & 1 & 1 \\ 1 & i & -1 & -i \\ 1 & -1 & 1 & -1 \\ 1 & -i & -1 & i \end{pmatrix}\begin{pmatrix} 1 \\ 1 \\ 1 \\ 1 \end{pmatrix} = \begin{pmatrix} 1 \\ 0 \\ 0 \\ 0 \end{pmatrix}$$

$$\frac{1}{2}\begin{pmatrix} 1 & 1 & 1 & 1 \\ 1 & i & -1 & -i \\ 1 & -1 & 1 & -1 \\ 1 & -i & -1 & i \end{pmatrix}\begin{pmatrix} 1 \\ 0 \\ 0 \\ 0 \end{pmatrix} = \begin{pmatrix} 1 \\ 1 \\ 1 \\ 1 \end{pmatrix}$$

结果可以从输出态 $1, 0, 0, 0$ 又转换为输入态 $1, 1, 1, 1$。那如果用不同的输入重复计算的时候，其结果如图 4.7.30 所示。

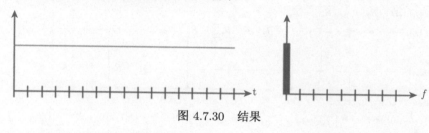

图 4.7.30　结果

量子傅里叶的量子计算的符号

$$j = j_1 j_2 \cdots j_n = j_1 2^{n-1} + j_2 2^{n-2} + \cdots + j_n$$

$$0.j_l j_{l+1} \cdots j_m = \frac{j_l}{2} + \frac{j_{l+1}}{4} + \cdots + \frac{j_m}{2^{m-l+1}}$$

例，假设令 $j = 2$，使用二进制表达为 10，$j_1 = 1, j_2 = 0$，表达形式如下：

$$j = j_1 j_2 \cdots j_n = j_1 2^{n-1} + j_2 2^{n-2} + \cdots + j_n$$

假设令 $j = 0.5$，使用二进制表达为 0.10，表达形式为

$$0.j_l j_{l+1} \cdots j_m = \frac{j_l}{2} + \frac{j_{l+1}}{4} + \cdots + \frac{j_m}{2^{m-l+1}}$$

通过证明可以迭代执行量子傅里叶变换为

$$|j_1 \cdots j_n\rangle$$

$$\frac{\left(|0\rangle + e^{2\pi i 0.j_n}|1\rangle\right)\left(|0\rangle + e^{2\pi i 0.j_{n-1}j_n}|1\rangle\right)\cdots|0\rangle + e^{2\pi i 0.j_1 j_2 \cdots j_n}|1\rangle}{2^{n/2}}$$

如果给定输入状态，以二进制表示的 j_1 到 j_n，可以将状态变换。通过这个表达式，可以转换为相位门的表达方式。CR 量子门在控制位为 $|1\rangle$ 时做控制相位变换操作，受控运算符的矩阵形式为

$$\hat{R}_k = \begin{pmatrix} 1 & 0 \\ 0 & e^{2\pi i/2^k} \end{pmatrix}$$

那么，通过一系列受控 R 门实现量子傅里叶变换，它的线路图如图 4.7.31 所示。

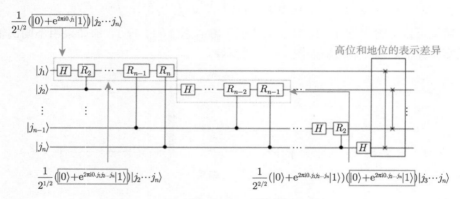

图 4.7.31　线路图

在第一个比特位上，总共会有 $n-1$ 个控制位，状态也被置于叠加态。例如，6 比特的量子云平台绘图形式如图 4.7.32 所示。

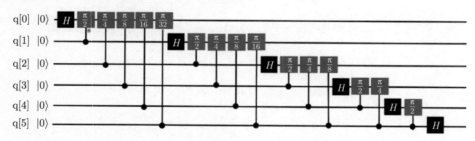

图 4.7.32　6 比特的量子云平台绘图形式

控制位从 $\frac{\pi}{2}$ 开始，受控位为 $\frac{\pi}{2}$、$\frac{\pi}{4}$、$\frac{\pi}{8}$、$\frac{\pi}{16}$、$\frac{\pi}{32}$、$\cdots$（数字依赖于输入比特的

数量)。其表达形式为

$$\hat{R}_k = \begin{pmatrix} 1 & 0 \\ 0 & \mathrm{e}^{2\pi\mathrm{i}/2^k} \end{pmatrix}$$

如果初始化都是 0，则控制不工作。线路等价于对所有比特做 H 门操作 (图 4.7.33)。

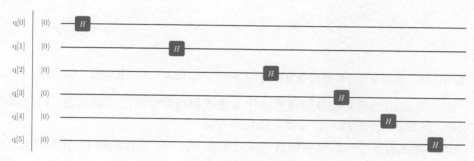

图 4.7.33　H 门操作

pyQPanda 演示(图 4.7.34)：

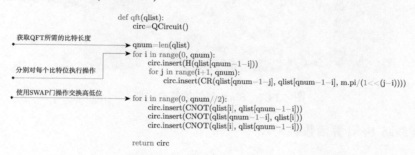

图 4.7.34　pyQPanda 演示

4.7.4　算法原理

1. 算法原理概述

从时间复杂度上比较：使用传统计算机，解决素数分解的最佳复杂度如图 4.7.35 所示 (n 表示素数乘积的位数)。

Shor 算法则可以将复杂度大幅降低，如图 4.7.36 所示。

由此可见，Shor 算法提供了超多项式执行加速。复杂度的降低，同时使 RSA 加密算法处在危险中。

$$O\left(\exp\left(\sqrt[3]{\frac{64}{9}}n(\log n)^2\right)\right)$$

图 4.7.35　解决素数分解的最佳复杂度

$$O(n^3\log n)$$

图 4.7.36　复杂度大幅降低

Shor 算法的思想是将分解问题转化为寻找模指数电路的周期问题，构建模指数电路，通过逆 QFT 找到模指数电路的周期。

Shor 算法的核心电路主要包含傅里叶变换 (QFT)、模指线路 U_{f} 计算函数，以及逆傅里叶变换 (QFT^{-1})，如图 4.7.37 所示。

图 4.7.37　Shor 算法的核心电路

模指线路 U_{f} 计算函数：

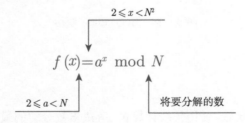

线路图总览 (图 4.7.38)：

n 取决于 N 的比特位编码个数。比如分解 15 的时候，实际上会用 4 个比特位去表示。

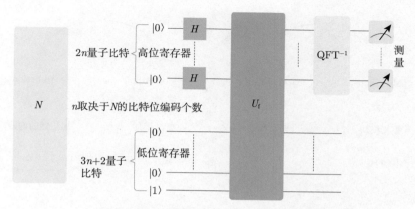

图 4.7.38　本源 Shor 算法实施线路图

2. 问题转化

假设分解的数为 N，任取 $a \in [2, N-1]$，满足 a 和 N 互质，且

$$a^r = 1 \bmod N \quad (\text{其中 } r \text{ 为偶数})$$

$$\left(a^{\frac{r}{2}} + 1\right)\left(a^{\frac{r}{2}} - 1\right) = kN$$

如果

$$a^{\frac{r}{2}} \neq -1 \bmod N, \quad a^{\frac{r}{2}} \neq 1 \bmod N$$

得到 N 的两个因子 p_1 和 p_2

$$p_1 = \gcd\left(a^{\frac{r}{2}} + 1, N\right) \quad \text{和} \quad p_2 = \gcd\left(a^{\frac{r}{2}} - 1, N\right)$$

在上述转化中，有个特殊的情况需要考虑。

如果 $N = p^m$，则无法用该方法进行转化，所以在算法开始之前，还需做如下判定：

判断 $\sqrt[k]{N} \in Z$ 是否为真，其中 $k \leqslant \log_2 N$。

3. Shor 算法电路框架

Shor 算法电路框架总共包括四个版块，分别是模指模块、常数模乘、常数模加以及加法器的构造 (图 4.7.39)。

构建量子加法器，它是作为模指底层的核心组件，通过加法器的构造来构建常数模加，它是将问题转换为常数模加，借用辅助比特完成操作；再由常数模加来构建常数模乘，将模指问题转换为可求解的常数模乘模块；再由常数模乘来完成最终的模指模块，该模块就是问题解决的模块。

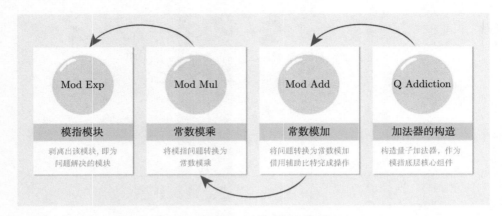

图 4.7.39 Shor 算法电路框架

Shor 算法的量子线路图，如图 4.7.40 所示。

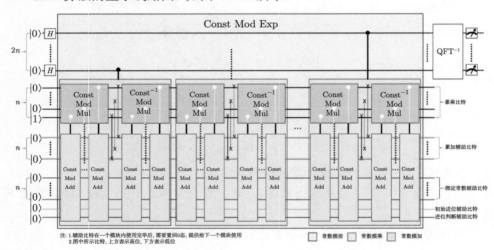

图 4.7.40 Shor 算法的量子线路图

1) 模指模块

QFT 和模指数电路 (图 4.7.41)

$$f(x) = a^x \bmod N$$

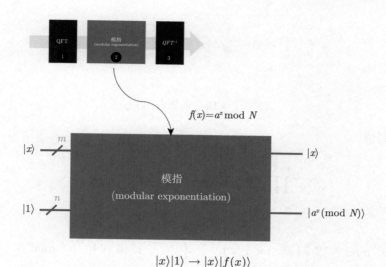

$$|x\rangle|1\rangle \rightarrow |x\rangle|f(x)\rangle$$

图 4.7.41　QFT 和模指数电路

N 对应的二进制长度为 n，输入的 x 的位数 m 不固定，一般为 $2n$ 位，即 $m = 2n$。考虑 $[\log_2 N]$ 是分解数 N 所需要表示的比特数。

常数模指的线路细节如图 4.7.42 所示。

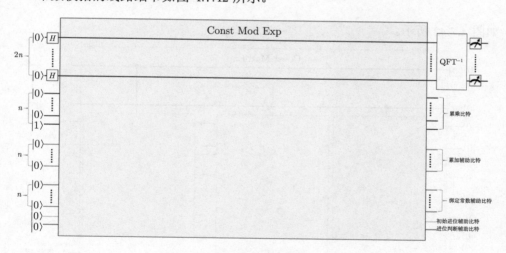

图 4.7.42　常数模指

2) 常数模乘

模指：$f(x) = a^x \bmod N$，x 的二进制表达方式如下：

$$x = (x_{2n-1}, \cdots, x_1, x_0) = \sum_{i=0}^{2n-1} x_i \times 2^i$$

其中

$$X_i \quad (i = 0, \cdots, 2n-1)$$

$f(x)$ 可以写成

$$f(x) = \prod_{i=0}^{t-1} a^{2^i x_i} \bmod N = a^{x_i \times \sum\limits_{i}^{2n-1} a^i} \bmod N$$

即

$$(a^{2^0} \bmod N)^{x_0} \cdot \left(a^{2^1} \bmod N\right)^{x_1} \cdots \left(a^{2^{2n-1}} \bmod N\right)^{x_{2n-1}} \bmod N$$

假设有电路 $U|y\rangle \rightarrow |Cy \bmod N\rangle$，取 C 为 a^{2^i}，$i = 0, 1, \cdots, 2n-1$。将 $|y\rangle$ 的初态设为 $|1\rangle$，然后依次经过 CU_i 门 (常数模乘)：

$$|1\rangle \rightarrow |a^{x_i \times \sum\limits_{i}^{2n-1} a^i}\rangle \sim\sim |a^x \bmod N\rangle$$

如图 4.7.43 所示。

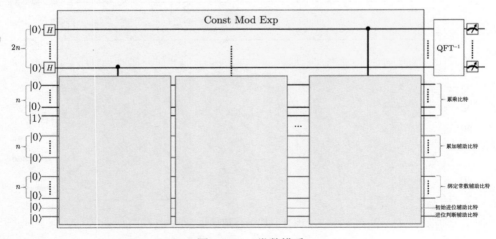

图 4.7.43 常数模乘

线路框架(图 4.7.44):

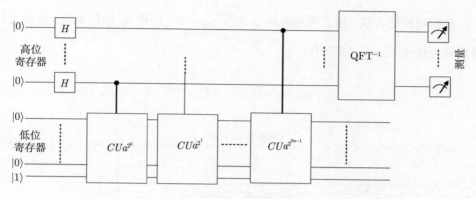

图 4.7.44　线路框架

首先在 $|x\rangle$ 上加 QFT 构成叠加态,同时将 2^{2n-1} 个 x 输入电路,用 QFT^{-1} 分析经过模指电路后的态的周期性,从而得到 $f(x)$ 的周期。这里总共有 $2n$ 个控制 U 块。每个输入量子比特都控制着下方的模 N 乘法器 CUa^{2^i},注意这里设其常数为 a^{2^i}。

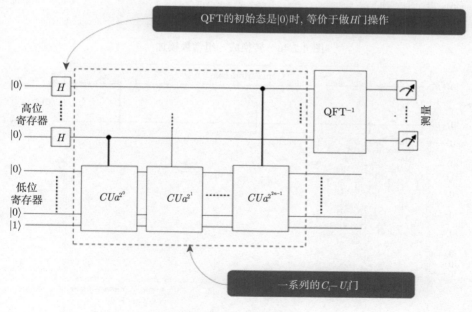

图 4.7.45　线路说明

例：$U|y\rangle \to |Cy \bmod N\rangle$

使用同样的方法，用二进制表示 $y = \sum_{i=0}^{n-1} y_i \times 2^i$，同理 y_i 做控制位，将所需问题转化为加法 $C_i - U(ADD)$：

$$|y\rangle|z\rangle \to |y\rangle \left| z + C \times 2^i \right\rangle$$

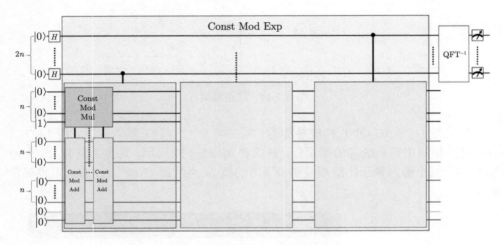

图 4.7.46　转换成一组常数模加

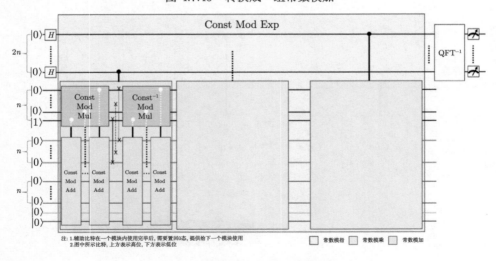

注：1.辅助比特在一个模块内使用完毕后，需要置0态，提供给下一个模块使用
　　2.图中所示比特，上方表示高位，下方表示低位

图 4.7.47　将常数模加中的辅助比特回收

首先，$|z\rangle$ 初态置为 $|0\rangle$，经过一连串 $C_i - ADD$ 得到

$$|y\rangle\,|0\rangle \rightarrow |y\rangle\,|Cy \bmod N\rangle$$

再通过交换操作：

$$|y\rangle|Cy \bmod N\rangle \rightarrow |Cy \bmod N\rangle\,|y\rangle$$

最终目标：

$$|Cy \bmod N\rangle|y\rangle \rightarrow |Cy \bmod N\rangle|0\rangle$$

整个过程：

$$|y\rangle\,|0\rangle \rightarrow |Cy \bmod N\rangle|0\rangle$$

如图 4.7.48 所示。

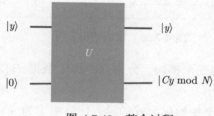

图 4.7.48　整个过程

3) 常数模加(图 4.7.49)

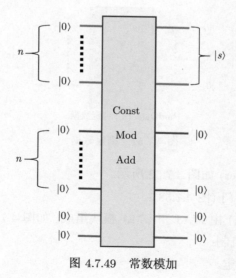

图 4.7.49　常数模加

常数模加输入的比特：$2N+2$ 个量子比特。其中，底部两个辅助比特，分别是初始进位辅助比特和进位判断辅助比特。

内部结构分析 (图 4.7.50)：

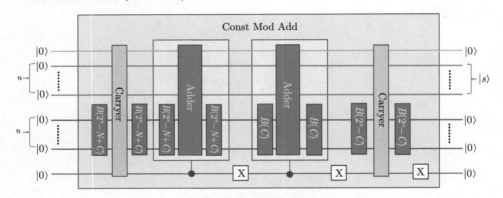

图 4.7.50　内部结构分析

常数模加内部包含的三个模块，分别是：绑定数据 $B\left(2^n - N + C\right)$；进位器 (Carryer)；加法器 (Adder)。

(1) 绑定数据，将 N 个初始化为 0 的输入比特绑定为 $|a\rangle$，绑定关系为 $B(2^n - N + C)$，其中 N 是分解数，C 是常数，2^n 是按分解数所需的量子比特数，如图 4.7.51 所示。

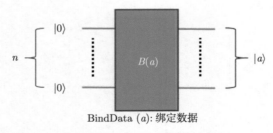

BindData (a): 绑定数据

图 4.7.51　绑定数据

(2) 进位器 (Carryer) 如图 4.7.52 所示。

翻转操作 $CNOT$ 门 (图 4.7.53)：

(3) 加法器 (Adder) 由 MAJ 和 UMA 模块组成，如图 4.7.54 所示。

常数模加的工作机制：

(1) 先进行数据绑定。

234

(2) 开始先用进位器来判断，是否有进位，如果有，执行第一个模块，带常数的加法器，反之，只是常数绑定的加法器。最后，为了不浪费量子比特，需要比特置零，方便反复使用。

(3) 绿色辅助比特加常数，判断是否大于 N。如果大于 N，问题就转化为绿色线 (定义为 $a)a + c \bmod N$ 的问题，就可以导出模加。

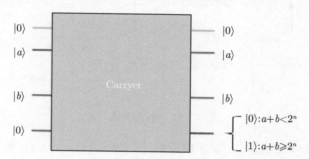

图 4.7.52　进位器 (Carryer)

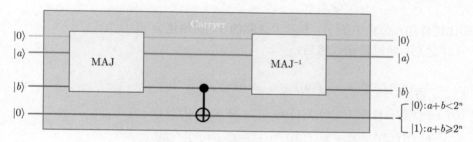

图 4.7.53　翻转操作 $CNOT$ 门

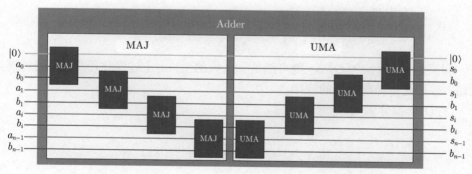

图 4.7.54　加法器 (Adder)

态的演化 (图 4.7.55):

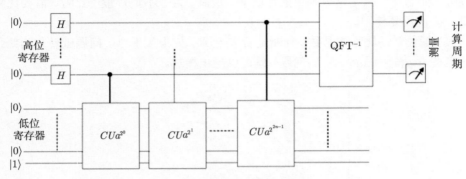

图 4.7.55　态的演化

首先, 给定 $Q = 2^t, t = 2n$(量子比特数), $f(x) = a^x \bmod N$, 周期为 r。

(1) 初态为 $|\varphi\rangle = \dfrac{1}{\sqrt{Q}} \sum_{i=0}^{Q-1} |i\rangle |1\rangle$, 经过 H 门操作后, 态就变成了叠加态; 再和辅助比特作用; 公式中的 $|1\rangle$ 表示十进制的 1, 初始化为 $|0\cdots01\rangle$。

(2) 之后, 经过模指线路后:

$$
\begin{aligned}
|\varphi\rangle =& \frac{1}{\sqrt{Q}}(|0\rangle|f(0)\rangle + |r\rangle|f(0)\rangle + \cdots + |mr\rangle|f(0)\rangle \\
&+ |1\rangle|f(1)\rangle + |1+r\rangle|f(1)\rangle + \cdots + |1+mr\rangle|f(1)\rangle \\
&+ |2\rangle|f(2)\rangle + |2+r\rangle|f(2)\rangle + \cdots + |2+mr\rangle|f(2)\rangle \\
&+ |r-1\rangle|f(r-1)\rangle + |r-1+r\rangle|f(r-1)\rangle + \cdots + |r-1+mr\rangle|f(r-1)\rangle) \\
=& \frac{1}{\sqrt{Q}} \sum_{i=0}^{r-1} \sum_{j=0}^{m} |i+jr\rangle|f(i)\rangle
\end{aligned}
$$

假设定义 $r \times m \approx Q$, M 则可能是一个大的值。由上述演化可得出, 经过模指线路, 态呈现一种周期性的规律。

(3) 上半部分做 QFT^{-1} 后:

$$
|i+jr\rangle \rightarrow \frac{1}{\sqrt{Q}} \sum_{k=0}^{Q-1} w^{k(i+jr)}|k\rangle
$$

$$
w = \mathrm{e}^{\frac{-2\pi i}{Q}}
$$

$$|\varphi\rangle = \frac{1}{Q}\sum_{i=0}^{r-1}\sum_{j=0}^{m}\sum_{k=0}^{Q-1}w^{k(i+jr)}|k\rangle|f(i)\rangle$$

得出共 $r \times Q$ 个态。

(4) 此时，$|k\rangle|f(i)\rangle$ 的复振幅：

$$F_k = \frac{1}{Q}\sum_{j=0}^{m}w^{k(i+jr)} = \frac{1}{Q}w^{ki}\frac{1-w^{mkr}}{1-w^{kr}}$$

此时，测量 $|k\rangle$ 态的概率为

$$P_k = \sum_{i=0}^{r-1}|F_k|^2 = \frac{r}{Q^2}\times\left|\frac{1-w^{mkr}}{1-w^{kr}}\right|^2$$

$$w = \mathrm{e}^{\frac{-2\pi i}{Q}}$$

$$\left|\frac{1-w^{mkr}}{1-w^{kr}}\right|^2 = \frac{1-\cos(m\theta)}{1-\cos(\theta)}$$

$$\theta = \frac{k\times r}{Q}\times 2\pi$$

$$P_k = \frac{r}{Q^2}\times\frac{1-\cos(m\theta)}{1-\cos(\theta)}$$

$$\theta = 2\pi\times s$$

s 为整数时，P_k 最大值

$$P_{k\,\mathrm{max}} = \frac{r}{Q^2}\times m^2 \approx \frac{1}{r},\quad m\times r\approx Q$$

由此可知，可以通过测量概率找到 r 的关系。

(5) 最后测量的 $|k\rangle$，测量结果满足 $\theta = \dfrac{k\times r}{Q}$ 为整数或接近整数，根据 $\dfrac{k}{Q}\sim\sim\dfrac{s}{r}$ 对 $\dfrac{k}{Q}$ 做连分数分解，得到 r 的值，即得到 $f(x) = a^x \mod N$ 的周期。通过模拟，假设 $m = 50$，$\dfrac{1-\cos(m\times\theta)}{1-\cos(\theta)}$ 的演算如图 4.7.56 所示。

由图 4.7.57 可知，它已经有了相应的值，那这些值就是最终要选取的值。

确认周期：

连分数分解，采用层层分解的形式，如图 4.7.57 所示。

$\dfrac{k}{Q}$ 是 $\dfrac{c}{r}$ 的近似，将 $\dfrac{k}{Q}$ 通过连分数方法发现 r。

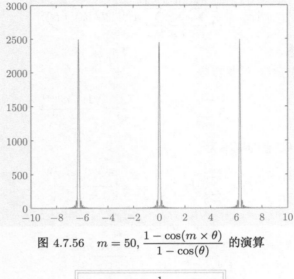

图 4.7.56　$m = 50$, $\dfrac{1 - \cos(m \times \theta)}{1 - \cos(\theta)}$ 的演算

$$a_0 + \cfrac{1}{a_1 + \cfrac{1}{a_2 + \cfrac{1}{\ddots + \cfrac{1}{a_n}}}}$$

图 4.7.57　层层分解

例，假设 $N = 77$，求 r 的值。

$$N = 11 \times 7, \quad 取 f(x) = 3^x \mod 77, \quad r = 30$$

Shor 算法中上部分取 14(即 $2 \times 7 = 14$) 个量子比特，

$$Q = 2^{14}$$

最后经过 QFT 后有

$$p_k = \frac{1}{Q \times m} \times \frac{1 - \cos(m\theta)}{1 - \cos(\theta)}$$

$$\theta = \exp\left(\frac{2\pi \times kr}{Q}\right), \quad m \times r \sim Q, \quad p_{k\max} = \frac{1}{m}$$

$$\frac{k}{Q} \to \frac{0}{r}, \frac{1}{r}, \frac{2}{r}, \cdots, \frac{r-1}{r}$$

上述可知，由连分数的分解，最终得到 $\dfrac{r-1}{r}$，可以确定 r 的值。

由图 4.7.58 可知，K 值是预计测量的值，通过计算，再使用连分数的逼近关系，可以得出的结果是 $r = 30$，满足我们的条件。

s/r	$k=Qs/r$	连分数逼近				结果
1/30	546	1/30				30
2/30	1092	1/15				15
7/30	3823	1/4	1/5	4/17	7/30	30
11/30	6007	1/2	3/8	11/30		30
11/30	6008	1/2	3/8	7/19	11/30	30
17/30	9284	1	1/2	4/7	17/30	30

图 4.7.58　连分数逼近

4.7.5　pyQPanda 中的示例

1. 导入依赖的库

```
1.  from pyqpanda import *
2.  import matplotlib.pyplot as plt #绘图
3.  import math as m #数学
4.
```

2. 绘制柱状图

绘制数据图所需，直接复制使用即可。

```
1.  # 绘制柱状图
2.  def plotBar(xdata, ydata):
3.      fig, ax = plt.subplots()
4.      fig.set_size_inches(6,6)
5.      fig.set_dpi(100)
6.
7.      rects =  ax.bar(xdata, ydata, color='b')
8.
9.      for rect in rects:
10.         height = rect.get_height()
11.         plt.text(rect.get_x() + rect.get_width() / 2,
```

```
                  height , str(height), ha="center", va="bottom")
12.
13.      plt.rcParams['font.sans-serif']=['Arial']
14.      plt.title("Origin Q", loc='right', alpha = 0.5)
15.      plt.ylabel('Times')
16.      plt.xlabel('States')
17.
18.      plt.show()
```

3. 重新组织数据 quick_measure 的数据

```
1.  def reorganizeData(measure_qubits , quick_measure_result):
2.      xdata = []
3.      ydata = []
4.
5.      for i in quick_measure_result:
6.          xdata.append(i)
7.          ydata.append(quick_measure_result[i])
8.
9.      return xdata , ydata
```

4. 用辗转相除法求最大公约数

```
1.  def gcd(m,n):
2.      if not n:
3.          return m
4.      else:
5.          return gcd(n, m%n)
```

5. 量子加法器 MAJ 模块

```
1.  # a,b,c是单个量子比特，其中a是辅助比特
2.  #
3.  # a ------o---x----- c xor a
4.  # b --o---|---x----- c xor b
5.  # c --x---x---o----- ((c xor a) and (c xor b)) xor c = R
6.  #
7.  def MAJ(a, b, c):
```

240

```
8.        circ = QCircuit()
9.        circ.insert(CNOT(c,b))
10.       circ.insert(CNOT(c,a))
11.       circ.insert(Toffoli(a, b, c))
12.
13.       return circ
```

6. 量子加法器 UMA 模块

```
1.   # a,b,c是单个量子比特
2.   #
3.   # a --x---o---x----- ((a and b) xor c) xor a
4.   # b --x---|---o----- (((a and b) xor c) xor a) xor b
5.   # c --o---x--------- (a and b) xor c
6.   #
7.   # 以MAJ模块的输出作为输入的话，MAJ中辅助比特a保持不变，
8.   # MAJ中的加项c比特保持不变，MAJ中的加项b比特保存的是b+c的结果
9.   #
10.  # c xor a --x---o---x----- a
11.  # c xor b --x---|---o----- c xor b xor a
12.  # R --o---x--------- c
13.  def UMA(a, b, c):
14.       circ = QCircuit()
15.       circ.insert(Toffoli(a, b, c)).insert(CNOT(c, a)).insert(
     CNOT(a, b))
16.
17.       return circ
```

7. 量子加法器 MAJ 模块

```
1.   # a 和 b 是一组量子比特表示特定的数，这里我们假设 a 和 b 的长度相同
2.   # c 是一个辅助比特
3.   def MAJ2(a, b, c):
4.       if ((len(a) == 0) or (len(a) != (len(b)))):
5.           raise RuntimeError('a and b must be equal,
             but not equal to 0!')
6.
```

```
7.        nbit = len(a)
8.        circ = QCircuit()
9.        circ.insert(MAJ(c, a[0], b[0]))
10.
11.       for i in range(1, nbit):
12.           circ.insert(MAJ(b[i-1], a[i], b[i]))
13.
14.       return circ
```

8. 量子加法器由 MAJ 和 UMA 模块组成，不考虑进位项

```
1.    # a 和 b 是一组量子比特表示特定的数，这里我们假设 a 和 b 的长度相同
2.    # c 是一个辅助比特
3.    # 注意：a 中保存的是 a+b 的结果，b 保持不变
4.    def Adder(a, b, c):
5.        if ((len(a) == 0) or (len(a) != (len(b)))):
6.            raise RuntimeError('a and b must be equal,
                  but not equal to 0!')
7.
8.        nbit = len(a)
9.        circ = QCircuit()
10.       circ.insert(MAJ(c, a[0], b[0]))
11.
12.       for i in range(1, nbit):
13.           circ.insert(MAJ(b[i-1], a[i], b[i]))
14.
15.       for i in range(nbit-1, 0, -1):
16.           circ.insert(UMA(b[i-1], a[i], b[i]))
17.
18.       circ.insert(UMA(c, a[0], b[0]))
19.
20.       return circ
```

9. 判断是否有进位

```
1.    # a 和 b 是一组量子比特表示特定的数，这里我们假设 a 和 b 的长度相同
2.    # c 是一个辅助比特
```

```
3.   # carry 是一个用来保存进位项的辅助比特
4.   # 注：经过该模块后 a，b，c 对应的比特都保持不变，只有进位比特carry
         有可能会被改变
5.   def isCarry(a, b, c, carry):
6.       if ((len(a) == 0) or (len(a) != (len(b)))):
7.           raise RuntimeError('a and b must be equal,
                 but not equal to 0!')
8.
9.       circ = QCircuit()
10.
11.      circ.insert(MAJ2(a, b, c))
12.      circ.insert(CNOT(b[-1], carry))
13.      circ.insert(MAJ2(a, b, c).dagger())
14.
15.      return circ
```

10. 用量子比特来绑定经典数据

```
1.   # 这里假定所有的比特初始化为0态
2.   def bindData(qlist, data):
3.       check_value = 1 << len(qlist)
4.       if (data >= check_value):
5.           raise RuntimeError('data >= check_value')
6.
7.       circ = QCircuit()
8.       i = 0
9.       while (data >= 1):
10.          if (data % 2) == 1:
11.              circ.insert(X(qlist[i]))
12.
13.          data = data >> 1
14.          i = i+1
15.
16.      return circ
```

11. 常数模加

```
1.   # qa 是一组绑定经典数据的比特，并返回计算的结果
2.   # C 表示待加的常数
3.   # M 表示模数
4.   # qb 表示一组辅助比特
5.   # qs1 表示两个辅助比特，其中qs1[0] 表示进位辅助比特,
         qs1[1] 表示MAJ模块用到的辅助比特
6.   # 注: 该模块会将所有使用到的辅助比特进行还原
7.   def constModAdd(qa, C, M, qb, qs1):
8.       circ = QCircuit()
9.
10.      q_num = len(qa)
11.
12.      tmp_value = (1 << q_num) - M + C
13.
14.      circ.insert(bindData(qb, tmp_value))
15.      circ.insert(isCarry(qa, qb, qs1[1], qs1[0]))
16.      circ.insert(bindData(qb, tmp_value))
17.
18.      tmp_circ = QCircuit()
19.      tmp_circ.insert(bindData(qb, tmp_value))
20.      tmp_circ.insert(Adder(qa, qb, qs1[1]))
21.      tmp_circ.insert(bindData(qb, tmp_value))
22.      tmp_circ = tmp_circ.control([qs1[0]])
23.      circ.insert(tmp_circ)
24.
25.      circ.insert(X(qs1[0]))
26.
27.      tmp2_circ = QCircuit()
28.      tmp2_circ.insert(bindData(qb, C))
29.      tmp2_circ.insert(Adder(qa, qb, qs1[1]))
30.      tmp2_circ.insert(bindData(qb, C))
31.      tmp2_circ = tmp2_circ.control([qs1[0]])
32.      circ.insert(tmp2_circ)
33.
```

```
34.        circ.insert(X(qs1[0]))
35.
36.        tmp_value = (1 << q_num) - C
37.        circ.insert(bindData(qb, tmp_value))
38.        circ.insert(isCarry(qa, qb, qs1[1], qs1[0]))
39.        circ.insert(bindData(qb, tmp_value))
40.        circ.insert(X(qs1[0]))
41.
42.        return circ
```

12. 辗转相除法求模逆

```
1.   def modreverse(c, m):
2.       if (c == 0):
3.           raise RecursionError('c is zero!')
4.
5.       if (c == 1):
6.           return 1
7.
8.       m1 = m
9.       quotient = []
10.      quo = m // c
11.      remainder = m % c
12.
13.      quotient.append(quo)
14.
15.      while (remainder != 1):
16.          m = c
17.          c = remainder
18.          quo = m // c
19.          remainder = m % c
20.          quotient.append(quo)
21.
22.      if (len(quotient) == 1):
23.          return m - quo
24.
25.      if (len(quotient) == 2):
```

```
26.            return 1 + quotient[0]*quotient[1]
27.
28.        rev1 = 1
29.        rev2 = quotient[-1]
30.        reverse_list = quotient[0:-1]
31.        reverse_list.reverse()
32.        for i in reverse_list:
33.            rev1 = rev1 + rev2 * i
34.            temp = rev1
35.            rev1 = rev2
36.            rev2 = temp
37.
38.        if ((len(quotient) % 2) == 0):
39.            return rev2
40.
41.        return m1 - rev2
```

13. 常数模乘

```
1.    # qa 是一组绑定经典数据的比特, 并返回计算的结果
2.    # const_num 表示待乘的常数
3.    # M 表示模数
4.    # qs1常数模乘使用的辅助比特
5.    # qs2常数模加使用的辅助比特
6.    # qs3 表示两个辅助比特, 其中qs1[0] 表示进位辅助比特,
          qs1[1] 表示MAJ模块用到的辅助比特
7.    # 注: 该模块会将所有使用到的辅助比特进行还原
8.    def constModMul(qa, const_num, M, qs1, qs2, qs3):
9.        circ = QCircuit()
10.
11.       q_num = len(qa)
12.
13.       for i in range(0, q_num):
14.           tmp_circ = QCircuit()
15.           tmp = const_num * pow(2, i) %M
16.           tmp_circ.insert(constModAdd(qs1, tmp, M, qs2, qs3))
17.           tmp_circ = tmp_circ.control([qa[i]])
```

```
18.             circ.insert(tmp_circ)
19.
20.         #state swap
21.         for i in range(0, q_num):
22.             circ.insert(CNOT(qa[i], qs1[i]))
23.             circ.insert(CNOT(qs1[i], qa[i]))
24.             circ.insert(CNOT(qa[i], qs1[i]))
25.
26.         Crev = modreverse(const_num, M)
27.
28.         tmp2_circ = QCircuit()
29.         for i in range(0, q_num):
30.             tmp = Crev* pow(2, i)
31.             tmp = tmp % M
32.             tmp_circ = QCircuit()
33.             tmp_circ.insert(constModAdd(qs1, tmp, M, qs2, qs3))
34.             tmp_circ = tmp_circ.control([qa[i]])
35.             tmp2_circ.insert(tmp_circ)
36.
37.         circ.insert(tmp2_circ.dagger())
38.
39.         return circ
```

14. 常数模指

```
1.    # qa 是一组控制比特
2.    # qb 保存计算结果
3.    # base 表示指数基底
4.    # M 表示模数
5.    # qs1常数模乘使用的辅助比特
6.    # qs2常数模加使用的辅助比特
7.    # qs3 表示两个辅助比特, 其中qs1[0] 表示进位辅助比特,
         qs1[1] 表示MAJ模块用到的辅助比特
8.    def constModExp(qa, qb, base, M, qs1, qs2, qs3):
9.        circ = QCircuit()
10.
11.       cqnum = len(qa)
```

```
12.
13.     temp = base
14.
15.     for i in range(0, cqnum):
16.         circ.insert(constModMul(qb, temp, M, qs1, qs2, qs3).
    control([qa[i]]))
17.         temp = temp * temp
18.         temp = temp % M
19.
20.     return circ
```

15. 量子傅里叶变换

```
1.   def qft(qlist):
2.       circ = QCircuit()
3.
4.       qnum = len(qlist)
5.       for i in range(0, qnum):
6.           circ.insert(H(qlist[qnum-1-i]))
7.           for j in range(i + 1, qnum):
8.               circ.insert(CR(qlist[qnum-1-j], qlist[qnum-1-i],
    m.pi/(1 << (j-i))))
9.
10.      for i in range(0, qnum//2):
11.          circ.insert(CNOT(qlist[i], qlist[qnum-1-i]))
12.          circ.insert(CNOT(qlist[qnum-1-i], qlist[i]))
13.          circ.insert(CNOT(qlist[i], qlist[qnum-1-i]))
14.
15.      return circ
```

16. Shor 算法主体代码

```
1.   # base 表示指数基底
2.   # M 表示待分解的数
3.   def shorAlg(base, M):
4.       if ((base < 2) or (base > M - 1)):
5.           raise('Invalid base!')
```

```
6.
7.        if (gcd(base, M) != 1):
8.            raise('Invalid base!  base and M must be mutually prime')
9.
10.       binary_len = 0
11.       while M >> binary_len != 0 :
12.           binary_len = binary_len + 1
13.
14.       machine = init_quantum_machine(QMachineType.CPU_SINGLE_
    THREAD)
15.
16.       qa = machine.qAlloc_many(binary_len*2)
17.       qb = machine.qAlloc_many(binary_len)
18.
19.       qs1 = machine.qAlloc_many(binary_len) # 常数模乘使用的
              辅助比特
20.       qs2 = machine.qAlloc_many(binary_len) # 常数模加使用的
              辅助比特
21.       qs3 = machine.qAlloc_many(2) #模加进位需要使用到的辅助比特
22.
23.       prog = QProg()
24.
25.       prog.insert(X(qb[0]))
26.       prog.insert(single_gate_apply_to_all(H, qa)) #第一个QFT
27.       prog.insert(constModExp(qa, qb, base, M, qs1, qs2, qs3))
28.       prog.insert(qft(qa).dagger())
29.
30.       directly_run(prog)
31.       result = quick_measure(qa, 100)
32.
33.       print(result)
34.
35.       xdata, ydata = reorganizeData(qa, result)
36.       plotBar(xdata, ydata)
37.
38.       return result
```

17. 主程序

```
1.  if __name__=="__main__":
2.      base = 7
3.      N = 15
4.      shorAlg(base, N)
```

{'00000000':17,'01000000':20,'10000000':30,'11000000':33}

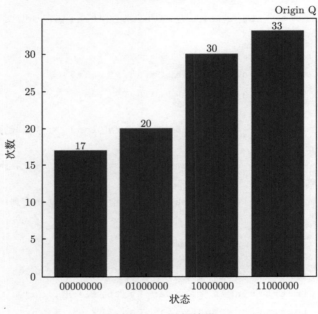

图 4.7.59　运行结果

第 5 章
量子计算前沿话题

5.1　利用 QPanda 测试量子系统噪声

近些年来,量子计算机芯片包含的量子比特数和量子比特质量不断提升,可以预计,不远的将来会出现包含数百个量子比特,且量子比特质量足够高的量子计算机芯片,称为 NISQ 装置。如何用 NISQ 装置解决具体的实际问题是一个研究热点,比如 VQE,QAOA 都是有应用前景的 NISQ 量子算法。NISQ 装置中量子比特数还不允许纠错编码,所以 NISQ 装置是一种噪声容忍装置,在 NISQ 装置中运行的量子算法都会受到噪声的影响。NISQ 量子算法需要对量子噪声有一定的免疫性,需要在含噪声的环境中研究 NISQ 量子算法。QPanda 中包含噪声量子虚拟机,可以模拟带噪声的量子线路,测试量子算法在噪声影响下的性能变化,从而辅助 NISQ 量子算法的开发。首先对量子噪声做一简单介绍。

5.1.1　量子噪声

量子计算机不是一个孤立系统,在运行的时候,不可避免会和环境产生耦合,从而影响量子计算机的运行过程,通常用噪声来描述环境对量子计算机的影响。

量子系统的噪声可以用一组算符和 $K = \{K_1, K_2, \cdots, K_s\}$ 描述,$\{K_1, K_2, \cdots, K_s\}$ 也被称为 Kraus 算子,K_i 需要满足关系式

$$\sum_i K_i^\dagger K_i = I$$

在噪声影响下，量子态的演化方式为

$$\rho \rightarrow \sum_i K_i \rho K_i^\dagger$$

下面列举一些常见噪声的表示形式：

弛豫噪声

$$K_1 = \begin{bmatrix} 1 & 0 \\ 0 & \sqrt{1-p} \end{bmatrix} \quad K_2 = \begin{bmatrix} 0 & \sqrt{p} \\ 0 & 0 \end{bmatrix}$$

退相位噪声

$$K_1 = \begin{bmatrix} \sqrt{1-p} & 0 \\ 0 & \sqrt{1-p} \end{bmatrix} \quad K_2 = \begin{bmatrix} \sqrt{p} & 0 \\ 0 & -\sqrt{p} \end{bmatrix}$$

退相干噪声模型，为上述两种噪声模型的综合，它们的关系如下所示：

$$P_{\text{damping}} = 1 - e^{-\frac{t_{\text{gate}}}{T_1}} \quad P_{\text{dephasing}} = 0.5 \times \left(1 - e^{-\left(\frac{t_{\text{gate}}}{T_2} - \frac{t_{\text{gate}}}{2T_1} \right)} \right)$$

$$K_1 = K_{1\text{damping}} K_{1\text{dephasing}} \quad K_2 = K_{1\text{damping}} K_{2\text{dephasing}}$$

$$K_3 = K_{2\text{damping}} K_{1\text{dephasing}} \quad K_4 = K_{2\text{damping}} K_{2\text{dephasing}}$$

比特翻转噪声

$$K_1 = \begin{bmatrix} \sqrt{1-p} & 0 \\ 0 & \sqrt{1-p} \end{bmatrix} \quad K_2 = \begin{bmatrix} 0 & \sqrt{p} \\ \sqrt{p} & -0 \end{bmatrix}$$

比特–相位翻转噪声

$$K_1 = \begin{bmatrix} \sqrt{1-p} & 0 \\ 0 & \sqrt{1-p} \end{bmatrix} \quad K_2 = \begin{bmatrix} 0 & -\mathrm{i} \times \sqrt{p} \\ \mathrm{i} \times \sqrt{p} & -0 \end{bmatrix}$$

相位阻尼噪声

$$K_1 = \begin{bmatrix} 1 & 0 \\ 0 & \sqrt{1-p} \end{bmatrix} \quad K_2 = \begin{bmatrix} 0 & 0 \\ 0 & \sqrt{p} \end{bmatrix}$$

退极化噪声

$$K_1 = \sqrt{1 - \frac{3}{4}p} \begin{bmatrix} 1 & 0 \\ 0 & 1 \end{bmatrix} \quad K_2 = \frac{\sqrt{p}}{2} \begin{bmatrix} 0 & 1 \\ 1 & 0 \end{bmatrix}$$

$$K_3 = \frac{\sqrt{p}}{2} \begin{bmatrix} 0 & -i \\ -i & 0 \end{bmatrix} \quad K_4 = \frac{\sqrt{p}}{2} \begin{bmatrix} 1 & 0 \\ 0 & -1 \end{bmatrix}$$

假设单门噪声模型为 $\{K_1, K_2\}$，那么对应的双门噪声模型为 $\{K_1 \otimes K_1, K_1 \otimes K_2, K_2 \otimes K_1, K_2 \otimes K_2\}$。

5.1.2　含噪声量子虚拟机

QPanda 包含带噪声的量子虚拟机，含噪声量子虚拟机可以模拟带噪声的量子线路，我们可以定义各种不同的量子噪声，用含噪声量子虚拟机执行对应的含噪声量子线路。下面介绍 QPanda 中含噪声量子虚拟机的执行原理。

加入噪声后，量子线路中演化的量子态变成混态，所以需要用密度矩阵来描述量子态。与纯态相比，模拟混态演化需要更多的资源，不管是时间复杂度还是空间复杂度，都是纯态演化所需资源的平方量级。为节省资源，在 QPanda 中，用另外一种方式实现了含噪声量子虚拟机，即借助蒙特卡罗方法，演化过程中还是用态矢来描述量子态。下面以实现一个噪声量子逻辑门的过程来说明 QPanda 含噪声量子虚拟机的实现原理。

首先，假设输入态是一个纯态，用 $|\phi\rangle$ 表示，要实现的量子逻辑门用 U 表示，量子噪声为 $K = \{K_1, K_2, \cdots, K_s\}$。含噪声的 U 门实现步骤如下：

计算 $p_i = \langle\phi|K_i^\dagger K_i|\phi\rangle, i = 1, 2, \cdots, s$。由噪声的定义，我们可以得到 $\sum\limits_i p_i = 1$。

生成 $[0, 1)$ 区间均匀分布的随机数 r，根据 $p_i = \langle\phi|K_i^\dagger K_i|\phi\rangle, i = 1, 2, \cdots, s$ 的计算结果找到下标 l 满足

$$\sum_{i=1}^{l-1} p_i \leqslant r \leqslant \sum_{i=1}^{l} p_i$$

假设 $\sum\limits_{i=1}^{0} p_i = 0$。

$|\phi\rangle$ 的演化公式表示为

$$|\phi\rangle \to U \frac{1}{\sqrt{p_l}} K_l |\phi\rangle$$

当以上操作只执行一次时，得到的结果是错误的，但是，当执行以上步骤多次，然后对得到的执行结果做统计分析，就可以得到准确的输出态，假设执行了 N 次，

得到了 N 个输出态 $|\phi_1\rangle, |\phi_2\rangle, \cdots, |\phi_N\rangle$，那么最后的输出态可以表示为

$$\rho' = \frac{1}{N} \sum_{n=1}^{N} |\phi_i\rangle\langle\phi_i|$$

N 个输出态 $|\phi_1\rangle, |\phi_2\rangle, \cdots, |\phi_N\rangle$ 在集合 $\left\{ |\psi_i\rangle = U \frac{1}{\sqrt{p_i}} K_i |\phi\rangle \mid i = 1, 2, \cdots, s \right\}$，假设 N 个态中 $|\psi_i\rangle$ 出现的次数为 M_i，那么 ρ' 可表示为

$$\rho' = \frac{1}{N} \sum_{n=1}^{s} \frac{M_n}{p_n} U K_n |\phi\rangle\langle\phi| K_n^\dagger U^\dagger$$

当 $N \gg 1$ 时，$M_i \cong N p_i$，从而可以得到

$$\rho' \cong \sum_{n=1}^{s} U K_n |\phi\rangle\langle\phi| K_n^\dagger U^\dagger = \rho_{\text{out}}$$

即当 N 足够大时，ρ' 近似等于 $|\phi\rangle$ 经过噪声量子逻辑门 U 后的输出态 ρ。

当执行噪声量子线路时，量子线路由一系列量子逻辑门构成，每个量子逻辑门都执行上面的步骤，执行多次量子线路，即可得到输出量子态密度矩阵的近似表达式，量子线路执行次数越多，得到的结果越准确。

通过上述方法，QPanda 中含噪声量子虚拟机就可以用态矢来表示混态演化过程，通过多次运行量子线路得到噪声量子线路输出态的密度矩阵。

1. 噪声 QAOA 测试

前面的章节已经介绍过 QAOA，它是一种经典–量子混合算法，提供了一种解决组合优化问题的方法。QAOA 运行在 NISQ 装置上，无法避免噪声的干扰，所以研究噪声对 QAOA 性能的影响是一项很重要的工作。下面介绍噪声对 QAOA 性能影响的一些研究进展。

首先，如何构建含噪声的 QAOA，从前面章节可知 QAOA 可以用 VQNet 实现，目前 VQNet 可以和 QPanda 中含噪声量子虚拟机结合，执行含噪声的 QAOA。这里选取的问题还是最大分割问题。

2. 理论模型

考虑一种特殊的噪声，可以表示为 $K = \{a_0 I, a_1 K_1, \cdots, a_s K_s\}$，即 K 的 Kraus 算子中一项是单位阵乘以常数 a_0，这里 $a_i, i = 0, 1, \cdots, s$ 都是非负实数，如比特翻转噪声、退相位噪声、退极化噪声都属于这种类型的噪声。

当量子态处于这种噪声的环境中时，在单位时间段内，噪声不改变量子态的概率是 a_0^2，根据这个特征分析这种噪声对 QAOA 性能的影响。

3. 噪声对损失函数的影响

假设输入态是一个纯态 $|\phi_{\text{in}}\rangle$，经过一个带噪声 K 的量子逻辑门 U 后，输出态 ρ_{out} 可以写为

$$\rho_{\text{out}}^{\text{noise}} = (1-p)\, U\, |\phi_{\text{in}}\rangle\langle\phi_{\text{in}}|\, U^\dagger + \sum_i U K_i\, |\phi_{\text{in}}\rangle\langle\phi_{\text{in}}|\, K_i^\dagger U^\dagger$$

这里定义 $1-p = a_0^2$，不带噪声时，理想的输出态是 $\rho_{\text{out}}^{\text{ideal}} = U\, |\phi_{\text{in}}\rangle\langle\phi_{\text{in}}|\, U^\dagger$，所以 $\rho_{\text{out}}^{\text{noise}}$ 可进一步表示为

$$\rho_{\text{out}}^{\text{noise}} = (1-p)\, \rho_{\text{out}}^{\text{ideal}} + \sum_i U K_i\, |\phi_{\text{in}}\rangle\langle\phi_{\text{in}}|\, K_i^\dagger U^\dagger$$

可以看到，在 $\rho_{\text{out}}^{\text{noise}}$ 中，$\rho_{\text{out}}^{\text{ideal}}$ 所占的比例是 $1-p$。更进一步地考虑，如果经过一个包含 m 个量子逻辑门的量子线路，带噪声的输出态 $\rho_{\text{out}}^{\text{noise}}$ 与理想输出态 $\rho_{\text{out}}^{\text{ideal}}$ 的关系为

$$\rho_{\text{out}}^{\text{noise}} = (1-p)^m\, \rho_{\text{out}}^{\text{ideal}}$$

特别地，比例因子 $P = (1-p)^m$ 是最坏的情况，对某些特殊的量子态，并不会受到某种噪声的影响，比特 $|\phi\rangle = |0\rangle$ 不会受到退相位噪声的影响，所以带噪声的输出态 $\rho_{\text{out}}^{\text{noise}}$ 与理想输出态 $\rho_{\text{out}}^{\text{ideal}}$ 的关系重新写为

$$\rho_{\text{out}}^{\text{noise}} = (1-p)^{\alpha m}\, \rho_{\text{out}}^{\text{ideal}}$$

α 表示一个常数，与量子线路结构和噪声模型相关。

下面开始介绍噪声对 QAOA 量子线路的影响。在 QAOA 中，QAOA 步数 n 与 QAOA 量子线路包含的量子逻辑门数目线性相关，对一个步数为 n 的 QAOA 量子线路 $U\left(\vec{\gamma}, \vec{\beta}\right)$，如果没有噪声，经过 $U\left(\vec{\gamma}, \vec{\beta}\right)$ 后，输出态为

$$|\phi_{\text{out}}^{\text{ideal}}\rangle = U\left(\vec{\gamma}, \vec{\beta}\right) |\phi_{\text{in}}\rangle$$

QAOA 中，损失函数定义为目标哈密顿量 H_p 的期望，在理想情况下，损失函数可表示为

$$f^{\text{ideal}}(n) = \langle \phi_{\text{out}}^{\text{ideal}} | H_p | \phi_{\text{out}}^{\text{ideal}} \rangle$$

当 QAOA 量子线路包含噪声 N 时，输出态为

$$\rho_{\text{out}}^{\text{noise}} = (1-p)^{\alpha m} | \phi_{\text{out}}^{\text{ideal}} \rangle \langle \phi_{\text{out}}^{\text{ideal}} | + \sum_i p_i | \psi_i \rangle \langle \psi_i |$$

$| \psi_i \rangle$ 是由噪声产生的，每个 $| \psi_i \rangle$ 是无规律的，另外在实际中，每个 p_i 都会很小，满足：

$$\sum_i p_i = 1 - (1-p)^{\alpha n}$$

当量子线路比较复杂时，$| \psi_i \rangle$ 个数会很多，求和项 $\sum_i p_i | \psi_i \rangle \langle \psi_i |$ 会趋于一个统计平均值。例如，在最大分割问题中，一种有 2^n 种方案，每条边 C_{ij} 会出现 2^n 次，所以所有方案的平均结果为 $A = - \sum_{i,j} \dfrac{C_{ij}}{2}$，从而 $\sum_i p_i | \psi_i \rangle \langle \psi_i |$ 的统计平均值为 $(1 - (1-p)^{\alpha n}) A$，从而带噪声的情况下，QAOA 损失函数可以写为

$$f^{\text{noise}}(n) = (1-p)^{\alpha n} f^{\text{ideal}}(n) + (1 - (1-p)^{\alpha n}) A$$

当 np 足够小时，$f^{\text{noise}}(n)$ 可以近似为

$$f^{\text{noise}}(n) \approx (1 - \alpha np) f^{\text{ideal}}(n) + \alpha np A$$

从上面的式子，可以发现，噪声并没有改变 QAOA 参数空间的整体形状，只是将参数空间磨平，比例因子为 $(1-p)^{\alpha n}$。

4. 噪声对损失函数梯度的影响

QAOA 是一种经典–量子混合算法，其中参数优化过程是一个经典过程。我们可以用典型的经典算法来优化 QAOA 量子线路的参数，如 Nelder-Mead 算法、Powell 算法、Adagrad 算法等。当使用梯度相关的优化算法时，需要计算损失函数的梯度。量子噪声对损失函数有影响，所以也会对损失函数的梯度产生影响。下面描述量子噪声对损失函数的梯度会有怎样的影响。

QAOA 量子线路包含两种参数：$\vec{\gamma}$ 和 $\vec{\beta}$，分别表示问题哈密顿量 H_p 和驱动哈密顿量 H_d 的系数，QAOA 步数为 n 时，$\vec{\gamma}$ 和 $\vec{\beta}$ 都是 n 维向量。VQNet 中损失函数对 $\vec{\gamma}$ 和 $\vec{\beta}$ 的偏导如下式所示

$$\frac{\partial f(\vec{\gamma}, \vec{\beta})}{\partial \gamma_k} = \sum_{i,j} -2 C_{ij} \frac{f(\vec{\gamma}, \vec{\beta})_{kij}^+ - f(\vec{\gamma}, \vec{\beta})_{kij}^-}{2}$$

$$\frac{\partial f\left(\vec{\gamma},\vec{\beta}\right)}{\partial \beta_k} = \sum_{i=1}^{Q} -2\frac{f\left(\vec{\gamma},\vec{\beta}\right)_{ki}^{+} - f\left(\vec{\gamma},\vec{\beta}\right)_{ki}^{-}}{2}$$

第一个式子中，$f\left(\vec{\gamma},\vec{\beta}\right)_{kij}^{+}$ 表示将 QAOA 量子线路中与边 C_{ij} 关联的参数 γ_k 改变为 $\gamma_k + \dfrac{\pi}{2}$，别的参数不变，然后运行量子线路得到的损失函数；$f\left(\vec{\gamma},\vec{\beta}\right)_{kij}^{-}$ 表示将对应位置的参数 γ_k 改变为 $\gamma_k - \dfrac{\pi}{2}$，别的参数不变，然后运行量子线路得到的损失函数。同理，在第二个式子中，$f\left(\vec{\gamma},\vec{\beta}\right)_{ki}^{+}$ 和 $f\left(\vec{\gamma},\vec{\beta}\right)_{ki}^{-}$ 分别表示将第 i 个比特上面包含 β_k 的量子逻辑门的参数 γ_k 改变为 $\gamma_k + \dfrac{\pi}{2}$ 和 $\gamma_k - \dfrac{\pi}{2}$，别的参数不变，运行量子线路得到的损失函数。具体的公式推导可从 VQNet 文献中得到。

从上面两个公式可以看出，损失函数的梯度是一系列量子线路参数不同的损失函数的线性组合，从量子噪声对损失函数的影响公式中，可以推出量子噪声对损失函数梯度的影响如下式所示：

$$\frac{\partial f\left(\vec{\gamma},\vec{\beta}\right)}{\partial \theta_k}^{\text{noise}} = (1-p)^{\alpha n}\frac{\partial f\left(\vec{\gamma},\vec{\beta}\right)}{\partial \theta_k}^{\text{ideal}}$$

$\theta_k \in \{\vec{\gamma},\vec{\beta}\}$，可以看出，包含噪声的 QAOA 量子线路得到的损失函数对线路参数 θ_k 的偏导与理想情况下损失函数对线路参数 θ_k 的偏导之间成比例，比例因子为 $(1-p)^{\alpha n}$。

随着噪声参数变大，损失函数对参数偏导的绝对值变小，换句话说，损失函数梯度的绝对值随噪声参数和 QAOA 步数的增加而变小，这从另外一个角度说明了噪声会使 QAOA 参数空间变平。另一方面，可以看出噪声不会改变损失函数梯度的方向，所以噪声只会影响 QAOA 参数优化过程的优化速度，并不会改变参数优化结果，理论上，当噪声参数 p 与 QAOA 步数 n 的乘积比较小时，噪声 QAOA 优化得到的量子线路参数与理想最优量子线路参数一致。

1) 测试示例

用 QPanda 噪声虚拟机和 VQNet 构建 QAOA，数值模拟几种噪声对 QAOA 的影响，来验证上一节提出的模型。

2) 最大分割问题选取

选择最大分割问题作为测试问题，整个测试过程测试问题是固定的，最大分割问题对应的图及图中每条边的权重如图 5.1.1 和表 5.1.1 所示。

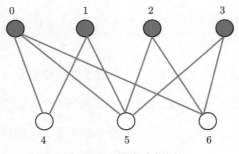

图 5.1.1　最大分割图

表 5.1.1　最大分割图对应边的权重表

边	权重	边	权重
C_{04}	0.73	C_{25}	0.88
C_{05}	0.33	C_{26}	0.58
C_{06}	0.50	C_{35}	0.67
C_{14}	0.69	C_{36}	0.43
C_{15}	0.36	总和	5.17

3) 理想结果

首先演示理想情况下 QAOA 对这个问题的执行结果,QAOA 步数为 $n = 1 \sim 4$,得到的损失函数优化过程如图 5.1.2 所示。

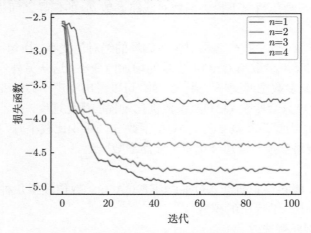

图 5.1.2　理想 QAOA 损失函数优化过程

从图 5.1.2 可以看出,理想情况下,随着 QAOA 步数的增加,QAOA 的性能不断提升，QAOA 步数 n 与优化后损失函数的关系如图 5.1.3 所示。

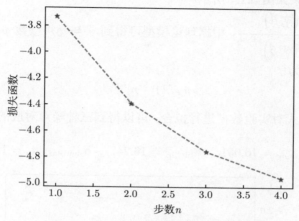

图 5.1.3　QAOA 性能与步数 n 的关系

4) 噪声对损失函数的影响

首先，测试噪声对 QAOA 损失函数的影响，选取三种不同的噪声：退相位噪声、比特翻转噪声和退极化噪声。在前面的章节已经介绍过，这三种噪声都包含一个参数 p，选取 p 的范围为 $[0.0001, 0.02]$，很多 NISQ 装置中这些噪声的参数处于这个区间，另外更关注 p 比较小的区间，所以通过如下公式在区间 $[0.0001, 0.02]$ 中取 11 个点：

$$p_i = 0.0001 * 200^{0.1 \times i}, \quad i = 0, 1, 2, \cdots, 10$$

在接下来的测试中，对 QAOA 的损失函数简单做了变形，QAOA 损失函数是问题哈密顿量 H_p 的期望，前面的章节已经介绍过，对最大分割问题，H_p 可表示为

$$H_p = -\sum_{i,j} C_{ij} \frac{1 - Z_i Z_j}{2}$$

为便于分析，丢弃 H_p 中的常数项，并将其变为原来的两倍，这种变化不会对 QAOA 的执行产生影响，变换后的 H_p' 可表示为

$$H_p' = \sum_{i,j} C_{ij} Z_i Z_j$$

则损失函数为

$$f\left(\vec{\gamma}, \vec{\beta}\right) = \langle H_p' \rangle$$

在测试过程中，固定 QAOA 量子线路的参数，测试损失函数与噪声参数的关系，具体测试结果如图 5.1.4 所示。

定义 $y = \dfrac{f\left(\vec{\gamma}, \vec{\beta}\right)^{\text{noise}}}{f\left(\vec{\gamma}, \vec{\beta}\right)^{\text{ideal}}}$，根据理论模型可得到 y 与噪声参数 p 及 QAOA 步数 n 的关系可表示为

$$y = (1-p)^{\alpha n}$$

用上面的公式对实验数据进行拟合，可以得到三种噪声对应的三个常数 α：

$$\alpha_{\text{dephasing}} = 16.051, \quad \alpha_{\text{bitflip}} = 16.247, \quad \alpha_{\text{depolarizing}} = 18.846$$

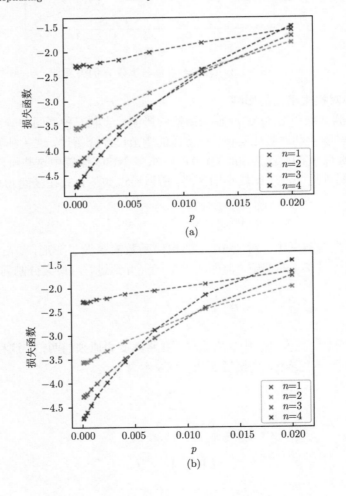

(a)

(b)

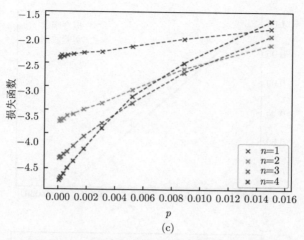

(c)

图 5.1.4　不同步数下噪声参数与损失函数关系曲线

(a) 退相位噪声；(b) 比特翻转噪声；(c) 退极化噪声

α 越大，说明对应噪声对 QAOA 影响越大，可以看出退极化噪声对 QAOA 影响最大。

下面考虑噪声参数 p 和 QAOA 步数 n 比较小的实验数据，选取满足 $np < 0.02$ 的实验数据，当 np 比较小时，$y \approx 1 - \alpha np$，令 $x = np$，得到 y 与 x 关系如图 5.1.5 所示，其中 "×" 点是实验数据，红线是斜率分别等于得到的三个拟合参数的直线，可以看出，当 np 比较小时，噪声损失函数与理想损失函数的比特因子 y 与 np 成线性关系。

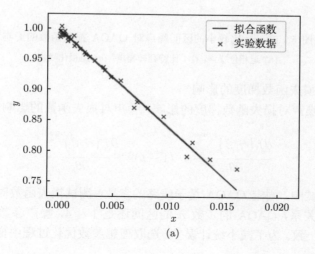

(a)

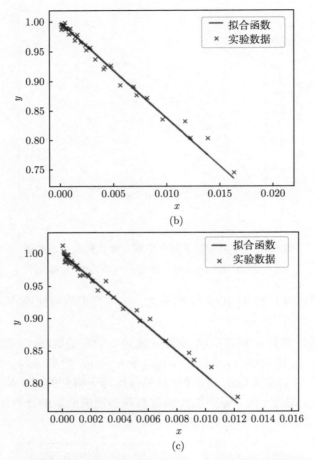

图 5.1.5　np 比较小的区间噪声对 QAOA 损失函数的影响

(a) 退相位噪声；(b) 比特翻转噪声；(c) 退极化噪声

5) 噪声对损失函数梯度的影响

现在测试噪声对损失函数梯度的影响，噪声对损失函数的影响公式为

$$\frac{\partial f\left(\vec{\gamma},\vec{\beta}\right)^{\text{noise}}}{\partial\theta_k}=(1-p)^{\alpha n}\frac{\partial f\left(\vec{\gamma},\vec{\beta}\right)^{\text{ideal}}}{\partial\theta_k}$$

在这个测试中，固定 QAOA 量子线路的参数，测试损失函数对各参数的偏导与噪声参数的关系，QAOA 的步数 n 的区间还是 $1\sim 4$，噪声参数 p 的选择方法与之前的测试一致。为了减小统计误差，选取理想参数优化过程中梯度最大的量子

线路参数序列作为测试参数。损失函数对各 QAOA 量子线路参数的偏导与噪声参数的关系如图 5.1.6 所示，图中只包含 QAOA 步数 $n = 4$ 的情况，$n = 1, 2, 3$ 的情况与 $n = 4$ 的情况类似，所以没有列出。

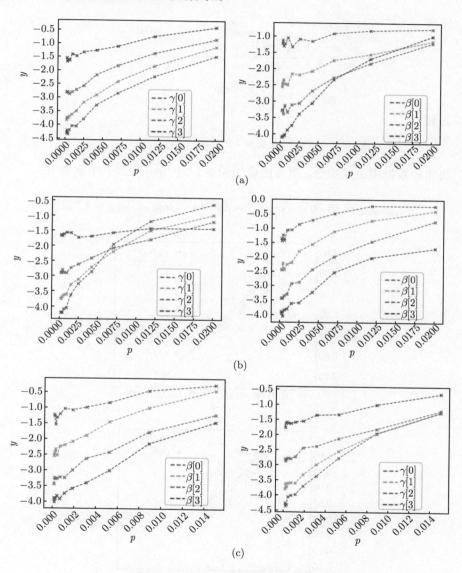

图 5.1.6　噪声对损失函数梯度的影响

(a) 退相位噪声；(b) 比特翻转噪声；(c) 退极化噪声

选取满足如下两个条件的数据：一个条件还是 $np < 0.02$，另一个条件是 $\left| \dfrac{\partial f\left(\vec{\gamma},\vec{\beta}\right)}{\partial \theta_k} \right| > C, \theta_k \in \left\{\vec{\gamma}, \vec{\beta}\right\}$，$C$ 是一个常数，在这个测试中选择 $C = 2.5$。

定义

$$y = \frac{\partial f\left(\vec{\gamma},\vec{\beta}\right)^{\text{noise}}}{\partial \theta_k} \bigg/ \frac{\partial f\left(\vec{\gamma},\vec{\beta}\right)^{\text{ideal}}}{\partial \theta_k}$$

$$x = np$$

可以得到

$$y \approx 1 - \alpha x$$

将实验数据用上式拟合，拟合图像如图 5.1.7 所示，得到三个常数 α：

$$\alpha_{\text{dephasing}} = 15.705, \quad \alpha_{\text{bitflip}} = 16.014, \quad \alpha_{\text{depolarizing}} = 17.213$$

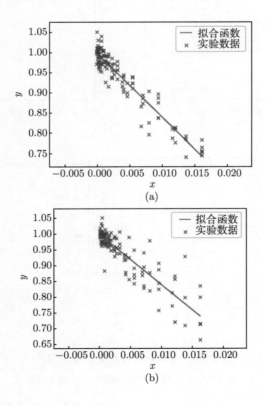

(a)

(b)

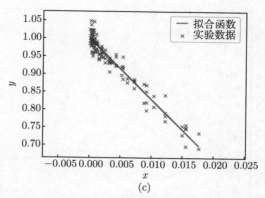

(c)

图 5.1.7　噪声对损失函数梯度的影响数据拟合图像

(a) 退相位噪声；(b) 比特翻转噪声；(c) 退极化噪声

6) 噪声对 QAOA 的影响

接下来，测试噪声对 QAOA 运行过程及运行结果的影响，在不同噪声及不同参数下运行 QAOA，得到优化后的 QAOA 量子线路参数和损失函数。测试的噪声类型及噪声参数区间与之前的测试一致。测试数据如图 5.1.8 所示。

首先，分析噪声参数对 QAOA 优化后的参数的影响，用欧氏空间距离的均方根来描述两组参数的距离 d，用公式表示如下：

$$d = \sqrt{\frac{\left|\vec{\gamma}^{\text{noise}} - \vec{\gamma}^{\text{ideal}}\right|^2 + \left|\vec{\beta}^{\text{noise}} - \vec{\beta}^{\text{ideal}}\right|^2}{2n}}$$

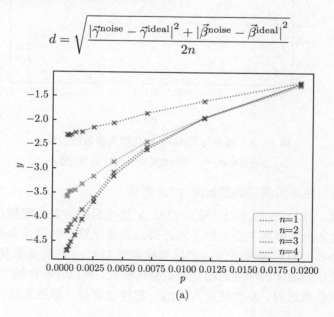

(a)

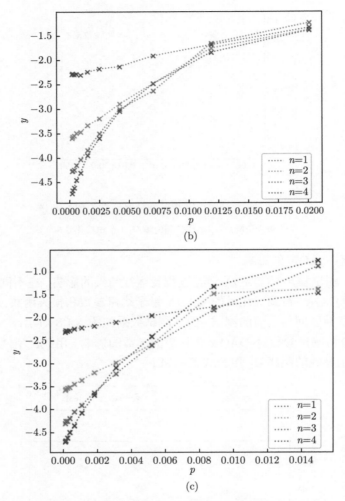

图 5.1.8　噪声与 QAOA 优化损失函数的关系

(a) 退相位噪声；(b) 比特翻转噪声；(c) 退极化噪声

噪声参数与距离的测试数据如图 5.1.9 所示。

由此发现，当 np 比较小时，噪声 QAOA 优化后的参数与理想优化参数很接近，两组参数之间的距离主要来源于统计误差和优化算法的截止条件。前面已经得到噪声会磨平 QAOA 参数空间，所以含噪声的 QAOA 损失函数梯度会比较小，梯度小的时候计算出来的梯度的相对误差会比较大，所以含噪声的 QAOA 在优化到理想最优参数附近时，参数优化方向的可靠性会降低，导致无法优化到最优参

数。另外，在测试中，设置优化截止条件为 $\left|\dfrac{\mathrm{gradient}}{n}\right| < C$，$C$ 表示一个常数，取 $C = 0.05$，这也是噪声 QAOA 优化参数与理想最优参数产生距离的一个原因。可以预计，当计算损失函数时，运行 QAOA 线路的次数 $M \to \infty$，优化截止条件中的 $C \to 0$，当 np 比较小时，噪声 QAOA 优化后的参数与理想优化参数是一样的。

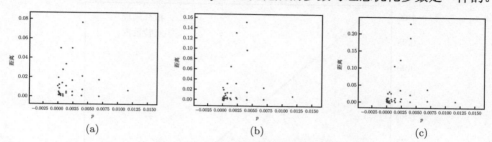

图 5.1.9　噪声参数与距离的关系

(a) 退相位噪声；(b) 比特翻转噪声；(c) 退极化噪声

对满足 $np < 0.02$ 条件的实验数据进行拟合，与之前的测试一样，定义：

$$y = \frac{f\left(\vec{\gamma}, \vec{\beta}\right)^{\mathrm{noise}}}{f\left(\vec{\gamma}, \vec{\beta}\right)^{\mathrm{ideal}}}, \quad x = np$$

可以得到

$$y \approx 1 - \alpha x$$

用上面的公式对实验数据进行拟合，可以得到三种噪声对应的三个常数 α：

$$\alpha_{\mathrm{dephasing}} = 24.133, \quad \alpha_{\mathrm{bitflip}} = 24.245, \quad \alpha_{\mathrm{depolarizing}} = 28.708$$

拟合图像如图 5.1.10 所示，其中 "×" 点是实验数据，红线是斜率分别等于得到的三个拟合参数的直线，可以看出，当 np 比较小时，噪声损失函数与理想损失函数的比特因子 y 与 np 成线性关系。

另一方面，发现这一节中得到的拟合常数 α 明显比前两节的拟合常数 α 大，原因是噪声 QAOA 优化参数与理想 QAOA 优化参数之间存在距离，这个距离随着 np 的增加而增加，导致 y 值随着 np 变化的斜率更大，即 α 更大。

总结

在这一节中，介绍了噪声对 NISQ 量子算法性能影响的研究进展，讨论了一种特殊的噪声对 QAOA 的影响，提出了噪声对 QAOA 影响的模型，并通过数值模拟验证了模型的正确性，为 QAOA 在真实量子芯片上运行提供了参考。

这一研究领域还有很多开放性的问题，比如，本节介绍的方案只适用于一种噪声，即可以表示为 $K = \{a_0 I, a_1 K_1, a_2 K_2, \cdots, a_s K_s\}$ 的噪声，所以一种任意的噪声对 NISQ 会有怎样的影响还是一个开放性的问题，另外噪声对别的 NISQ 算法的影响也是一个开放性的问题。

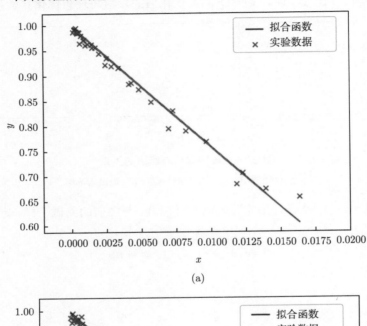

(a)

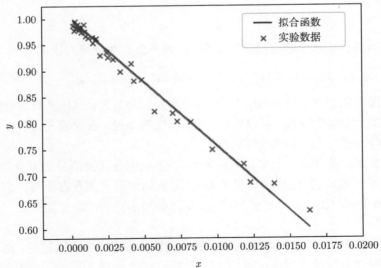

(b)

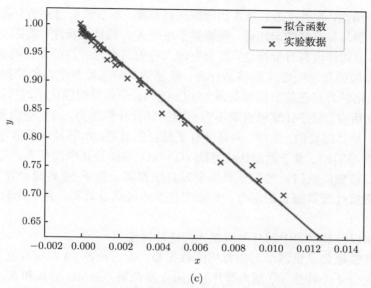

(c)

图 5.1.10　噪声对 QAOA 运行结果的影响数据拟合图像

(a) 退相位噪声；(b) 比特翻转噪声；(c) 退极化噪声

　　噪声对 NISQ 量子算法影响的研究是一个重要的研究方向，可以为 NISQ 装置、NISQ 量子算法提供借鉴作用，需要研究人员不断去探索新的进展。

5.2　量子机器学习

　　从《2001: 太空漫游》中 HAL9000 的惊鸿一瞥，到大卫·杰洛德在 *When H.A.R. L.I.E. was One* 中对何为人类的探讨，再到近年《心理测量者》等对交由 AI 管理的反乌托邦社会的存在的合理性的思考，半个余世纪以来，伴随着计算机科学的飞速发展，人工智能成为了最引人注目的方向之一。这或许是千百年来人类 "造物" 畅想和现实最接近的一次。诸多科幻作品中描绘的足以撼动现代文明根基的新一代智慧生命的诞生可能离 21 世纪还很遥远，但如 Siri、Cortana 这般具备自我学习功能的程序已经深入到普通人的生活之中。

　　而机器学习正是实现人工智能的重要途径，其关注于通过经验自动改进的计算机算法的研究。换言之，我们期冀通过某些算法使计算机 "学会" 自行分析某一类数据中的规律，并利用获得的规律对未知数据进行预测。常见的机器学习算法可以分为监督学习、无监督学习和强化学习三类。监督学习从给定目标的训练集中学习得到某个函数,并通过函数对未知数据进行预测,本节着重讨论的分类器便是一例。无监督学习与监督学习相比,训练集不进行人为的目标标注,常见的有聚类算法。强化学习同样没有目标标注,而会对输入有着具有延时性的某种奖惩反馈,算法会随着环境的变动而逐步调整其行为,监督学习与无监督学习的数据之间是独立的,而强化学习存在前后依赖关系。Q-Learning 是典型的强化学习算法。

如前文所言,量子计算机有着不容小觑的并行计算能力,而对于机器学习,强大的算力正是其需要的。这样,两者便有了结合的前提。本书其他章节介绍的变分本征求解器 (VQE)、量子近似优化算法 (QAOA) 等便是其中的代表。包括上述在内的诸多目前被广泛讨论的量子机器学习算法都属于量子–经典混合算法的范畴。令量子计算机处理其擅长的部分,其余工作交给经典计算机,是一个较为现实的方案。

接下来以监督学习中的分类问题为例进行讨论。

鸢尾花数据集是机器学习中常用的数据集,由三种各 50 组鸢尾花样本构成。每个样本包含 4 个特征,分别为萼片 (sepals) 及花瓣 (petals) 的长和宽。我们要做的是从中抽取一部分样本对量子分类器进行训练,学习完成后,将剩余的样本用于分类测试,并期望预测的成功率尽可能高。

图 5.2.1 介绍了一种算法结构。

图 5.2.1 一种算法结构

(1) 将经典的鸢尾花数据 X_i 输入到某个带参数 $\vec{\theta}$ 的量子线路 QC 中,其中 $\vec{\theta}$ 的初始值为 $\vec{\theta_0}$。

(2) 经测量操作线路输出向量 $\vec{a}$,通过某个映射 $g(\vec{a})$ 得到对数据 X_i 的分类预测 y_i。

(3) 将分类预测 y_i 与训练集中给定的真实分类结果 Y_i 进行对比,并计算损失函数 $f\left[y_i\left(\vec{\theta}\right)\right], Y_i$。

(4) 返回第 (1) 步,将剩余的鸢尾花数据 X_i,依次输入到线路 QC 中,得到对应的 $f\left[y_i(\vec{\theta}), Y_{i'}\right]$,并计算总代价函数 $\sum\limits_{i \in Set} f\left[y_i\left(\vec{\theta}\right), Y_i\right]/|Set|$。

(5) 利用经典计算机对代价函数进行最小化，重复更新线路中的参数 $\theta_j(j = 1, \cdots, n)$，直到优化到截止条件。

这个算法的核心在于量子线路 QC 的设计，首先我们需要考虑如何将经典数据输入到 QC 中。常用的编码方式有两种，分别是编码到线路参数与编码到态振幅上。

对于本题而言，每个样本 X_i 都有 4 个特征。如果采取第一种方式，我们可以将每个特征分别编码到一个量子比特的初态上，例如图 5.2.2。

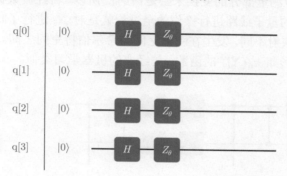

图 5.2.2　第一种编码方式

如果采取第二种编码方式，希望得到量子态：

$$|\varphi(X_i)\rangle = X_{i0}|00\rangle + X_{i1}|01\rangle + X_{i2}|10\rangle + X_{i3}|11\rangle$$

显而易见，这种编码方式能更好地节约量子比特。但与此同时，它的制备过程也更加复杂，如图 5.2.3 所示。

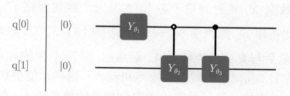

图 5.2.3　第二种编码方式

其中，$\theta_1 = 2\sin^{-1}\left(\sqrt{X_{i2}^2 + X_{i3}^2}\Big/\sqrt{X_{i0}^2 + X_{i1}^2 + X_{i2}^2 + X_{i3}^2}\right)$，$\theta_2 = 2\sin^{-1}\left(X_{i1}\Big/\sqrt{X_{i0}^2 + X_{i1}^2}\right)$，$\theta_3 = 2\sin^{-1}\left(X_{i3}\Big/\sqrt{X_{i2}^2 + X_{i3}^2}\right)$。

事实上，对于包含 m 个特征的数据来说，采用第一种方案我们需要 $O(m)$ 个

量子比特和 $O(1)$ 的线路深度，采用第二种方案我们需要 $O(\log m)$ 个量子比特和 $O(m)$ 的线路深度。

成功将经典数据编码到量子态后，需要考虑利用已有的量子比特或外加部分辅助比特设计量子线路。在设计线路时要尽快将量子比特纠缠起来。

图 5.2.4 是一种较为常用的线路设计。我们知道，所谓的各种量子门，本质上都是对态进行酉变换 (注意：当引入辅助比特时，线路对总的量子态依然进行酉变换操作，但对于待测量部分的变换未必是酉的)。所以，将经典数据 X_i 编码到初态并利用含参数 $\vec{\theta}$ 的量子线路进行操作的全过程就是对 X_i 进行了映射，只不过这种映射与经典函数映射不同，发生在欧氏空间与希尔伯特空间之间。但这种映射依然可以理解为一个形如 $h_{\vec{\theta}}(X_i)$ 的函数，与经典的机器学习类似。

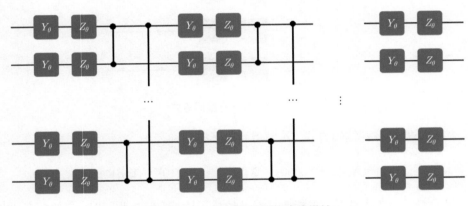

图 5.2.4　一种较为常用的线路设计

考虑将经典数据 X_i 映射到量子态 $|\psi(X_i)\rangle$ 上，经过线路 $U\left(\vec{\theta}\right)$，在 z 方向上进行测量，得到比特串 $\vec{a_k}$ 的概率 $p_{ik} = \langle\psi(X_i)|U^{\dagger}\left(\vec{\theta}\right)||a_k\rangle\langle a_k|U\left(\vec{\theta}\right)|\psi(X_i)\rangle$。

希望每次测量后与真实分类结果 Y_i 对应的 $\{\overrightarrow{a_{\alpha(l)}}\}$ 中的元素 (换言之，任取 $\vec{a}\in\{\overrightarrow{a_{\alpha(l)}}\}$，满足 $Y_i = g(\vec{a})$) 出现的概率尽可能大，这样才能更加准确地进行分类预测。虽然我们很难直接从量子线路中读取到相关的概率分布，但可以通过多次测量，利用 $\vec{a_k}$ 出现的频率 n_k/N 对概率 p_{ik} 进行估计。这样，待办事项转化为对线路重复测量，选取出现总频数 $N_j = \sum\limits_{\vec{a_k}\in\{\overrightarrow{a_j}\}} n_k$ 最高的比特串组 $\{\overrightarrow{a_j}\}$，得到与之对应的分类预测 y^j，记为 y_i。

显然，对尚未完成优化过程的分类器而言，其关于样本 X_i 的分类预测 y_i 并不

能时常与真实的分类结果 Y_i 对应。可以以如下方式构造损失函数 (方法不唯一):

$$Loss\left(i\right) = f\left[y_i\left(\vec{\theta}\right), Y_i\right] = p(y_i \neq Y_i)$$

设 $Y_i = y^{\alpha(i)}$, 其余两类分别为 $y^{\beta(i)}$ 与 $y^{\gamma(i)}$, 则

$$p\left(y_i \neq Y_i\right) = p\left[N_{\alpha(i)}^i < \max\left(N_{\beta(i)}^i, N_{\gamma(i)}^i\right)\right]$$

记

$$N_i = N_{\alpha(i)}^i + N_{\beta(i)}^i + N_{\gamma(i)}^i = N_{\alpha(i)}^i + 2\max\left(N_{\beta(i)}^i, N_{\gamma(i)}^i\right) + \left|N_{\beta(i)}^i - N_{\gamma(i)}^i\right|$$

有

$$p\left(y_i \neq Y_i\right) = p\left[N_{\alpha(i)}^i < \frac{N_i + \left|N_{\beta(i)}^i - N_{\gamma(i)}^i\right|}{3}\right] = \sum_{j=0}^{\frac{N_i + \left|N_{\beta(i)}^i - N_{\gamma(i)}^i\right|}{3}} C_{N_i}^j p_{i\alpha}^j \left(1 - p_{i\alpha}\right)^{N_i - j}$$

$$\approx \int_{-\infty}^{\frac{N_i + \left|N_{\beta(i)}^i - N_{\gamma(i)}^i\right|}{3}} \frac{1}{\sqrt{2\pi N_i p_{i\alpha}\left(1 - p_{i\alpha}\right)}} e^{-\frac{\left(x - N_i p_{i\alpha}\right)^2}{2N_i p_{i\alpha}\left(1 - p_{i\alpha}\right)}} \mathrm{d}x$$

$$= \frac{1}{2} + \frac{1}{2}\mathrm{erf}\left[\frac{N_i + \left|N_{\beta(i)}^i - N_{\gamma(i)}^i\right| - 3N_{\alpha(i)}^i}{3\sqrt{2N_{\alpha(i)}^i\left(1 - N_{\alpha(i)}^i/N_i\right)}}\right]$$

取一阶近似,

$$p\left(y_i \neq Y_i\right) \approx \frac{1}{1 + \exp\left[-\frac{4\left(N_i + \left|N_{\beta(i)}^i - N_{\gamma(i)}^i\right| - 3N_{\alpha(i)}^i\right)}{3\sqrt{2\pi N_{i\alpha}\left(1 - N_{\alpha(i)}^i/N_i\right)}}\right]}$$

$$= S\left[\frac{4\sqrt{2}}{3\sqrt{\pi}}\sqrt{N_i}\frac{\max\left(\{N_i\} \setminus \left\{N_{\alpha(i)}^i\right\}\right) - N_{\alpha(i)}^i}{\sqrt{N_{\alpha(i)}^i\left(N_i - N_{\alpha(i)}^i\right)}}\right]$$

其中

$$S(x) = \frac{1}{1 + \mathrm{e}^{-x}}$$

为 Sigmoid 函数, 常用于机器学习中。

273

计算总代价函数

$$Cost = \frac{1}{|Set|} \sum_{i \in Set} S \left[\frac{4\sqrt{2}}{3\sqrt{\pi}} \sqrt{N_i} \frac{\max\left(\{N_i\} \setminus \left\{N^i_{\alpha(i)}\right\}\right) - N^i_{\alpha(i)}}{\sqrt{N^i_{\alpha(i)}\left(N_i - N^i_{\alpha(i)}\right)}} \right]$$

$$\approx \frac{1}{|Set|} \sum_{i \in Set} S \left[\sqrt{N_i} \frac{\max\left(\{N_i\} \setminus \left\{N^i_{\alpha(i)}\right\}\right) - N^i_{\alpha(i)}}{\sqrt{N^i_{\alpha(i)}\left(N_i - N^i_{\alpha(i)}\right)}} \right]$$

其中，N_i 为某一组参数 $\vec{\theta}$ 下，对样本 X_i 输入到线路后，进行的有效的重复测量次数；$N^i_{\alpha(i)}$ 为测量得到 Y_i 的次数；而 $|Set|$ 是数据集的大小。

总代价函数是参数 $\vec{\theta}$ 与数据集 $\{X_i, Y_i\}$ 的函数，利用经典计算机对其采取最小化并不断对参数进行更新，直到优化到截止条件。我们完成了对分类器的训练过程 (图 5.2.5)。

图 5.2.5　分类器的训练过程

当我们需要对新的数据进行预测或测试时，利用参数优化到 $\vec{\theta'}$ 的 QC 执行训练过程的前两步即可。

(1) 将待分类的鸢尾花数据 X_i 输入到训练完成的量子线路 QC 中，其中 $\vec{\theta}$ 的值为 $\vec{\theta'}$。

(2) 经测量操作线路输出向量 $\vec{a}$，通过映射 g 得到对数据 X_i 的分类预测 y_i。

实践出真知，让我们看看实际效果如何。

从数据集中随机挑选 120 组数据进行训练，采取第一类编码方式，利用本节介绍的线路设计方案，线路深度为 4 层。优化方法为 Powell 法。比特串与分类预测的对应关系如下：

(1) 0001、0010、0100、1000：山鸢尾；

(2) 1110、1101、1011、0111：杂色鸢尾；

(3) 0011、0110、1100、1001：维吉尼亚鸢尾。

最终将代价函数优化到 0.045，利用剩余 30 组数据进行测试。结果如图 5.2.6 所示。

可见，对于新数据的预测成功率保持在较高的水准，训练过程不存在过拟合的情况。不过同时我们也能看到，杂色鸢尾与维吉尼亚鸢尾之间似乎比其与山鸢尾之间更不易区分。这是否与我们分类器的设计有关？该问题就留待读者朋友自行思考了 (提示：请关注比特串与分类预测的对应关系)。

测试集	实际分类	预测分类
1	杂色鸢尾	杂色鸢尾
2	山鸢尾	山鸢尾
3	杂色鸢尾	杂色鸢尾
4	杂色鸢尾	维吉尼亚鸢尾
5	山鸢尾	山鸢尾
6	山鸢尾	山鸢尾
7	杂色鸢尾	杂色鸢尾
8	山鸢尾	山鸢尾
9	维吉尼亚鸢尾	维吉尼亚鸢尾
10	杂色鸢尾	杂色鸢尾
11	维吉尼亚鸢尾	维吉尼亚鸢尾
12	杂色鸢尾	杂色鸢尾
13	山鸢尾	山鸢尾
14	维吉尼亚鸢尾	杂色鸢尾
15	山鸢尾	山鸢尾
16	杂色鸢尾	杂色鸢尾
17	维吉尼亚鸢尾	维吉尼亚鸢尾
18	维吉尼亚鸢尾	杂色鸢尾
19	维吉尼亚鸢尾	维吉尼亚鸢尾
20	维吉尼亚鸢尾	维吉尼亚鸢尾
21	维吉尼亚鸢尾	维吉尼亚鸢尾
22	山鸢尾	山鸢尾
23	维吉尼亚鸢尾	维吉尼亚鸢尾
24	杂色鸢尾	杂色鸢尾
25	杂色鸢尾	杂色鸢尾
26	山鸢尾	山鸢尾
27	维吉尼亚鸢尾	维吉尼亚鸢尾
28	维吉尼亚鸢尾	维吉尼亚鸢尾
29	杂色鸢尾	杂色鸢尾
30	维吉尼亚鸢尾	维吉尼亚鸢尾

图 5.2.6　结果

本节以机器学习中常见的鸢尾花数据集分类问题为例，介绍了量子分类器的基本模型。但如同经典分类算法一样，实际操作中可能需要考虑核函数构造等更加复杂的问题，囿于篇幅所限，不在这里一一赘述。如果您日后打算更加深入地探究相关问题，请务必牢记，尽管与经典函数有着诸多不同，但量子线路的作用依然是为数据提供了某种映射操作，这是量子分类器能够生效的核心原因。当您希望针对某一问题进行改进时，不妨关注线路映射的空间。

不止于此，乃至更广阔的量子机器学习迄今依然是一个值得进入的研究领域，一方面，诸如量子分类器、量子生成对抗网络等在内的有价值的算法还在不断涌现，另一方面，仍有许多像"复杂数据集如何映射"的有趣问题尚待解决。这个领域欢迎更多志同道合的朋友共同探索新的进展。

本节用到的鸢尾花分类器的 Python 代码示例：

```
1.  from pyqpanda import *
2.  from pyqpanda.Algorithm.hamiltonian_simulation import *
3.  from scipy.optimize import minimize
4.  import sklearn.datasets as datasets
5.  import numpy as np
6.  import math
7.
8.
9.  def initial_state(qubitlist, x):
10.     qcir=QCircuit()
11.     for qubit in qubitlist:
12.         qcir.insert(H(qubit))
13.     qcir.insert(RZ(qubitlist[0], -2 * math.pi * (x[0] - 4.3)
    / 3.6)) \
14.         .insert(RZ(qubitlist[1], -2 * math.pi * (x[1] - 2) /
    2.4)) \
15.         .insert(RZ(qubitlist[2], -2 * math.pi * (x[2] - 1) /
    5.9)) \
16.         .insert(RZ(qubitlist[3], -2 * math.pi * (x[3] - 0.1)
    / 2.4))
17.     return qcir
18.
19. def Uloc(qubitlist, theta_y, theta_z):
20.     qcir=QCircuit()
21.     for i in range(len(qubitlist)):
```

```
22.              qcir.insert(RY(qubitlist[i], -theta_y[i])) \
23.                  .insert(RZ(qubitlist[i], -theta_z[i]))
24.      return qcir
25.
26. def Uent(qubitlist):
27.      qcir=QCircuit()
28.      for i in range(len(qubitlist) - 1):
29.          qcir.insert(CZ(qubitlist[i], qubitlist[i + 1]))
30.      qcir.insert(CZ(qubitlist[0], qubitlist[len(qubitlist)
    - 1]))
31.      return qcir
32.
33. def Meas(result, y):
34.      freq_y = 0
35.      if y == 0:
36.          for i in result:
37.              if i == '0001' or i == '0010' or i == '0100' or i ==
    '1000':
38.                  freq_y+=result[i]
39.      if y == 1:
40.          for i in result:
41.              if i == '1110' or i == '1101' or i == '1011' or i ==
    '0111':
42.                  freq_y+=result[i]
43.      if y == 2:
44.          for i in result:
45.              if i == '0011' or i == '0110' or i == '1100' or i ==
    '1001':
46.                  freq_y+=result[i]
47.      return freq_y
48.
49. def loss(result, y, label_class):
50.      freq_total = 0
51.      freq = []
52.      for i in range(label_class):
53.          freq.append(Meas(result, i))
```

```
54.          freq_total += Meas(result, i)
55.      freq_without_y = list(freq)
56.      del freq_without_y[y]
57.      loss_value = 1 / (1 + math.exp(-(math.sqrt(freq_total) *
    (max(freq_without_y) - freq[y]) / math.sqrt((freq_total -
    freq[y]) * freq[y])))))
58.      return loss_value
59.
60. def cost(theta, x, y, qubit_num, depth, label_class):
61.      cost_value=0
62.      theta_y = np.zeros((depth, qubit_num))
63.      theta_z = np.zeros((depth, qubit_num))
64.      for i in range(depth):
65.          for j in range(qubit_num):
66.              theta_y[i][j] = theta[2 * i * qubit_num + 2 * j]
67.              theta_z[i][j] = theta[2 * i * qubit_num + 2 * j
    + 1]
68.      for i in range(len(y)):
69.          init()
70.          qubitlist = qAlloc_many(qubit_num)
71.          prog = QProg()
72.          prog.insert(initial_state(qubitlist, x[i])) \
73.              .insert(Uloc(qubitlist, theta_y[0], theta_z[0]))
74.          for j in range(1,depth):
75.              prog.insert(Uent(qubitlist)) \
76.                  .insert(Uloc(qubitlist, theta_y[j], theta_z[j
    ]))
77.          directly_run(prog)
78.          result = quick_measure([qubitlist[0],qubitlist[1],
    qubitlist[2],qubitlist[3]], 2000)
79.          cost_value += loss(result, y[i], label_class)
80.          finalize()
81.      cost_value /= len(y)
82.      print(cost_value)
83.      return cost_value
84.
```

```
85.  def binding(x, y, qubit_num, depth, label_class):
86.      return partial(cost, x=x, y=y, qubit_num=qubit_num, depth=
     depth, label_class=label_class)
87.
88.  def test(theta, x, qubit_num, depth, label_class):
89.      y_predict = []
90.      theta_y = np.zeros((depth, qubit_num))
91.      theta_z = np.zeros((depth, qubit_num))
92.      for i in range(depth):
93.          for j in range(qubit_num):
94.              theta_y[i][j] = theta[2 * i * qubit_num + 2 * j]
95.              theta_z[i][j] = theta[2 * i * qubit_num + 2 * j
     + 1]
96.      for i in range(len(x)):
97.          init()
98.          qubitlist = qAlloc_many(qubit_num)
99.          prog = QProg()
100.             prog.insert(initial_state(qubitlist,x[i])) \
101.                 .insert(Uloc(qubitlist,theta_y[0],theta_z[0])
     )
102.          for j in range(1,depth):
103.                 prog.insert(Uent(qubitlist)) \
104.                     .insert(Uloc(qubitlist, theta_y[j], theta
     _z[j]))
105.          directly_run(prog)
106.          result=quick_measure([qubitlist[0],qubitlist[1],
     qubitlist[2],qubitlist[3]], 2000)
107.          freq=[]
108.          for j in range(label_class):
109.              freq.append(Meas(result, j))
110.          for j in range(label_class):
111.              if freq[j] == max(freq):
112.                  y_predict.append(j)
113.                  break
114.          finalize()
115.      return y_predict
```

```
116.
117.    def success_rate(predict_Y, test_Y):
118.        success=0
119.        fail=0
120.        for i in range(len(predict_Y)):
121.            if (predict_Y[i] == test_Y[i]):
122.                success+=1
123.            else:
124.                fail+=1
125.        return success,fail
126.
127.    def data_shuffle_and_make_train_test(data, label, train_
    percentage = 0.8):
128.        n_data = len(label)
129.        permutation = np.random.permutation(range(n_data))
130.        n_train = int(n_data * train_percentage)
131.        n_test = n_data - n_train
132.        train_permutation = permutation[0:n_train]
133.        test_permutation = permutation[n_train:]
134.        return data[train_permutation], label[train_
    permutation], data[test_permutation], label[test_permutation]
135.
136.    qubit_num = 4
137.    depth = 4
138.    label_class=3
139.    data, label = datasets.load_iris(return_X_y=True)
140.    data, label, test_d , test_l = data_shuffle_and_make_
    train_test(data,label)
141.    theta = np.random.random_sample(2 * qubit_num * depth)
142.    result = minimize(binding(data, label, qubit_num, depth,
    label_class), theta, method = 'Powell')
143.
144.    y_predict = []
145.    theta = result.x
146.    y_predict = test(theta, test_d, qubit_num, depth, label_
    class)
```

```
147.    success, fail = success_rate(y_predict, test_l)
148.    print(test_l)
149.    print(np.array(y_predict))
150.    print(success/(success+fail))
```

5.3　使用单振幅和部分振幅量子虚拟机

5.3.1　单振幅量子虚拟机

目前可以通过量子计算的相关理论，用经典计算机实现模拟量子虚拟机。量子虚拟机的模拟主要有全振幅与单振幅两种解决方案，其主要区别在于，全振幅一次模拟计算就能算出量子态的所有振幅，单振幅一次模拟计算只能计算出 2^N 个振幅中的一个。

然而，全振幅模拟量子计算时间较长，计算量随量子比特数指数增长，在现有硬件下，无法模拟超过 49 量子比特。通过单振幅量子虚拟机技术可以模拟超过 49 比特，同时模拟速度有较大提升，且算法的计算量不随量子比特数指数提升。

1. 使用介绍

QPanda 2 中设计了 $\boxed{\text{SingleAmplitudeQVM}}$ 类用于运行单振幅模拟量子计算，同时提供了相关接口，它的使用也很简单。

首先，构建一个单振幅量子虚拟机：

```
1.  auto machine = new SingleAmplitudeQVM();
```

然后，必须使用 $\boxed{\text{SingleAmplitudeQVM::init()}}$ 初始化量子虚拟机环境：

```
1.  machine->init();
```

接着，进行量子程序的构建、装载工作：

```
1.  auto prog = QProg();
2.  auto qlist = machine->qAlloc(10);
3.
4.
5.  for_each(qlist.begin(), qlist.end(), [&](Qubit *val) { prog
    << H(val); });
6.  prog << CZ(qlist[1], qlist[5]) << CZ(qlist[3], qlist[5]) <<
    CZ(qlist[2], qlist[4]);
```

```
7.    ...
8.    machine->run(prog);
```

2. 实例

以下实例展示了单振幅量子虚拟机接口的使用方式:

```
1.    #include "QPanda.h"
2.    USING_QPANDA
3.
4.    int main(void)
5.    {
6.        auto machine = new SingleAmplitudeQVM();
7.        machine->init();
8.
9.        auto prog = QProg();
10.       auto qlist = machine->qAllocMany(10);
11.
12.       for_each(qlist.begin(), qlist.end(), [&](Qubit *val) {
   prog << H(val); });
13.       prog << CZ(qlist[1], qlist[5])
14.            << CZ(qlist[3], qlist[5])
15.            << CZ(qlist[2], qlist[4])
16.            << CZ(qlist[3], qlist[7])
17.            << CZ(qlist[0], qlist[4])
18.            << RY(qlist[7], PI / 2)
19.            << RX(qlist[8], PI / 2)
20.            << RX(qlist[9], PI / 2)
21.            << CR(qlist[0], qlist[1], PI)
22.            << CR(qlist[2], qlist[3], PI)
23.            << RY(qlist[4], PI / 2)
24.            << RZ(qlist[5], PI / 4)
25.            << RX(qlist[6], PI / 2)
26.            << RZ(qlist[7], PI / 4)
27.            << CR(qlist[8], qlist[9], PI)
28.            << CR(qlist[1], qlist[2], PI)
29.            << RY(qlist[3], PI / 2)
```

```
30.              << RX(qlist[4], PI / 2)
31.              << RX(qlist[5], PI / 2)
32.              << CR(qlist[9], qlist[1], PI)
33.              << RY(qlist[1], PI / 2)
34.              << RY(qlist[2], PI / 2)
35.              << RZ(qlist[3], PI / 4)
36.              << CR(qlist[7], qlist[8], PI);
37.
38.      machine->run(prog);
```

接口介绍：

pMeasureBinIndex(std::string)，输入的参数表示指定需要测量的量子态二进制形式，使用示例如下：

```
1.  auto res = machine->pMeasureBinIndex("0000000001");
2.  std::cout<<res<<std::endl;
```

结果输出如下，表示目标量子态的概率值：

```
1.  0.00166709
```

pMeasureDecIndex(std::string)，输入的参数表示指定需要测量的量子态十进制下标形式，使用示例：

```
1.  auto res=machine->pMeasureDecIndex("1");
2.  std::cout<<res<<std::endl;
```

结果输出如下，表示目标量子态的概率值：

```
1.  0.00166709
```

5.3.2　部分振幅量子虚拟机

目前用经典计算机模拟量子虚拟机的主流解决方案有全振幅与单振幅两种。除此之外，还有部分振幅量子虚拟机，该方案能在更低的硬件条件下，实现更高的模拟效率。部分振幅算法的基本思想是将大比特的量子计算线路图拆分成若干个小比特线路图，具体数量视线路扶持情况而定。

1. 使用介绍

QPanda 2 中设计了 PartialAmplitudeQVM 类用于运行部分振幅模拟量子计算，同时提供了相关接口，它的使用很简单。

首先，构建一个部分振幅量子虚拟机:

```
1.  auto machine = new PartialAmplitudeQVM();
```

然后，必须使用 PartialAmplitudeQVM::init() 初始化量子虚拟机环境:

```
1.  machine->init();
```

接着，进行量子程序的构建、装载工作:

```
1.  auto prog = QProg();
2.  auto qlist = machine->qAllocMany(10);
3.  for_each(qlist.begin(), qlist.end(), [&](Qubit *val) { prog
    << H(val); });
4.  prog << CZ(qlist[1], qlist[5]) << CZ(qlist[3], qlist[5]) <<
    CZ(qlist[2], qlist[4]);
5.  ...
6.  machine->run(prog);
```

2. 实例

以下实例展示了单振幅量子虚拟机接口的使用方式:

```
1.   #include "QPanda.h"
2.   USING_QPANDA
3.
4.   int main(void)
5.   {
6.       auto machine = new PartialAmplitudeQVM();
7.       machine->init();
8.       auto qlist = machine->qAllocMany(10);
9.       auto prog = QProg();
10.      for_each(qlist.begin(), qlist.end(), [&](Qubit *val) {
     prog << H(val); });
11.      prog << CZ(qlist[1], qlist[5])
12.           << CZ(qlist[3], qlist[7])
13.           << CZ(qlist[0], qlist[4])
14.           << RZ(qlist[7], PI / 4)
15.           << RX(qlist[5], PI / 4)
16.           << RX(qlist[4], PI / 4)
```

```
17.           << RY(qlist[3], PI / 4)
18.           << CZ(qlist[2], qlist[6])
19.           << RZ(qlist[3], PI / 4)
20.           << RZ(qlist[8], PI / 4)
21.           << CZ(qlist[9], qlist[5])
22.           << RY(qlist[2], PI / 4)
23.           << RZ(qlist[9], PI / 4)
24.           << CR(qlist[2], qlist[7], PI / 2);
25.
26.      machine->run(prog);
```

接口介绍:

PMeasure_subset(std::vector<std::string>) ，输入的参数表示需要测量的量子态十进制下标形式构成的子集，使用示例如下:

```
1.  std:vector<std::string>set={"0", "1", "2"};
2.  auto result=machine-> PMeasure_subset(set);
3.  for(auto val:result)
4.  {
5.    std::cout<<val.first <<":"<< val.second<<endl;
6.  }
```

结果输出如下:

```
0:  (-0.00647209, -0.00647208)
1:  (5.1648e-11, -0.00915291)
2:  (-6.98492e-10, -0.00915291)
```

5.4 将量子程序编译到不同的量子芯片上

任何的量子程序，最终是要放到量子计算机中去运行的。和量子虚拟机相比，在量子计算机中运行有几个重要的区别。

1. 支持的逻辑门

量子芯片中往往不一定允许执行所有的酉变换，对于单比特门来说，通常只支持一个子集。由于这个定理: 任何的两个不同方向的旋转 $U_{\vec{x}}(\theta) = e^{i\vec{\sigma}\vec{x}\theta}$ 和 $U_{\vec{y}}(\theta) =$

$e^{i\sigma \vec{y}\theta}$，一定能通过依次施加不同角度的旋转操作，构成任何的单比特上的酉变换。因此，量子计算机中若支持两个方向的旋转操作，即可实现任意的单门。

QPanda 中提供了一个配置量子计算机中支持逻辑门的方式。通过配置，可以将任意的量子程序编译到支持的量子逻辑门中。

2. 量子芯片拓扑结构

编写量子程序，或者设计量子算法时，往往在任意两个比特之间都有可能出现逻辑门的连接。然而，对于实际的量子芯片，有可能这种连接关系是受限的。例如，量子比特在芯片上以网格式排列，只有最近邻 (nearest neighbor) 的量子比特之间才允许进行操作。那么，对于原有的量子程序，我们必须将所有不支持操作的量子逻辑门进行变换，或者对量子比特进行重新映射。

QPanda 中提供了一个配置量子芯片拓扑结构的方式。

指令集：

量子指令集是由各公司定义的量子计算机控制指令集，它适配于量子软件开发包，一般可以用于直接控制该公司的量子计算机。QPanda 中通用的量子程序表示方式是 QProg 类，它提供的是一种对量子程序的抽象通用表述形式。QPanda 提供一系列函数，将 QProg 类映射到不同的量子指令集上，包括 QRunes，QASM，QUIL，$\cdots$

配置支持的逻辑门：

```
1.  <QGate>
2.      <SingleGate>
3.          <Gate   time = "2">rx</Gate>
4.          <Gate   time = "2">Ry</Gate>
5.          <Gate   time = "2">RZ</Gate>
6.          <Gate   time = "2">S</Gate>
7.          <Gate   time = "2">H</Gate>
8.          <Gate   time = "2">X1</Gate>
9.      </SingleGate>
10.     <DoubleGate>
11.         <Gate   time = "5">CNOT</Gate>
12.         <Gate   time = "5">CZ/Gate>
13.         <Gate   time = "5">ISWAP</Gate>
14.     </DoubleGate>
15. </QGate>
```

在 QPanda 中，指令集的配置是通过 QPandaConfig.xml 中 QGate 元素来配置的。

QGate 中的元素介绍：

SingleGate：单量子逻辑门配置，是 QGate 的子元素。

DoubleGate：双量子逻辑门配置，是 QGate 的子元素。

Gate：内容配置支持的量子逻辑门，属性 time 配置量子逻辑门的时钟周期，是 DoubleGate 和 SingleGate 的子元素。

示例：一个量子芯片支持单门 RX、RY 和双门 CNOT，RX、RY 的时钟周期均为 2，CNOT 的时钟周期为 5。下面我们就配置这个量子芯片支持的逻辑门。

首先，打开 QPandaConfig.xml 文件，找到 QGate 元素，可以看到 QGate 元素的子元素 SingleGate 和 DoubleGate，并删除 SingleGate 和 DoubleGate 元素中所有的内容。

```
1.    <QGate>
2.            <SingleGate>
3.    </SingleGate>
4.            <DoubleGate>
5.            </DoubleGate>
6.    </QGate>
```

然后，分别向 SingleGate 和 DoubleGate 元素中添加 Gate 元素 (Gate 元素的内容为量子逻辑门，属性值 time 为逻辑门的时钟周期)。在 SingleGate 元素中添加两个 Gate 子元素，属性 time 均为 2，内容分别为 RX、RY。在 DoubleGate 元素中添加一个 Gate 子元素，属性 time 为 5，内容为 CNOT。

```
1.    <QGate>
2.            <SingleGate>
3.            <Gate time = "2">RX</Gate>
4.                <Gate time = "2">RY</Gate>
5.    </SingleGate>
6.            <DoubleGate>
7.                <Gate time = "5">CNOT</Gate>
8.            </DoubleGate>
9.    </QGate>
```

配置量子芯片拓扑结构：

```
1.  <Metadata>
2.        <QubitCount>8</QubitCount>
3.             <QubitMatrix>
4.                 <Qubit QubitNum = "1">
5.                     <AdjacentQubit QubitNum = "2">1</
    AdjacentQubit>
6.                     <AdjacentQubit QubitNum = "8">1</
    AdjacentQubit>
7.                 </Qubit>
8.                 <Qubit QubitNum = "2">
9.                     <AdjacentQubit QubitNum = "1">1</
    AdjacentQubit>
10.                    <AdjacentQubit QubitNum = "3">1</
    AdjacentQubit>
11.                    <AdjacentQubit QubitNum = "7">1</
    AdjacentQubit>
12.                </Qubit>
13.                <Qubit QubitNum = "3">
14.                    <AdjacentQubit QubitNum = "2">1</
    AdjacentQubit>
15.                    <AdjacentQubit QubitNum = "4">1</
    AdjacentQubit>
16.                    <AdjacentQubit QubitNum = "6">1</
    AdjacentQubit>
17.                </Qubit>
18.                <Qubit QubitNum = "4">
19.                    <AdjacentQubit QubitNum = "3">1</
    AdjacentQubit>
20.                    <AdjacentQubit QubitNum = "5">1</
    AdjacentQubit>
21.                </Qubit>
22.                <Qubit QubitNum = "5">
23.                    <AdjacentQubit QubitNum = "4">1</
    AdjacentQubit>
24.                    <AdjacentQubit QubitNum = "6">1</
    AdjacentQubit>
```

```
25.                    </Qubit>
26.                    <Qubit QubitNum = "6">
27.                        <AdjacentQubit QubitNum = "3">1</
    AdjacentQubit>
28.                        <AdjacentQubit QubitNum = "5">1</
    AdjacentQubit>
29.                        <AdjacentQubit QubitNum = "7">1</
    AdjacentQubit>
30.                    </Qubit>
31.                    <Qubit QubitNum = "7">
32.                        <AdjacentQubit QubitNum = "2">1</
    AdjacentQubit>
33.                        <AdjacentQubit QubitNum = "6">1</
    AdjacentQubit>
34.                        <AdjacentQubit QubitNum = "8">1</
    AdjacentQubit>
35.                    </Qubit>
36.                    <Qubit QubitNum = "8">
37.                        <AdjacentQubit QubitNum = "7">1</
    AdjacentQubit>
38.                        <AdjacentQubit QubitNum = "1">1</
    AdjacentQubit>
39.                    </Qubit>
40.            </QubitMatrix>
41. </Metadata>
```

在 QPanda 中，量子芯片拓扑结构是通过 QPandaConfig.xml 中 Metadata 元素来配置的。

Metadata 中的元素介绍：

QubitCount：量子比特的个数，是 Metadata 的子元素。

QubitMatrix：量子比特拓扑图，是 Metadata 的子元素。

Qubit：量子比特配置，属性 QubitNum 表示量子比特序号，是 QubitMatrix 的子元素。

AdjacentQubit：内容是边的权重，属性 QubitNum 是指与其父元素 Qubit 连接的量子比特序号。

例如，图 5.4.1，将下面的量子拓扑结构配置到 QPandaConfig.xml 中，圆圈表示量子比特，圆圈里的值表示量子比特序号，线条表示是否连接，线条上数值表示权重。

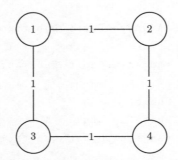

图 5.4.1　量子拓扑结构配置到 QPandaConfig.xml 中

首先，找到 Metadata 元素，并删除其 QubitMatrix 中的所有内容：

```
1.  <Metadata>
2.      <QubitCount>8</QubitCount>
3.  <QubitMatrix>
4.  </QubitMatrix>
5.  </Metadata>
```

然后，根据拓扑图向 QPandaConfig.xml 中添加配置。先配置量子比特的个数。例子中的量子比特个数为 4 个：

```
1.  <Metadata>
2.      <QubitCount>4</QubitCount>
3.  <QubitMatrix>
4.  </QubitMatrix>
5.  </Metadata>
```

再配置拓扑结构，添加第一个量子比特的拓扑配置，在 QubitMatrix 下添加 Qubit 子元素，其属性 QubitNum 的值为 1，第一个量子比特与第二个量子比特和第三个量子比特连接，其权重都是 1，所以 Qubit 会有两个 AdjacentQubit 子元素，第一个 AdjacentQubit 元素的属性 QubitNum 的值是 2，第二个 AdjacentQubit 元素的属性 QubitNum 的值是 3，其内容都是 1，将第一个量子比特的拓扑配置添加到配置中：

```
1.   <Metadata>
2.        <QubitCount>4</QubitCount>
3.   <QubitMatrix>
4.        <Qubit QubitNum = 1>
5.             <AdjacentQubit QubitNum = 2>1</AdjacentQubit>
6.             <AdjacentQubit QubitNum = 3>1</AdjacentQubit>
7.   </Qubit>
8.   </QubitMatrix>
9.   </Metadata>
```

以此类推,将后面的几个量子比特拓扑结构添加到配置中:

```
1.   <Metadata>
2.        <QubitCount>4</QubitCount>
3.   <QubitMatrix>
4.        <Qubit QubitNum = 1>
5.             <AdjacentQubit QubitNum = 2>1</AdjacentQubit>
6.             <AdjacentQubit QubitNum = 3>1</AdjacentQubit>
7.   </Qubit>
8.   <Qubit QubitNum = 2>
9.             <AdjacentQubit QubitNum = 1>1</AdjacentQubit>
10.            <AdjacentQubit QubitNum = 4>1</AdjacentQubit>
11.  </Qubit>
12.  <Qubit QubitNum = 3>
13.            <AdjacentQubit QubitNum = 1>1</AdjacentQubit>
14.            <AdjacentQubit QubitNum = 4>1</AdjacentQubit>
15.  </Qubit>
16.  <Qubit QubitNum = 4>
17.            <AdjacentQubit QubitNum = 2>1</AdjacentQubit>
18.            <AdjacentQubit QubitNum = 3>1</AdjacentQubit>
19.  </Qubit>
20.  </QubitMatrix>
21.  </Metadata>
```

转换到不同的指令集:

将量子程序编译到不同的量子芯片实际上就是将量子程序编译成的量子芯片对应的指令集,QPanda 2 当前支持将量子程序编译成 QUIL 指令集、IBM 的 QASM

指令集、本源量子的 QRunes 指令集。

QUIL 指令集是采用 "指令 + 参数列表的设计方法"，一个简单的例子如下：

```
1.  X 0
2.  Y 1
3.  CNOT 0 1
4.  H 0
5.  RX(-3.141593) 0
6.  MEASURE 1 [0]
```

QASM 指令集具有 C 和汇编语言的元素，语句用分号分隔，忽略空格，同时语言是区分大小写的。注释以一对前斜线开始，并以新的行结束。一个简单的 QASM 指令集如下：

```
1.  OPENQASM 2.0;
2.  include qelib1.inc";
3.  qreg q[10];
4.  creg c[10];
5.
6.  x q[0];
7.  h q[1];
8.  tdg q[2];
9.  sdg q[2];
10. cx q[0],q[2];
11. cx q[1],q[4];
12. u1(pi) q[0];
13. u2(pi,pi) q[1];
14. u3(pi,pi,pi) q[2];
15. cz q[2],q[5];
16. ccx q[3],q[4],q[6];
17. cu3(pi,pi,pi) q[0],q[1];
18. measure q[2] -> c[2];
19. measure q[0] -> c[0];
```

如何利用 QPanda 2 将量子程序转化为想要的指令集呢？可以使用下面的方法，首先利用 QPanda 2 构建一个量子程序：

```
1.  QProg prog;
```

```
2.   auto qubits = qvm->allocateQubits(4);
3.   auto cbits = qvm->allocateCBits(4);
4.
5.   prog << X(qubits[0])
6.        << Y(qubits[1])
7.        << H(qubits[2])
8.        << RX(qubits[3], 3.14)
9.        << Measure(qubits[0], cbits[0]);
```

然后，调用 QPanda 2 的工具接口，完成转换，比如转化为 QUIL 指令集可以调用下面的接口：

```
1.   std::string instructions = transformQProgToQuil(prog, qvm);
```

得到转化后的 QUIL 指令集：

```
1.   X 0
2.   Y 1
3.   H 2
4.   RX(3.140000) 3
5.   MEASURE 0 [0]
```

转化为 QASM 指令集与转化为 QUIL 指令集的方法类似，可以调用下面的接口：

```
1.   std::string instructions = transformQProgToQASM(prog, qvm);
```

得到转化后的 QASM 指令集：

```
1.   openqasm 2.0;
2.   qreg q[4];
3.   creg c[4];
4.   x q[0];
5.   y q[1];
6.   h q[2];
7.   rx(3.140000)  q[3];
8.   measure q[0] -> c[0];
```

附　录

附录 A　量子计算数学基础

A.1　概述

对于不具有任何高等数学基础背景的读者，本附录将从集合与映射、向量空间、矩阵与矩阵的运算、矩阵的特征、矩阵的函数以及线性算子与矩阵表示等相对简单易懂的数学开始讲起，以便各位读者循序渐进理解量子计算的数学原理。

A.2　集合与映射

A.2.1　集合的概念

当提到中国古代四大发明时，大家一般会想到造纸术、印刷术、指南针和火药；当提到中国的四大名著时，大家会想起吴承恩的《西游记》、罗贯中的《三国演义》、曹雪芹的《红楼梦》和施耐庵的《水浒传》。生活中有很多类似于四大发明、四大名著的称呼，如世界上的所有国家、彩虹的颜色、三原色等，这些称呼都有一个共同的特点，就是将具有明确的相同特性的事物放在一起的统称。

在数学上，把具有某种特征事物的总体称为集合 (set)，组成该集合的事物称为该集合的元素 (element)[56,57]。比如，中国的四大名著，就可以称为一个集合，《西游记》则是其中的一个元素。有时为了方便与简洁，在数学上会引进一些符号来表示一些数学名称，这就使得数学上了一个台阶，当通过练习知道这些符号代表的内在含义时，就很方便地去推导以及交流。

但是，这种符号表示的简化也为后来学习者或多或少带来了一些障碍。因为当没有介绍过某个概念，突然看到一个符号表示，智力再好也不可能知道它代表的含义。比如，世界上第一个人发明 "※" 表示太阳，但他没有告诉你，这个符号 "※"

表示太阳,而是给你画出这个符号"※",问你这是什么时,这个问题换着任何人都不可能回答,除非是发明者,因为只有他一个人知道这个符号代表的含义,当人们都开始用这个符号"※"表示太阳时,这就极大地方便人们之间的交流,因为这符号写起来相对简单些。如果仅有部分人知道,还可以作为密码来使用,从某种意义上来说,数学也是一门符号化的语言。所以,在学习数学的时候,首先要弄明白符号背后的含义是什么。

下面,引进大写的拉丁字母 A、B、C 等符号来表示集合,用小写的拉丁字母 a、b、c 等符号表示集合的元素,需要注意的是,有的时候拉丁字母不够多或者不方便时,也会引进其他的符号表示元素。比如,用 B 这个符号表示四大名著,用 b_1 表示《西游记》、b_2 表示《三国演义》、b_3 表示《红楼梦》、b_4 表示《水浒传》。b_1 是 B 的元素,在数学上,通常说 b_1 属于 B,记作 $b_1 \in B$。假设 h 表示《海底两万里》,h 就不是集合 B 的元素,就说 h 不属于 B,记作 $h \notin B$。

像四大名著这样的集合有有限个元素,称为有限集;也可以通过列举法来表示这个集合。例如,可以将 B 的元素一一列举出来写在大括号里面:

$$B = \{b_1, b_2, b_3, b_4\}$$

如果遇到像自然数集(自然数组成的集合)有无限多个元素该如何来表示呢?通常称有无限多个元素的集合为无限集,好在自然数集有了 0 和 1,其他的数就都知道了;也可以通过列举法来列举出有限个,其余的用省略号代替。自然数集 $\mathbb{N}$ 用列举法表示为

$$\mathbb{N} = \{0, 1, 2, \cdots, n, \cdots\}$$

同样地,用列举法可以表示正整数集(所有正整数组成的集合):

$$\mathbb{N}^+ = \{1, 2, 3, \cdots, n, \cdots\}.$$

整数集(所有整数组成的集合):

$$\mathbb{Z} = \{\cdots, -n, \cdots, 2, 1, 0, 1, 2, \cdots, n, \cdots\}$$

那像有理数集(所有有理数组成的集合)就不能用列举法来表示了,因为任意两个有理数之间一定还有理数(比如这两个有理数之间的中间值)。将有理数的性质描述出来写在大括号中:

$$\mathbb{Q} = \left\{ q \mid q = \frac{m}{n}, m \in Z, n \in N^+ 且 m, n 互质 \right\}$$

将这种用元素具有的性质来表示的方法叫描述法。若集合 A 由具有某种性质 Γ 的元素 a 组成，则描述法的一般形式为

$$A = \{a|a具有性质\Gamma\}$$

同样地，可以用描述法来表示无理数集：

$$P = \left\{p\middle|p \neq \frac{m}{n}, \forall m \in Z, \forall n \in N^+ 且 m, n 互质\right\}$$

其中，符号 $\forall$ 表示任意的。

同时，也可以用自然语言描述法来描述集合，比如，实数集 $\mathbb{R}$ 是所有有理数和无理数组成的集合。

在量子计算中常常会用到复数集：

$$\mathbb{C} = \{c|c = a + b\mathrm{i}, a, b \in \mathbb{R}, \mathrm{i}^2 = -1\}$$

其中，$c = a + b\mathrm{i}$ 表示复数 (complex number)，实部 a 和虚部 b 都是实数，i 在这里表示一个符号并且满足 $\mathrm{i}^2 = -1$。有时，用有序数对 (a, b) 来表示复数 $a + b\mathrm{i}$。

两个复数 $c_1 = a_1 + b_1\mathrm{i}$ 和 $c_2 = a_2 + b_2\mathrm{i}$ 相等的充要条件是实部和虚部分别对应相等，即

$$c_1 = c_2 \Leftrightarrow a_1 = a_2, \quad b_1 = b_2$$

两个复数 $c_1 = a_1 + b_1\mathrm{i}$ 和 $c_2 = a_2 + b_2\mathrm{i}$ 做和相当于实部和虚部分别对应做和，即

$$c_1 + c_2 = (a_1 + a_2) + (b_1 + b_2)\,\mathrm{i}$$

两个复数 $c_1 = a_1 + b_1\mathrm{i}$ 和 $c_2 = a_2 + b_2\mathrm{i}$ 做差相当于实部和虚部分别对应做差，即

$$c_1 - c_2 = (a_1 - a_2) + (b_1 - b_2)\,\mathrm{i}$$

两个复数 $c_1 = a_1 + b_1\mathrm{i}$ 和 $c_2 = a_2 + b_2\mathrm{i}$ 乘法被定义为

$$\begin{aligned}
c_1 c_2 &= (a_1 + b_1\mathrm{i})(a_2 + b_2\mathrm{i}) \\
&= a_1(a_2 + b_2\mathrm{i}) + b_1\mathrm{i}(a_2 + b_2\mathrm{i}) \\
&= a_1 a_2 + a_1 b_2\mathrm{i} + b_1\mathrm{i}a_2 + b_1\mathrm{i}b_2\mathrm{i} \\
&= a_1 a_2 + a_1 b_2\mathrm{i} + b_1 a_2\mathrm{i} + b_1 b_2\mathrm{i}^2
\end{aligned}$$

因为 $i^2 = -1$，因此

$$(a_1 + b_1 i)(a_2 + b_2 i) = (a_1 a_2 - b_1 b_2) + (a_1 b_2 + b_1 a_2) i$$

比如

$$
\begin{aligned}
(1 - 2i)(-3 + 4i) &= 1 \cdot (-3 + 4i) + (-2i) \cdot (-3 + 4i) \\
&= 1 \cdot (-3) + 1 \cdot 4i + (-2i) \cdot (-3) + (-2i) \cdot (4i) \\
&= -3 + 4i + 6i + 8 \\
&= 5 + 10i
\end{aligned}
$$

在给出两个复数除法的定义之前，先定义复数 $c = a + bi$ 的复共轭 (complex conjugate) 为

$$\bar{c} = a - bi$$

或

$$c^* = a - bi$$

由复数的乘法，可知

$$c\bar{c} = (a + bi)(a - bi) = a^2 + b^2$$

那么，根据复共轭的定义，两个复数 $c_1 = a_1 + b_1 i$ 和 $c_2 = a_2 + b_2 i$ 的除法被定义为

$$\frac{c_1}{c_2} = \frac{c_1 \bar{c}_2}{c_2 \bar{c}_2} = \frac{(a_1 + b_1 i)(a_2 - b_2 i)}{(a_2 + b_2 i)(a_2 - b_2 i)} = \frac{(a_1 a_2 + b_1 b_2) + (b_1 a_2 - a_1 b_2) i}{a_2^2 + b_2^2}$$

比如，将 $\dfrac{1 + 2i}{3 - 4i}$ 写成 $a + bi$ 的形式为

$$\frac{1 + 2i}{3 - 4i} = \frac{1 + 2i}{3 - 4i} \cdot \frac{3 + 4i}{3 + 4i} = \frac{-5 + 10i}{3^2 + 4^2} = -\frac{1}{5} + \frac{2}{5}i$$

A.2.2　集合的关系

把集合看成一个对象，那么集合之间有什么关系呢？集合是由元素组成，因此还要从元素进行分析。

假设有两个集合 S_1 和 S_2，如果集合 S_1 的元素都是集合 S_2 的元素，那么称 S_1 是 S_2 的子集，记作 $S_1 \subseteq S_2$(读作 S_1 包含于 S_2) 或 $S_2 \supseteq S_1$(读作 S_2 包含 S_1)。比如，无理数集就是实数集的子集，因为无理数集中的每一个元素都在实数集中。

如果两个集合中的元素都相同,那么称这两个集合相等,即是说,如果集合 S_1 与集合 S_2 互为子集,那么就称集合 S_1 与 S_2 相等,记作 $S_1 = S_2$。例如,偶数集 S_1 与集合 $S_2 = \{n|n\%m = 0, m \in Z, n \in Z, m = 2\}$ 相等 (注:这里的%表示取余运算 (取余运算是指 n 除以 m 得到的余数)。

如果 $S_1 \subseteq S_2$ 且 $S_1 \neq S_2$,那么称 S_1 是 S_2 的真子集,记作 $S_1 \subset S_2$(读作 S_1 真包含于 S_2) 或 $S_2 \supset S_1$(读作 S_2 真包含 S_1)。比如,$\mathbb{Q} \subset \mathbb{R}$。

通常,没有元素的集合称为空集,记作 $\varnothing$。比如,由既是有理数又是无理数的实数为元素组成的集合。

A.2.3 集合的运算

类似于数的运算,集合也有运算规则。由于集合是具有共同特征事物的全体,因此会用到将两个集合 S_1 与 S_2 共同的部分提取出来,这就是取两个集合的交集。换句话说,由所有既属于 S_1 又属于 S_2 的元素组成的集合称为 S_1 与 S_2 的交集 (简称交),记作 $S_1 \bigcap S_2$。用描述法表示为

$$S_1 \bigcap S_2 = \{s|s \in S_1 \text{且} s \in S_2\}$$

比如,有理集 $\mathbb{Q}$ 与无理数集 $\mathbb{P}$ 的交集:

$$\mathbb{Q} \bigcap \mathbb{P} = \varnothing$$

由所有属于 S_1 或者属于 S_2 的元素组成的集合称为 S_1 与 S_2 的<u>并集</u>(简称<u>并</u>),记作 $S_1 \bigcup S_2$,即

$$S_1 \bigcap S_2 = \{s|s \in S_1 \text{或} s \in S_2\}$$

比如,有理集 $\mathbb{Q}$ 与无理数集 $\mathbb{P}$ 的并集:

$$\mathbb{Q} \bigcap \mathbb{P} = \mathrm{R}$$

由所有属于 S_1 而不属于 S_2 的元素组成的集合称为 S_1 与 S_2 的差集 (简称差),记作 $S_1 \backslash S_2$,即

$$S_1 \backslash S_2 = \{s|s \in S_1 \text{且} s \notin B\}$$

比如,有理集 $\mathbb{Q}$ 与无理数集 $\mathbb{P}$ 的差集:

$$\mathbb{Q} \backslash \mathbb{P} = \mathbb{Q}$$

差集的一种特殊情况:当 S_1 为所研究问题的最大集合时,所要研究的其他集合 S_2 都是 S_1 的子集,称集合 S_1 为全集,称 $S_1 \backslash S_2$ 为 S_2 的<u>补集</u>或余集,记作 S_2^c。

比如，在复数集 $\mathbb{C}$ 中，实数集 $\mathbb{R}$ 的补集为

$$\mathbb{R}^c = \left\{ x \mid x = a + bi, a \in \mathbb{R}, b \in \mathbb{R} \text{且} b \neq 0 \right\}$$

除了集合之间的交、并和差运算之外，还有一种常用的生成新集合的方式——直积或笛卡儿 (Descartes) 积。设 X、Y 是任意两个集合，在集合 X 中任意取一个元素 x，在集合 Y 中任意取一个元素 y，组成一个有序对 (x, y)，再把这样大的有序对作为新的元素，它们全体组成集合称为集合 X 与集合 Y 的直积，记作 $X \times Y$，即

$$X \times Y = \left\{ (x, y) \mid x \in X \text{且} y \in Y \right\}$$

比如，$\mathbb{C} \times \mathbb{C} = \{(x, y) \mid x \in \mathbb{C}, y \in \mathbb{C}\}$ 为复平面上全体点的集合，$\mathbb{C} \times \mathbb{C}$ 常记为 $\mathbb{C}^2$。

A.2.4 集合的运算法则

类似于数的运算法则，集合也有自己的运算法则。集合的交、并和补运算满足以下法则。

假设有任意的三个集合 X、Y、Z，则有以下法则：

(1) 交换律 $X \bigcup Y = Y \bigcup X$，$\quad X \bigcap Y = Y \bigcap X$；

(2) 结合律 $(X \bigcup Y) \bigcup Z = X \bigcup (Y \bigcup Z)$，$(X \bigcap Y) \bigcap Z = X \bigcap (Y \bigcap Z)$；

(3) 分配律 $(X \bigcup Y) \bigcap Z = (X \bigcap Z) \bigcup (Y \bigcap Z)$，

$$(X \bigcap Y) \bigcup Z = (X \bigcup Z) \bigcap (Y \bigcup Z)；$$

(4) 对偶律 $(X \bigcup Y)^c = X^c \bigcap Y^c$，$(X \bigcap Y)^c = X^c \bigcup Y^c$。

若对这些规则的证明感兴趣，可以通过集合相等的定义来证明。

A.2.5 映射

上面讲述了集合，然而有的集合之间并不是完全孤立的，而是有对应关系的。比如，中国四大名著的作者组成的集合 A 与四大名著 B 之间存在对应关系。

将这种普遍的共性抽象出来，设 D、E 是两个非空集合，如果存在一个对应法则 f，使得对 D 中每个元素 x，按照对应法则 f，在 E 中有唯一确定的元素 y 与 x 对应，则称 f 为从 D 到 E 的映射[56,58]，记作

$$f : D \to E$$

其中，y 称为元素 x 在映射 f 下的像，并记作 $f(x)$，即

$$y = f(x)$$

而元素 x 称为元素 y 在映射 f 下的一个原像；集合 D 为映射 f 的定义域；集合 E 称为映射 f 的陪域；D 中所有元素的像所组成的集合称为映射 f 的值域，记作 R_f 或 $f(D)$，即

$$R_f = f(D) = \{f(x) \mid x \in D\} = \{y \in E \mid \exists x \in D, f(x) = y\}$$

其中，符号 $\exists$ 表示存在，可以看出，f 的值域是 f 的陪域的子集。

集合 D 到自身一个映射，通常称为 D 上的一个变换。集合 D 到数集 E 的一个映射，常称为从 D 到 E 的函数。

如果映射 f 与映射 g 的定义域、陪域、对应法则分别对应相同，那么称这两个映射相等。

映射 $f: D \to D$，如果把 D 中每一个元素对应到它自身，即

$$\forall x \in D, 有 f(x) = x$$

那么，称 f 为恒等映射 (或 D 上的恒等变换)，记作 I_D。

先后作用映射 $g: S_1 \to S_2$ 和 $f: S_2 \to S_3$，得到 S_1 到 S_3 的一个映射，称为 f 与 g 的合成(或乘积)，记作 fg。即

$$(fg)(x) \equiv f(g(x)), \quad \forall x \in S_1$$

定理　映射的乘法适合结合律。即如果

$$h: S_1 \to S_2, \quad g: S_2 \to S_3, \quad f: S_3 \to S_4$$

那么

$$f(gh) = (fg)h$$

A.3　向量空间

学习量子计算，要对量子力学有所了解，而量子力学是由希尔伯特空间来描述的，希尔伯特空间又是向量空间，因此首先要来介绍向量空间 (vector space)[59-62]。

向量空间本质上是一个由向量组成的集合，然后引进一些运算规则。那什么是向量呢？向量是相对数量来说的，数量是只有大小的量，而向量是不仅有大小而且还有方向的量。有时，向量也称为矢量。可以认为向量是数量的一个自然的扩充。

假设有一个数域 K (集合 K 中任意两个元素的和、差、积、商 (除数不为 0) 还属于集合 K，称该集合为数域 K)，自然想到用直积将数域 K 进行扩充，n 个数域 K 的直积可以表示为

$$K^n = \{(v_1, v_2, \cdots, v_n) \,|\, v_i \in K, i = 1, 2, \cdots, n\}$$

其中，K^n 元素 $(v_1, v_2, \cdots, v_n)$ 称为<u>n 维向量</u>，称 v_i 为其第 i 个<u>分量</u>。为了表示方便与统一，将带小括号的元素 $(v_1, v_2, \cdots, v_n)$ 记作列向量，即

$$(v_1, v_2, \cdots, v_n) := \begin{bmatrix} v_1 \\ v_2 \\ \vdots \\ v_n \end{bmatrix}$$

在数学上，向量常用加粗的小写拉丁字母 $\boldsymbol{a}$，$\boldsymbol{b}$，$\boldsymbol{c}$，$\cdots$ 或者带箭头的小写拉丁字母 $\vec{a}$，$\vec{b}$，$\vec{c}$，$\cdots$ 来表示。而在量子物理上，常用带有狄拉克符号 $(|*\rangle)$ 的字母 $|a\rangle$，$|b\rangle$，$|c\rangle$，$\cdots$ 来表示。这里统一采用带有狄拉克符号的表示方法，即

$$|v\rangle := (v_1, v_2, \cdots, v_n) := \begin{bmatrix} v_1 \\ v_2 \\ \vdots \\ v_n \end{bmatrix}$$

两个向量 $|u\rangle$、$|v\rangle$ 相等的定义为向量的分量分别对应相等，即

$$|u\rangle = |v\rangle \Leftrightarrow \begin{bmatrix} u_1 \\ u_2 \\ \vdots \\ u_n \end{bmatrix} = \begin{bmatrix} v_1 \\ v_2 \\ \vdots \\ v_n \end{bmatrix} \Leftrightarrow u_1 = v_1, u_2 = v_2, \cdots, u_n = v_n$$

其中，$\Leftrightarrow$ 表示 "等价于"。

规定 K^n 中任意两向量 $|u\rangle$、$|v\rangle$ 的<u>加法运算</u>为两向量对应分量分别做普通加法，即

$$|u\rangle + |v\rangle = \begin{bmatrix} u_1 \\ u_2 \\ \vdots \\ u_n \end{bmatrix} + \begin{bmatrix} v_1 \\ v_2 \\ \vdots \\ v_n \end{bmatrix} := \begin{bmatrix} u_1 + v_1 \\ u_2 + v_2 \\ \vdots \\ u_n + v_n \end{bmatrix}$$

规定数量 $k \in K$ 与向量 $|u\rangle \in K^n$ 之间的数乘运算为数量 k 与 $|u\rangle$ 的每一个分量分别做普通乘法，即

$$k\,|u\rangle := \begin{bmatrix} ku_1 \\ ku_2 \\ \vdots \\ ku_n \end{bmatrix}$$

设 $V \equiv K^n$，根据数域的性质，可以验证，对任意的 $|u\rangle, |v\rangle, |w\rangle \in V$，任意的 $\alpha, \beta \in K$ 满足以下运算法则：

(1) $|u\rangle + |v\rangle = |v\rangle + |u\rangle$（加法交换律）；

(2) $(|u\rangle + |v\rangle) + |w\rangle = |u\rangle + (|v\rangle + |w\rangle)$（加法结合律）；

(3) V 中有一个元素 $(0, 0, \cdots, 0)$，记作 $|\hat{0}\rangle$，它满足

$$|\hat{0}\rangle + |v\rangle = |v\rangle + |\hat{0}\rangle = |v\rangle, \forall\, |v\rangle \in V$$

具有该性质的元素 $|\hat{0}\rangle$ 称为 V 的**零向量**（zero-vector）；

(4) 对于 $|v\rangle \in V$，存在 $|\bar{v}\rangle := \begin{bmatrix} -v_1 \\ -v_2 \\ \vdots \\ -v_n \end{bmatrix} \in V$，使得

$$|v\rangle + |\bar{v}\rangle = |\hat{0}\rangle$$

具有该性质的元素 $|\bar{v}\rangle$ 称为 $|v\rangle$ 的**负向量**（inverse）；

(5) $1\,|v\rangle = |v\rangle$，其中，1 是 K 的单位元；

(6) $(\alpha\beta)\,|v\rangle = \alpha\,(\beta\,|v\rangle)$；

(7) $(\alpha + \beta)\,|v\rangle = \alpha\,|v\rangle + \beta\,|v\rangle$；

(8) $\alpha\,(|u\rangle + |v\rangle) = \alpha\,|u\rangle + \alpha\,|v\rangle$。

数域 K 上所有 n 元有序数组组成的集合 K^n，再加上定义在其上的加法运算和数乘运算，以及满足的 8 条运算法则一起，称为数域 K 上的一个 n 维向量空间。

在 V 中，可以根据向量的加法运算来定义向量的减法运算为

$$|u\rangle - |v\rangle := |u\rangle + |\bar{v}\rangle$$

在 V 上，定义加法运算和数乘运算之后，满足的 8 条运算法则可以推导出向量空间的一些其他性质。

性质 1: V 中零向量是唯一的。

性质 2: V 中每个向量 $|\alpha\rangle$ 的负向量是唯一的。

性质 3: $0\,|v\rangle = |0\rangle, \forall\,|v\rangle \in V$。

性质 4: $\alpha\,|0\rangle = |0\rangle, \forall \alpha \in K$。

性质 5: 如果 $\alpha\,|v\rangle = |0\rangle$, 那么 $\alpha = 0$ 或 $|v\rangle = |0\rangle$。

性质 6: $(-1)\,|v\rangle = -\,|v\rangle, \forall\,|v\rangle \in V$。

若 K^n 的一个非空子集 U 满足以下两条性质:

(1) $|u\rangle, |v\rangle \in U \Rightarrow |u\rangle + |v\rangle \in U$,

(2) $|u\rangle \in U, k \in K \Rightarrow k\,|u\rangle \in U$,

则称 U 为 K^n 的一个<u>线性子空间</u>, 简称为<u>子空间</u> (subspace)。

A.3.1　线性无关与基

若想研究数域 K 上向量空间 V 的结构特征, 根据向量空间的定义, 只能从 V 的向量的加法以及数乘这两种运算开始。对于 V 中的一组向量 $\{|v_1\rangle, |v_2\rangle, \cdots, |v_s\rangle\}$, 数域 K 中的一组元素 $\{\alpha_1, \alpha_2, \cdots, \alpha_s\}$, 作数乘和加法得到

$$\alpha_1\,|v_1\rangle + \alpha_2\,|v_2\rangle + \cdots + \alpha_s\,|v_s\rangle$$

根据 V 中加法和数乘的封闭性, $\alpha_1\,|v_1\rangle + \alpha_2\,|v_2\rangle + \cdots + \alpha_s\,|v_s\rangle$ 还是 V 中的一个向量, 称该向量是 $\{|v_1\rangle, |v_2\rangle, \cdots, |v_s\rangle\}$ 一个<u>线性组合</u> (linear combination), $\{\alpha_1, \alpha_2, \cdots, \alpha_s\}$ 称为<u>系数</u>。

为了方便, 像 $\{\alpha_1, \alpha_2, \cdots, \alpha_s\}$ 这样按照一定顺序写出的有限多个向量称为 V 的一个<u>向量组</u>。

如果 V 中的一个向量 $|u\rangle$ 可以表示成向量组 $\{|v_1\rangle, |v_2\rangle, \cdots, |v_s\rangle\}$ 的一个线性组合, 即

$$|u\rangle = \sum_{i=1}^{s} \alpha_i\,|v_i\rangle$$

那么称 $|u\rangle$ 可以由向量组 $\{|v_1\rangle, |v_2\rangle, \cdots, |v_s\rangle\}$<u>线性表示</u> (或线性表出)。

若向量组 $\{|v_1\rangle, |v_2\rangle, \cdots, |v_s\rangle\}$ 中至少存在一个向量可以由除自身外的其他向量线性表示, 则称这组向量<u>线性相关</u>(linearly dependent)。否则, 向量组 $\{|v_1\rangle, |v_2\rangle, \cdots, |v_s\rangle\}$ 中任意一个向量都不可以由其他向量线性表示, 则称这组向量<u>线性无关</u> (linearly independent)。

若向量空间 V 中的任意向量都可以由向量组 $\{|v_1\rangle, |v_2\rangle, \cdots, |v_s\rangle\}$ 线性表示, 则称该向量组为向量空间 V 的<u>生成集</u> (spanning set)。

线性无关的生成集称为**极小生成集**。向量空间的极小生成集定义为向量空间的**基**，极小生成集中向量的个数定义为向量空间的**维数**。比如，当数域 K 为复数域 $\mathbb{C}$ 时，向量空间 $\mathbb{C}^2$ 的基为由向量

$$|b_1\rangle := \begin{bmatrix} 1 \\ 0 \end{bmatrix}, \quad |b_2\rangle := \begin{bmatrix} 0 \\ 1 \end{bmatrix}$$

组成的集合。

因为向量空间 $\mathbb{C}^2$ 中的任意向量

$$|u\rangle = \begin{bmatrix} u_1 \\ u_2 \end{bmatrix}$$

都可以写成向量组 $\{|b_1\rangle, |b_2\rangle\}$ 的线性组合，即

$$|u\rangle = u_1 |b_1\rangle + u_2 |b_2\rangle$$

并且向量组 $\{|b_1\rangle, |b_2\rangle\}$ 线性无关。

因此，当知道向量空间的基时，就可以用它们来线性表示该向量空间中的任意的向量。也可以说，这组基张成了这个向量空间。

然而，需要注意的是，向量空间的基并不唯一。比如，一组向量

$$|b_1\rangle := \frac{1}{\sqrt{2}} \begin{bmatrix} 1 \\ 1 \end{bmatrix}, \quad |b_2\rangle := \frac{1}{\sqrt{2}} \begin{bmatrix} 1 \\ -1 \end{bmatrix}$$

就可以作为向量空间 $\mathbb{C}^2$ 的另一组基。因为向量空间 $\mathbb{C}^2$ 中的任意向量

$$|u\rangle = \begin{bmatrix} u_1 \\ u_2 \end{bmatrix}$$

可以写成 $|b_1\rangle$ 与 $|b_2\rangle$ 的线性组合

$$|u\rangle = \frac{u_1 + u_2}{\sqrt{2}} |b_1\rangle + \frac{u_1 - u_2}{\sqrt{2}} |b_2\rangle$$

假设给定 n 维向量空间 V 的基 $\{|b_1\rangle, |b_2\rangle, \cdots, |b_n\rangle\}$ 和任意向量 $|u\rangle$，该向量都可以由该基线性表示，即

$$|u\rangle = \alpha_1 |b_1\rangle + \alpha_2 |b_2\rangle + \cdots + \alpha_n |b_n\rangle$$

将 $|u\rangle$ 在该基 $\{|b_1\rangle, |b_2\rangle, \cdots, |b_n\rangle\}$ 下的系数称为 $|u\rangle$ 在该基下的<u>坐标表示</u>，可以写成列向量的形式，即

$$|u\rangle = \begin{bmatrix} \alpha_1 \\ \alpha_2 \\ \vdots \\ \alpha_n \end{bmatrix}$$

从二维复向量空间的例子可以看出，同一个向量在不同的基下有着不同的坐标表示。

定理　在 n 维向量空间中，给定一个基，向量空间中的任意向量的坐标表示是唯一的。

证明　设 $\{|b_1\rangle, |b_2\rangle, \cdots, |b_n\rangle\}$ 为 n 维向量空间的一个基，根据基的定义，任意向量 $|u\rangle$ 都可以由这组基线性表示，即

$$|u\rangle = \alpha_1 |b_1\rangle + \alpha_2 |b_2\rangle + \cdots + \alpha_n |b_n\rangle$$

假设 $|u\rangle$ 在该基下的坐标表示是不唯一的，因此，存在另一种线性表示方式，即

$$|u\rangle = \bar{\alpha}_1 |b_1\rangle + \bar{\alpha}_2 |b_2\rangle + \cdots + \bar{\alpha}_n |b_n\rangle$$

将这两个不同的坐标表示的向量做差，得到

$$|u\rangle - |u\rangle = (\alpha_1 - \bar{\alpha}_1)|b_1\rangle + (\alpha_2 - \bar{\alpha}_2)|b_2\rangle + \cdots + (\alpha_n - \bar{\alpha}_n)|b_n\rangle$$

即

$$|\hat{0}\rangle = (\alpha_1 - \bar{\alpha}_1)|b_1\rangle + (\alpha_2 - \bar{\alpha}_2)|b_2\rangle + \cdots + (\alpha_n - \bar{\alpha}_n)|b_n\rangle$$

因为基是线性无关的，所以有

$$\alpha_i - \bar{\alpha}_i = 0, \quad i = 1, 2, \cdots, n$$

即

$$\alpha_i = \bar{\alpha}_i, \quad i = 1, 2, \cdots, n$$

从而假设不成立，因此在给定基下，任意给定向量的坐标表示唯一。

A.3.2 向量的内积

向量的内积是一个从向量空间 $V \times V$ 到数域 K 的一个映射 $(-, -)$，并满足以下性质：

(1) 映射 $(-, -)$ 对第二项是线性的，即

$$\left(|u\rangle, \sum_i \lambda_i |v_i\rangle \right) = \sum_i \lambda_i \left(|u\rangle, |v_i\rangle \right)$$

(2) 交换共轭性，即

$$\left(|u\rangle, |v\rangle \right) = \left(|v\rangle, |u\rangle \right)^*$$

(3) 自内积非负性，即

$$\left(|v\rangle, |v\rangle \right) \geqslant 0$$

等号成立当且仅当 $|v\rangle$ 为零向量 $|\hat{0}\rangle$。

比如，在 n 维复向量空间中，定义内积为

$$\left(|u\rangle, |v\rangle \right) := \sum_i u_i^* v_i$$

其中

$$|u\rangle = \begin{bmatrix} u_1 \\ u_2 \\ \vdots \\ u_n \end{bmatrix}, \quad |v\rangle = \begin{bmatrix} v_1 \\ v_2 \\ \vdots \\ v_n \end{bmatrix}$$

在量子力学中，内积 $\left(|u\rangle, |v\rangle \right)$ 的标准符号为 $\langle u|v\rangle$，即

$$\langle u|v\rangle := \left(|u\rangle, |v\rangle \right)$$

这里 $|u\rangle$、$|v\rangle$ 均为内积空间中的向量，符号 $\langle u|$ 表示向量 $|u\rangle$ 的对偶向量 (dual vector)，

$$\langle u| := [u_1^*, u_2^*, \cdots, u_n^*]$$

将拥有内积的空间称为内积空间 (inner product space)。量子力学中常提到希尔伯特空间 (Hilbert space)，在有限维的情况下，希尔伯特空间与内积空间是一致的。无限维的情况，这里不加考虑。

若向量 $|u\rangle$ 和向量 $|v\rangle$ 的内积为 0，则称这两个向量<u>正交</u> (orthogonal)。比如，向量 $|u\rangle \equiv (1,0)$，$|v\rangle \equiv (0,1)$，根据上面复向量空间内积的定义，可得

$$\langle u|v \rangle = 1 \times 0 + 0 \times 1 = 0$$

故 $|u\rangle$，$|v\rangle$ 两向量正交。

向量 $|v\rangle$ 的<u>模</u> (norm) 定义为

$$\||v\rangle\| := \sqrt{\langle v|v \rangle}$$

若向量 $|v\rangle$ 满足 $\||v\rangle\| = 1$，则称该向量为<u>单位向量</u> (unit vector) 或<u>归一化的</u> (normalized)。对于任意非零向量 $|u\rangle$，可以通过将该向量除以它的范数得到其归一化形式，即

$$\frac{|v\rangle}{\||v\rangle\|}$$

设 $|b_1\rangle, |b_2\rangle, \cdots, |b_n\rangle$ 为向量空间的一组基，满足每一个向量都是单位向量，并且不同向量的内积为 0，即

$$\langle b_i|b_j \rangle = \begin{cases} 1, & i = j \\ 0, & i \neq j \end{cases}$$

则称这组向量为向量空间的<u>标准正交</u> (orthonormal) 基。

标准正交基能带来很多方便，比如在计算向量的内积时，就可以将向量的坐标对应相乘。

假设知道向量空间的一个非标准正交基 $|u_1\rangle, |u_2\rangle, \cdots, |u_n\rangle$，那么，可以通过 Gram-Schmidt 正交化来将非标准正交基转化为标准正交基。具体过程如下：

用向量组 $\{|v_1\rangle, |v_2\rangle, \cdots, |v_n\rangle\}$ 来表示待生成的标准正交基，首先定义

$$|v_1\rangle := \frac{|u_1\rangle}{\||u_1\rangle\|}$$

接着对 $1 \leqslant k \leqslant n-1$，递归地计算并定义

$$|v_{k+1}\rangle := \frac{|u_{k+1}\rangle - \sum_{i=1}^{k} \langle v_i \mid u_{k-1} \rangle |v_i\rangle}{\left\| |u_{k+1}\rangle - \sum_{i=1}^{k} \langle v_i \mid u_{k-1} \rangle |v_i\rangle \right\|}$$

在量子计算中，通常用一组带有指标 i 的向量 $|i\rangle$ 来表示标准正交基。

A.4 矩阵与矩阵的运算

事实上，当提到矩阵时，并不陌生，只是在平时不把它叫作矩阵而已，而通常称作表。比如，一个班级有 35 名同学，这学期要修 6 门课程，在本学期期末考试后，为了便于管理和分析，老师将每位同学的各科成绩放在一起，做成一个 35 行、6 列的表。在日常生活或在其他学科中有很多类似的表，将它们的特点进行提取，进而形成数学上的矩阵这样的抽象概念。其实这样的抽象过程也并不陌生，比如自然数的发明就是这样的一个过程。

A.4.1 矩阵的概念

定义 A.4.1 由 $m \cdot n$ 个数排成 m 行、n 列的一张表称为一个 $m \times n$ 矩阵[58]，其中的每一个数称为这个矩阵的一个元素，第 i 行与第 j 列交叉位置的元素称为矩阵的 (i, j) 元。如 $\begin{bmatrix} 1 & 2 & 3 \\ 4 & 5 & 6 \end{bmatrix}$ 或 $\begin{pmatrix} 1 & 2 & 3 \\ 4 & 5 & 6 \end{pmatrix}$ 都是一个矩阵。

矩阵通常用大写英文字母 $A, B, C, \cdots$ 表示。一个 $m \times n$ 矩阵可以简单地记作 $A_{m \times n}$，它的 (i, j) 元记作 $A(i; j)$。如果矩阵 A 的 (i, j) 元是 a_{ij}，那么可以记作 $A = [a_{ij}]$ 或 $A = (a_{ij})$。

如果某个矩阵 A 的行数与列数相等，则称为方阵。m 行 m 列的方阵也称为 m 级矩阵。

元素全为 0 的矩阵称为零矩阵，简记作 0。m 行 n 列的零矩阵可以记成 $0_{m \times n}$。

数域 G 上两个矩阵行数相等，列数也相等，并且它们所有元素对应相等 (即第一个矩阵的 (i, j) 元等于第二个矩阵的 (i, j) 元)，则这两个矩阵称为相等。

定义 A.4.2 设矩阵 $A = (a_{ij})_{m \times n}$，若矩阵 $B = (b_{ij})_{n \times m}$ 满足 $a_{ij} = b_{ji}$，则称矩阵 B 为矩阵 A 的转置，将其记作 A^{T} 或 A'。一个矩阵 A 如果满足 $A = A^{\mathrm{T}}$，那么称 A 是对称矩阵。

定义 A.4.3 设 n 级矩阵 $A = (a_{ij})_{n \times n}$，称 $T = \sum_{i=1}^{n} a_{ii}$ 为矩阵 A 的迹，记作 $\mathrm{tr}(A)$。

可以验证矩阵的迹有如下性质：

(1) $\mathrm{tr}(AB) = \mathrm{tr}(BA)$；

(2) $\mathrm{tr}(A + B) = \mathrm{tr}(A) + \mathrm{tr}(B)$。

由矩阵 A 的若干行、若干列的交叉位置元素按原来顺序排列成的矩阵称为 A 的一个子矩阵。

定义 A.4.4 把一个矩阵 A 的行分成若干组，列也分成若干组，从而 A 被分成若干个子矩阵，把 A 看成是由这些子矩阵组成的，这称为矩阵的分块，这种由子矩阵组成的矩阵称为分块矩阵。

例如，矩阵 A 可写成分块矩阵的形式：

$$A = \begin{bmatrix} A_1 & A_2 \\ A_3 & A_4 \end{bmatrix}$$

从而

$$A^{\mathrm{T}} = \begin{bmatrix} A_1^{\mathrm{T}} & A_3^{\mathrm{T}} \\ A_2^{\mathrm{T}} & A_4^{\mathrm{T}} \end{bmatrix}$$

A.4.2　矩阵的加法与乘法

定义 A.4.5　设 $A = (a_{ij}), B = (b_{ij})$ 都是数域 G 上 $m \times n$ 矩阵，令

$$C = (a_{ij} + b_{ij})_{m \times n}$$

则称矩阵 C 是矩阵 A 与 B 的和，记作 $C = A + B$。

定义 A.4.6　设 $A = (a_{ij})$ 是数域 G 上 $m \times n$ 矩阵，$k \in G$，令

$$M = (ka_{ij})_{m \times n}$$

则称矩阵 M 是 k 与矩阵 A 的数量乘积，记作 $M = kA$。

设 $A = (a_{ij})_{m \times n}$，矩阵 $(-a_{ij})_{m \times n}$ 称为 A 的负矩阵，记作 $-A$。容易验证，矩阵的加法与数量乘法满足下列 8 条运算法则。设 A, B, C 都是 G 上 $m \times n$ 矩阵，$k, l \in G$，有

(1) $A + B = B + A$；

(2) $(A + B) + C = A + (B + C)$；

(3) $A + 0 = 0 + A = A$；

(4) $A + (-A) = (-A) + A = 0$；

(5) $1A = A$；

(6) $(kl)A = k(lA)$；

(7) $(k + l)A = kA + lA$；

(8) $k(A + B) = kA + kB$。

利用负矩阵的概念，可以定义矩阵的减法如下：设 A、B 都是 $m \times n$ 矩阵，则

$$A - B := A + (-B)$$

定义 A.4.7　设 $A = (a_{ij})_{m \times n}, B = (b_{ij})_{n \times s}$，令

$$C = (c_{ij})_{m \times s}$$

其中

$$c_{ij} = a_{i1}b_{1j} + a_{i2}b_{2j} + \cdots + a_{in}b_{nj} = \sum_{k=1}^{n} a_{ik}b_{kj}$$

$i = 1, 2, \cdots, m; j = 1, 2, \cdots, s$。则矩阵 C 称为矩阵 A 与 B 的乘积，记作 $C = AB$。

矩阵乘法需要注意以下两点：

(1) 只有左矩阵的列数与右矩阵的行数相同的两个矩阵才能相乘；

(2) 乘积矩阵的行数等于左矩阵的行数，乘积矩阵的列数等于右矩阵的列数。

例如设

$$A = \begin{pmatrix} 1 & 2 \\ 3 & 4 \\ 5 & 6 \end{pmatrix}, \quad B = \begin{pmatrix} 7 & 8 \\ 9 & 10 \end{pmatrix}$$

则

$$AB = \begin{pmatrix} 25 & 28 \\ 57 & 64 \\ 89 & 100 \end{pmatrix}$$

矩阵的乘法有下面两条性质：

(1) 矩阵的乘法适合结合律，但一般不适合交换律。

设 $A = (a_{ij})_{m \times n}, B = (b_{ij})_{n \times s}, C = (c_{ij})_{s \times r}$，则 $(AB)C = A(BC)$。一般，对矩阵 A, B 不成立 $AB = BA$。如

$$A = (1 \quad 1), \quad B = \begin{pmatrix} 1 \\ 1 \end{pmatrix}, \quad AB = (1), \quad BA = \begin{pmatrix} 1 & 1 \\ 1 & 1 \end{pmatrix}, \quad AB \neq BA$$

若对矩阵 A, B 成立 $AB = BA$，则称 A 与 B 可交换。

(2) 矩阵的乘法适合左分配律，也适合右分配律：

$$A(B+C) = AB + AC, \quad (B+C)D = BD + CD$$

n 级矩阵 $A = (a_{ij})$ 中的元素 $a_{ii}(i = 1, \cdots, n)$ 称为主对角线上元素。主对角线上元素都是 1，其余元素都是 0 的 n 级矩阵称为 n 级单位阵，记作 I_n，或简记作 I。容易直接计算得

$$I_m A_{m \times n} = A_{m \times n}, \quad A_{m \times n} I_n = A_{m \times n}$$

特别地，如果 A 是 n 级矩阵，则

$$IA = AI = A$$

矩阵的乘法与数量乘法满足下述关系式:

$$k(AB) = (kA)B = A(kB)$$

矩阵的加法、数量乘法、乘法与矩阵的转置有如下关系:

$$(A+B)' = A' + B'; \quad (kA)' = kA'; \quad (AB)' = B'A'$$

定义 A.4.8　主对角线以外的元素全为 0 的方阵称为对角矩阵, 简记作

$$\text{diag}\{d_1, d_2, \cdots, d_n\}$$

A.4.3　可逆矩阵和矩阵相似

定义 A.4.9　对于数域 G 上的矩阵 A, 如果存在数域 G 上的矩阵 B, 使得

$$AB = BA = I$$

那么称 A 是可逆矩阵 (或非奇异矩阵); 称 B 为 A 的逆矩阵, 记作 A^{-1}。

定义 A.4.10　设 A 与 B 都是数域 G 上的 n 级矩阵, 如果存在数域 G 上的一个 n 级可逆矩阵 P, 使得

$$P^{-1}AP = B$$

那么称 A 与 B 是相似的。

A.5　矩阵的特征

A.5.1　矩阵的特征值与特征向量

定义 A.5.1　设 A 是数域 G 上的 n 级矩阵, 如果 G^n 中有非零列向量 $|v\rangle$, 使得

$$A|v\rangle = v|v\rangle, \text{且} v \in G$$

那么称 v 是 A 的一个特征值, 称 $|v\rangle$ 是 A 的属于特征值 v 的一个特征向量。

注意: 这里数值 v 和列向量 $|v\rangle$ 是两个不同的概念, 只不过为了突出它们之间的关系, 都采用了 v 这个记号。

由线性代数中行列式及线性方程组的知识可知:

v 是 A 的一个特征值, $|v\rangle$ 是 A 的属于特征值 v 的一个特征向量

$\Leftrightarrow A|v\rangle = v|v\rangle, |v\rangle \neq 0, v \in G$;

$\Leftrightarrow (vI - A)|v\rangle = 0, |v\rangle \neq 0, v \in G$;

$\Leftrightarrow |vI - A| = 0, |v\rangle$ 是 $(vI - A)|v\rangle = 0$ 的一个非零解，$v \in G$;

$\Leftrightarrow v$ 是多项式 $|\lambda I - A|$ 在 G 中的一个根，$|v\rangle$ 是 $(vI - A)|x\rangle = 0$ 的一个非零解。

把 $|\lambda I - A|$ 称为 A 的**特征多项式**。

设 v 是 A 的一个特征值，把齐次线性方程组 $(vI - A)|x\rangle = 0$ 的解空间称为 A 的属于 v 的**特征子空间**，其中的全部非零向量就是 A 的属于 v 的全部特征向量。

定义 A.5.2 如果 n 级矩阵 A 能够相似于一个对角矩阵，那么称 A <u>可对角化</u>。

定理 A.5.1 数域 G 上 n 级矩阵 A 可对角化的充分必要条件是，G^n 中有 n 个线性无关的列向量 $|x_1\rangle, |x_2\rangle, \cdots, |x_n\rangle$，以及 G 中有 n 个数 $x_1, x_2, \cdots, x_n$（它们之中有些可能相等），使得

$$A|x_i\rangle = x_i|x_i\rangle, \quad i = 1, 2, \cdots, n$$

这时，令 $P = (|x_1\rangle, |x_2\rangle, \cdots, |x_n\rangle)$，则

$$P^{-1}AP = \text{diag}\{x_1, x_2, \cdots, x_n\}$$

证明 设 A 与对角矩阵 $D = \text{diag}\{x_1, x_2, \cdots, x_n\}$ 相似，其中 $x_i \in G, i = 1, 2, \cdots, n$。这等价于存在 G 上 n 级可逆矩阵 $P = (|x_1\rangle, |x_2\rangle, \cdots, |x_n\rangle)$，使得 $P^{-1}AP = D$，即 $AP = PD$，即 $A(|x_1\rangle, |x_2\rangle, \cdots, |x_n\rangle) = (|x_1\rangle, |x_2\rangle, \cdots, |x_n\rangle)D$，即 $(A|x_1\rangle, A|x_2\rangle, \cdots, A|x_n\rangle) = (x_1|x_1\rangle, x_2|x_2\rangle, \cdots, x_n|x_n\rangle)$。这等价于 G^n 中有 n 个线性无关的列向量 $|x_1\rangle, |x_2\rangle, \cdots, |x_n\rangle$，使得

$$A|x_i\rangle = x_i|x_i\rangle, \quad i = 1, 2, \cdots, n$$

证毕。

A.5.2 Hermite 矩阵

定义 A.5.3 若矩阵 B 中的每个元素都是矩阵 A 中相应元素的共轭，则称矩阵 B 是矩阵 A 的**共轭矩阵**，将 B 记作 A^*。

定义 A.5.4 若矩阵 B 满足 $B = (A^*)'$，则把 B 记作 $A^\dagger$。若 $A = A^\dagger$，则称 A 为 <u>Hermite 矩阵</u>。如果 $|v\rangle$ 是向量，那么也记 $(|v\rangle^*)' = |v\rangle^\dagger := \langle v|$。

易验证 Hermite 矩阵有如下性质：

(1) 对于任意的向量 $|v\rangle, |w\rangle$ 及矩阵 A，存在唯一的矩阵 $A^\dagger$，使得

$$(|v\rangle, A|w\rangle) = (A^\dagger|v\rangle, |w\rangle)$$

(2) $(AB)^\dagger = B^\dagger A^\dagger, (A|v\rangle)^\dagger = \langle v|A^\dagger, (A^\dagger)^\dagger = A$。

定义 A.5.5　若矩阵 A 满足 $AA^\dagger = A^\dagger A$，则称矩阵 A 为正规的 (normal)。

定义 A.5.6　若矩阵 U 满足 $U^\dagger U = I$，则称矩阵 U 为酉的 (unitary)。

易看出酉矩阵有如下性质：

$$(U|v\rangle, U|w\rangle) = \langle v|U^\dagger U|w\rangle = \langle v|w\rangle$$

定理 A.5.2　酉矩阵的所有特征值的模都是 1。

证明　设 U 是酉矩阵，v 是 U 的一个特征值，$|v\rangle$ 是矩阵 U 的属于特征值 v 的特征向量，那么有

$$0 \neq \langle v|v\rangle = \langle v|U^\dagger U|v\rangle = (U|v\rangle)^\dagger (U|v\rangle) = (v|v\rangle)^\dagger (v|v\rangle) = v^* v \langle v|v\rangle$$

所以 $v^* v = 1$，即 v 的模为 1。

证毕。

A.5.3　对易式与反对易式

定义 A.5.7[61]　设有两个矩阵 A, B，称

$$[A, B] := AB - BA$$

为 A 与 B 之间的对易式 (commutator)，若 $[A, B] = 0$，即 $AB = BA$，则称 A 和 B 是对易的。类似地，两个矩阵的反对易式 (anti-commutator) 定义为

$$\{A, B\} := AB + BA$$

如果 $\{A, B\} = 0$，即 A 与 B 反对易。

下面几条性质的证明比较简单，请读者自己思考。

(1) 若 $[A, B] = 0, \{A, B\} = 0$，且 A 可逆，则 B 必为 0。

(2) $[A, B]^\dagger = [B^\dagger, A^\dagger], [A, B] = -[B, A]$。

(3) 设 A 和 B 都是 Hermite 的，则 $\mathrm{i}[A, B]$ 是 Hermite 的。

下面不加证明地给出同时对角化定理。里面用到了一些线性代数的概念。

定理 A.5.3 (同时对角化定理)　设 A 和 B 是 Hermite 矩阵，$[A, B] = 0$ 当且仅当存在一组标准正交基，使 A 和 B 在这组基下是同时对角的。在这种情况下 A 和 B 称为可同时对角化。

A.6 矩阵的函数

类似于实数的函数，可以定义矩阵的函数。例如，在实数的多项式函数中只用到了加法和幂运算，也可以类似地定义矩阵的多项式函数，这里的矩阵一般为方阵，因为需要用到幂运算。下面主要介绍矩阵 (方阵) 的指数函数。

定义 A.6.1 定义 $\mathrm{e}^A := I + A + \dfrac{A^2}{2!} + \dfrac{A^3}{3!} + \dfrac{A^4}{4!} + \cdots$

这个定义相当于把 $f(x) = \mathrm{e}^x$ 在原点泰勒展开 (关于泰勒展开可见于微积分教材中内容)，然后把矩阵 A 代入泰勒展开式进行运算。如果 $A = \mathrm{diag}\{A_{11}, A_{22}, \cdots, A_{nn}\}$，其中 A_{ii} 是子矩阵。容易验证：

$$\mathrm{e}^A = \mathrm{diag}\{\mathrm{e}^{A_{11}}, \mathrm{e}^{A_{22}}, \cdots, \mathrm{e}^{A_{nn}}\}$$

如果 A 不是一个对角阵，可以运用线性代数中的酉变换，找到一个酉矩阵 U 使得对角矩阵 $D = \mathrm{diag}\{D_{11}, D_{22}, \cdots, D_{mm}\}$ 满足 $D = UAU^\dagger$。易知 $A^n = U^\dagger D^n U$，从而

$$\mathrm{e}^A = U^\dagger \mathrm{e}^D U = U^\dagger \mathrm{diag}\{\mathrm{e}^{D_{11}}, \mathrm{e}^{D_{22}}, \cdots, \mathrm{e}^{D_{mm}}\}U$$

类似于矩阵指数函数的定义，可以定义矩阵的其他函数，把矩阵代入其他函数的泰勒展开式即可。如矩阵的正弦函数可定义为

$$\sin(A) := A - \frac{A^3}{3!} + \frac{A^5}{5!} - \cdots$$

矩阵的余弦函数可定义为

$$\cos(A) := 1 - \frac{A^2}{2!} + \frac{A^4}{4!} - \cdots + (-1)^n \frac{A^{2n}}{(2n)!} + \cdots$$

下面介绍一个很重要的欧拉公式：

$$\mathrm{e}^{\mathrm{i}\theta} = \cos\theta + \mathrm{i}\sin\theta$$

这个公式其实是说等式两边的泰勒展开式是相等的，下面来验证一下。先给出一些泰勒展开式：

$$\mathrm{e}^{\theta} = 1 + \theta + \frac{\theta^2}{2!} + \frac{\theta^3}{3!} + \cdots + \frac{\theta^n}{n!} + \cdots$$

$$\cos \theta = 1 - \frac{\theta^2}{2!} + \frac{\theta^4}{4!} - \cdots + (-1)^n \frac{\theta^{2n}}{(2n)!} + \cdots$$

$$\sin \theta = \theta - \frac{\theta^3}{3!} + \frac{\theta^5}{5!} - \cdots + (-1)^n \frac{\theta^{2n+1}}{(2n+1)!} + \cdots$$

将以上三式代入欧拉公式等式两端，不难验证两端相等。

A.7　线性算子与矩阵表示

A.7.1　线性算子

正比例函数 $y = kx (k \neq 0)$，即 $f(x) = kx$。比如，在日常生活中，1 千克米 k 元，买了 x 千克，就要付给商家 kx 元钱。正比例函数对任意的实数 x_1, x_2，有 $f(x_1 + x_2) = k(x_1 + x_2) = kx_1 + kx_2 = f(x_1) + f(x_2)$；对任意的 x, a，有 $f(ax) = k(ax) = a(kx) = af(x)$。这说明正比例函数保持加法运算与数乘运算 [60]。受这类事例启发，给出线性算子的概念。

如果数域 K 上的向量空间 $V \equiv K^m$ 到向量空间 $W \equiv K^n$ 的一个映射 σ 保持加法和数乘运算，即 $\forall |u\rangle, |v\rangle \in V, k \in K$，有

$$\sigma(|u\rangle + |v\rangle) = \sigma(|u\rangle) + \sigma|v\rangle$$

$$\sigma(k|u\rangle) = k\sigma(|u\rangle)$$

那么称 σ 为 V 到 W 的一个<u>线性算子</u>。

根据线性算子的定义可以验证以下性质：

$$\sigma\left(\sum_i a_i |v_i\rangle\right) = \sum_i a_i \sigma(|v_i\rangle)$$

通常 $\sigma(|v\rangle)$ 简记为 $\sigma|v\rangle$。当定义在向量空间 V 上的线性算子 σ 时，意味着 σ 是从 V 到 V 的一个线性算子。

一个重要的线性算子是向量空间 V 上的单位算子 I_v(identity operator)，它将 V 中任意向量对应到自身，即

$$I_v |v\rangle \equiv |v\rangle, \quad \forall |v\rangle \in V$$

另一个重要的线性算子是向量空间 V 上的零算子 0(zero operator)，它将 V 中任意向量对应到 V 中零向量 $|\hat{0}\rangle$，即

$$0 |v\rangle \equiv |\hat{0}\rangle, \quad \forall |v\rangle \in V$$

由于线性算子是映射的一种特殊情况，因此线性算子也可以做映射的合成，并满足合成的结合律。

A.7.2 矩阵表示

最直观地理解线性算子的方式就是通过线性算子的矩阵表示 (matrix representations)，因为矩阵能有一个直观的认识 [58,60,61,63]。

设 $\sigma : V \to W$ 是向量空间 V 到向量空间 W 的线性算子，选定向量组 $\{|v_1\rangle, |v_2\rangle, \cdots, |v_n\rangle\}$ 为向量空间 V 的一个基，向量组 $\{|w_1\rangle, |w_2\rangle, \cdots, |w_m\rangle\}$ 为向量空间 W 的一个基，由于向量空间 V 中的任意向量 $|v\rangle$ 都可以由基 $\{|v_1\rangle, |v_2\rangle, \cdots, |v_n\rangle\}$ 线性表示，根据线性算子的保持加法和数乘的性质，只要确定 σ 作用在基 $\{|v_1\rangle, |v_2\rangle, \cdots, |v_n\rangle\}$ 上的像，从而也就确定了线性算子 σ 作用在任意向量 $|v\rangle$ 上的像。

根据线性算子的定义可知，线性算子本质上是两个向量空间之间的映射，而映射表示一种对应关系。如果确定空间 V 中每一个 $|v\rangle$ 映射作用到向量空间 W 中的像，也就确定从向量空间 V 到向量空间 W 的对应关系，即线性算子 $\sigma : V \to W$ 也就被确定。

而 V 中的每个元素都能被 V 中的基线性表示，因此将线性算子 σ 作用在基的每一个元素上面，得到 W 中的像 $\sigma|v_1\rangle, \sigma|v_2\rangle, \cdots, \sigma|v_n\rangle$ 都确定，从而基的线性表示的像也被确定，那么线性算子也就被确定。

由于 $\sigma|v_j\rangle, j = 1, 2, \cdots, n$ 是 W 中的元素，因此可以由 W 中的基 $\{|w_1\rangle, |w_2\rangle, \cdots, |w_m\rangle\}$ 来线性表示，即

$$\sigma|v_j\rangle = a_{1j}|w_1\rangle + a_{2j}|w_2\rangle + \cdots + a_{mj}|w_m\rangle = \sum_{i=1}^{m} a_{ij}|w_i\rangle$$

写成矩阵的形式

$$[\sigma|v_1\rangle, \sigma|v_2\rangle, \cdots, \sigma|v_n\rangle] = [|w_1\rangle, |w_2\rangle, \cdots, |w_m\rangle] \begin{bmatrix} a_{11} & a_{12} & \cdots & a_{1n} \\ a_{21} & a_{22} & \cdots & a_{2n} \\ \vdots & \vdots & & \vdots \\ a_{m1} & a_{m2} & \cdots & a_{mn} \end{bmatrix}$$

把上式右端的 $m \times n$ 矩阵记作 A，称 A 是线性算子 σ 在 V 的基 $|v_1\rangle, |v_2\rangle, \cdots, |v_n\rangle$ 和 W 的基 $|w_1\rangle, |w_2\rangle, \cdots, |w_m\rangle$ 下的矩阵表示 (matrix representation)。

因此，对于给定基下的线性算子都可以找到与之对应的矩阵，并且这种矩阵表示方式是唯一的。

　　根据矩阵的运算法则以及线性算子的定义, 也可以验证矩阵是一个线性算子。因此, 在给定向量空间的基下, 线性算子与矩阵作用在同一向量空间上是等价的。

　　设 σ 是域 G 上 n 维线性空间 V 到 m 维线性空间 W 的一个线性算子, 它在 V 的一个基 $|v_1\rangle, |v_2\rangle, \cdots, |v_n\rangle$ 和 W 的一个基 $|w_1\rangle, |w_2\rangle, \cdots, |w_m\rangle$ 下的矩阵为 A, V 中向量 $|v\rangle$ 在基 $|v_1\rangle, |v_2\rangle, \cdots, |v_n\rangle$ 下的坐标为 X, 则有

$$
\begin{aligned}
\sigma |v\rangle &= \sigma\left[\left(|v_1\rangle, |v_2\rangle, \cdots, |v_n\rangle\right) X\right] \\
&= \left[\sigma\left(|v_1\rangle, |v_2\rangle, \cdots, |v_n\rangle\right)\right] X \\
&= \left[\left(|w_1\rangle, |w_2\rangle, \cdots, |w_m\rangle\right) A\right] X \\
&= \left(|w_1\rangle, |w_2\rangle, \cdots, |w_m\rangle\right) (AX)
\end{aligned}
$$

因此, $\sigma |v\rangle$ 在 W 的一个基 $|w_1\rangle, |w_2\rangle, \cdots, |w_m\rangle$ 下的坐标为 AX。

　　线性算子作用于向量空间中的元素所得到的新元素的坐标, 实际上就是矩阵乘以向量空间中的元素的坐标。因此, 前文矩阵的性质也对应于线性算子的性质。

　　根据线性算子的定义, 可以将向量空间 V 中, 两向量 $|u\rangle$ 和 $|v\rangle$ 的内积中的对偶 $\langle u|$ 也可以看作从向量空间 V 到复数域 C 的线性算子, 即

$$
\langle u| (|v\rangle) = \langle u|v\rangle = (|u\rangle, |v\rangle) = \sum_{i=1}^{n} u_i^* v_i = \left[\begin{array}{ccc} u_1^* & \cdots & u_n^* \end{array}\right] \left[\begin{array}{c} v_1 \\ \vdots \\ v_n \end{array}\right]
$$

　　而线性算子 $\langle u|$ 在向量空间 V 中标准正交基下的矩阵表示为 1 乘 n 的矩阵 $\left[\begin{array}{ccc} u_1^* & \cdots & u_n^* \end{array}\right]$。

A.7.3　向量外积

　　一个 n 维向量可以看作一个 1 乘 n 或 n 乘 1 的矩阵, 反过来, m 乘 n 的矩阵可不可以看作一个向量呢? 本质上向量和矩阵是一样的, 只不过人们在不同的情况下, 运用不同的表示方式。类比向量, 矩阵的基又是什么呢? 矩阵是一个线性映射, 在给定基下, 线性算子与矩阵等价, 向量空间中的基与矩阵表示又有什么关系呢?

　　基于以上的疑问, 下面引进向量外积的概念[61]。假设 $|v\rangle$ 是 n 维内积空间 V 中的向量, $|w\rangle$ 是 m 维内积空间 W 中的向量, 定义 $|v\rangle\langle w|$ 是从 V 到 W 的线性算子, 并且满足运算规则

$$
(|w\rangle\langle v|)(|\tilde{v}\rangle) := |w\rangle\,(\langle v|\tilde{v}\rangle) = \langle v|\tilde{v}\rangle\,|w\rangle
$$

这里借助于内积的运算定义了外积。

设在给定标准正价基下，向量 $|v\rangle$、$|w\rangle$ 的坐标表示分别为

$$|v\rangle = \begin{bmatrix} v_1 \\ v_2 \\ \vdots \\ v_n \end{bmatrix}, \quad |w\rangle = \begin{bmatrix} w_1 \\ w_2 \\ \vdots \\ w_m \end{bmatrix}$$

从而线性算子 $|w\rangle\langle v|$ 的矩阵表示为

$$|w\rangle\langle v| = \begin{bmatrix} w_1 \\ w_2 \\ \vdots \\ w_m \end{bmatrix} \begin{bmatrix} v_1^* & v_2^* & \cdots & v_n^* \end{bmatrix} = \begin{bmatrix} w_1 v_1^* & w_1 v_2^* & \cdots & w_1 v_n^* \\ w_2 v_1^* & w_2 v_2^* & \cdots & w_2 v_n^* \\ \vdots & \vdots & & \vdots \\ w_m v_1^* & w_m v_2^* & \cdots & w_m v_n^* \end{bmatrix}$$

可以看出，在给定标准正交基下，线性算子 $|w\rangle\langle v|$ 的矩阵表示为向量 $|w\rangle$ 的坐标表示与 $|v\rangle$ 的对偶向量的坐标表示的矩阵乘法得到。

A.7.4 对角表示

向量空间 V 上的线性算子 A 的对角表示 (diagonal representation)[60,61] 是指 A 可以表示成

$$A = \sum_i \lambda_i |i\rangle\langle i|$$

其中，向量 $|i\rangle$ 为线性算子 A 的属于特征值 λ_i 的标准正交化的特征向量。

若一个线性算子有对角表示，则该线性算子一定是可对角化的 (diagonalizable)。比如，Pauli Z 矩阵有对角表示

$$Z = \begin{bmatrix} 1 & 0 \\ 0 & -1 \end{bmatrix} = 1 \cdot |0\rangle\langle 0| + (-1) \cdot |1\rangle\langle 1|$$

而线性算子可对角化，不一定有对角表示。

比如，矩阵

$$\begin{bmatrix} 1 & -2 \\ 0 & -1 \end{bmatrix}$$

特征值 1 对应的特征向量为 $k_1 \begin{bmatrix} 1 & 0 \end{bmatrix}^T$，特征值 -1 对应的特征向量为 $k_2 \begin{bmatrix} 1 & 1 \end{bmatrix}^T$，这两个特征向量并不正交，因此不可以对角表示。

而矩阵

$$\begin{bmatrix} 1 & 0 \\ 1 & 1 \end{bmatrix}$$

是不可对角化的。

定理　向量空间 V 上任意线性算子 A 是正规算子的充要条件是在 V 的某个标准正交基下，线性算子 A 有对角表示。

A.7.5　投影算子

假设 U 是 n 维向量空间 V 的 k 维子空间，可以从 V 标准正交基中找到 k 维子空间 U 的标准正交基并标记为 $|1\rangle, \cdots, |k\rangle$，定义

$$P := \sum_{i=1}^{k} |i\rangle \langle i|$$

为子空间 W 上的<u>投影算子</u> (projector)[61]。定义

$$Q := \sum_{i=k+1}^{n} |i\rangle \langle i|$$

为投影算子 P 的<u>正交补</u> (orthogonal complement)。可以验证

$$P + Q = I$$

定理　对于任意投影 P，满足 $P^2 = P$。

证明　$P^2 = \left(\sum_{i=1}^{k} |i\rangle \langle i| \right)^2 = \sum_{i,j=1}^{k} |i\rangle \langle i|j\rangle \langle j|$，因为

$$\langle i|j\rangle = \delta_{ij} = \begin{cases} 1, & i = j \\ 0, & i \neq j \end{cases}$$

所以 $\sum_{i,j=1}^{k} |i\rangle \langle i|j\rangle \langle j| = \sum_{i=1}^{k} |i\rangle \langle i| = P$，即 $P^2 = P$。

证毕。

附录 B   量子编程工具的安装与配置

B.1   QPanda

QPanda 2 是一种功能齐全、运行高效的量子软件开发工具包。

QPanda 2 是由本源量子开发的开源量子计算框架，它可以用于构建、运行和优化量子算法。QPanda 2 作为本源量子计算系列软件的基础库，为 QRunes、Qurator、量子计算服务提供核心部件。

1. 编译环境

QPanda 2 是以 C++ 为宿主语言，其对系统的环境要求如表 B.1.1 所示。

表 B.1.1   环境要求

软件	版本
CMake	>= 3.1
GCC	>= 5.0
Python	>= 3.6.0

2. 下载 QPanda 2

如果在您的系统上已经安装了 git，你可以直接输入以下命令来获取 QPanda 2：

```
$ git clone https://github.com/OriginQ/QPanda-2.git
```

对于一些未安装 git 的用户来说，也可以直接通过浏览器去下载 QPanda 2，具体的操作步骤如下：

(1) 在浏览器中输入 https://github.com/OriginQ/QPanda-2，进入网页会看到 (图 B.1.1)：

图 B.1.1   网页界面

(2) 点击 $\boxed{\text{Clone or download}}$ 看到界面 (图 B.1.2)：

图 B.1.2　网络界面

(3) 然后点击 $\boxed{\text{Download ZIP}}$，就会完成 QPanda 2 的下载 (图 B.1.3)。

图 B.1.3　下载

3. 编译

我们支持在 Windows、Linux、MacOS 下构建 QPanda 2。用户可以通过 CMake 的方式来构建 QPanda 2。

1) Windows

在 Windows 下构建 QPanda 2。用户首先需要保证在当前主机下安装了 CMake 环境和 C++ 编译环境，用户可以通过 Visual Studio 和 MinGW 方式编译 QPanda 2。

(1) 使用 Visual Studio

这里以 Visual Studio 2017 为例，使用 Visual Studio 2017 编译 QPanda 2，只需要安装 Visual Studio 2017，并在组件中安装 CMake 组件。安装完成之后，用 Visual Studio 2017 打开 QPanda 2 文件夹，即可使用 CMake 编译 QPanda 2 (图 B.1.4)。

图 B.1.4　使用 CMake 编译 QPanda 2

(2) 使用 MinGW

使用 MinGW 编译 QPanda 2，需要自行搭建 CMake 和 MinGW 环境，用户可自行在网上查询环境搭建教程 (注意：MinGW 需要安装 64 位版本)。

CMake+MinGW 的编译命令如下：

① 在 QPanda 2 根目录下创建 build 文件夹；

② 进入 build 文件夹，打开 cmd；

③ 由于 MinGW 对 CUDA 的支持存在一些问题，所以在编译时需要禁掉 CUDA，输入以下命令：

```
1.  cmake -G"MinGW Makefiles" -DFIND_CUDA=
    OFF -DCMAKE_INSTALL_PREFIX=C:/QPanda2 ..
2.  mingw32-make
```

2) Linux 和 MacOS

在 Linux 和 MacOS 下编译 QPanda 2，命令是一样的。

编译步骤如下：

① 进入 QPanda 2 根目录；

② 输入以下命令：

```
1.  mkdir -p build
2.  cd build
3.  cmake ..
4.  make
```

如果有需求，用户通过命令修改 QPanda 2 的安装路径，配置方法如下所示：

```
1.  mkdir -p build
2.  cd build
3.  cmake -DCMAKE_INSTALL_PREFIX=/usr/local ..
4.  make
```

4. 安装

QPanda 2 编译完成后，会以库的形式存在。为了方便调用，大家可以把 QPanda 2 库安装到指定位置，安装的方式如下所示。

1) Windows

(1) 使用 Visual Studio

同样以 Visual Studio 2017 为例，在 QPanda 2 编译完成后，用户可以安装。Visual Studio 2017 的安装方式很简单，只需要在 CMake 菜单中选择"安装"即可 (图 B.1.5)。

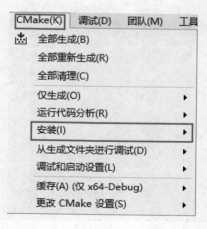

图 B.1.5　在 CMake 菜单中选择"安装"

QPanda 2 会安装在用户在 CMakeSettings.json 中配置的安装目录下。安装成功后会在用户配置的目录下生成 install 文件夹，里面安装生成 include 和 lib 文件。如果有需求，用户可以在 Visual Studio 的 CMakeSettings.json 配置文件修改安装路径。生成 CMakeSettings.json 的方法如图 B.1.6 所示。

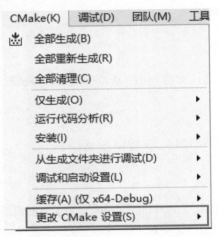

图 B.1.6　生成 CMakeSettings.json 的方法

修改 QPanda 2 的安装路径如图 B.1.7 所示。

```json
{
  "configurations": [
    {
      "name": "x64-Debug",
      "generator": "Ninja",
      "configurationType": "Debug",
      "inheritEnvironments": [
        "msvc_x64_x64"
      ],
      "buildRoot": "${projectDir}\\build\\${name}",
      "installRoot": "C:\\QPanda2",
      "cmakeCommandArgs": "-DUSE_PYQPANDA=ON",
      "buildCommandArgs": "-v",
      "ctestCommandArgs": ""
    },
    {
      "name": "x64-Release",
      "generator": "Ninja",
      "configurationType": "Release",
      "inheritEnvironments": [
        "msvc_x64_x64"
      ],
      "buildRoot": "${projectDir}\\build\\${name}",
      "installRoot": "C:\\QPanda2",
      "cmakeCommandArgs": "-DUSE_PYQPANDA=ON",
      "buildCommandArgs": "-v",
      "ctestCommandArgs": ""
    }
  ]
}
```

图 B.1.7　修改 QPanda 2 的安装路径

参数修改完成后, CMake 选项下执行安装, QPanda 2 的 lib 库文件和 include 头文件会安装到用户指定的安装位置 (注意: 需先进行编译成功后才能进行安装)。

(2) 使用 MinGW

在 QPanda 2 编译完成后, 用户可以安装 QPanda 2, 安装命令如下:

```
1.   mingw32-make install
```

2) Linux 和 MacOS

在 Linux 和 MacOS 下安装命令 QPanda 2, 命令是一样的, 安装命令如下:

```
1.   sudo make install
```

不同的平台和不同的 IDE 在构建 C++ 项目用的方法是不一样的, 调用库的方式也不尽相同, 大家可以选择用自己的方式调用 QPanda 2 库, 下面我们以 CMake 构建项目为例, 演示调用 QPanda 2 库进行量子编程。

(1) Visual Studio 调用 QPanda 2 库

Visual Studio 调用 QPanda 2 库的 CMakeList 的写法为

```
1.   cmake_minimum_required(VERSION 3.1)
2.   project(testQPanda)
3.   SET(CMAKE_INSTALL_PREFIX  "C:/QPanda2") # QPanda2安装的路径
4.   SET(CMAKE_MODULE_PATH $ {CMAKE_MODULE_PATH}
     "$ {CMAKE_INSTALL_PREFIX}/lib/cmake")
5.
6.   set(CMAKE_CXX_STANDARD 14)
7.   set(CMAKE_CXX_STANDARD_REQUIRED ON)
8.   if (NOT USE_MSVC_RUNTIME_LIBRARY_DLL)
9.      foreach (flag
10.          CMAKE_C_FLAGS
11.          CMAKE_C_FLAGS_DEBUG
12.          CMAKE_C_FLAGS_RELEASE
13.          CMAKE_C_FLAGS_MINSIZEREL
14.          CMAKE_C_FLAGS_RELWITHDEBINFO
15.          CMAKE_CXX_FLAGS
16.          CMAKE_CXX_FLAGS_DEBUG
17.          CMAKE_CXX_FLAGS_RELEASE
18.          CMAKE_CXX_FLAGS_MINSIZEREL
19.          CMAKE_CXX_FLAGS_RELWITHDEBINFO)
```

```
20.
21.          if (${flag} MATCHES "/MDd")
22.              string(REGEX REPLACE "/MDd" "/MT" ${flag}
                 "${${flag}}")
23.          endif()
24.          if (${flag} MATCHES "/MD")
25.              string(REGEX REPLACE "/MD" "/MT" ${flag}
                 "${${flag}}")
26.          endif()
27.          if (${flag} MATCHES "/W3")
28.              string(REGEX REPLACE "/W3" "/W0" ${flag}
                 "${${flag}}")
29.          endif()
30.      endforeach()
31. endif()
32.
33. set(LIBRARY_OUTPUT_PATH ${PROJECT_BINARY_DIR}/lib)
34. set(EXECUTABLE_OUTPUT_PATH ${PROJECT_BINARY_DIR}/bin)
35.
36. find_package(OpenMP)
37. if(OPENMP_FOUND)
38.      option(USE_OPENMP "find OpenMP" ON)
39.      message("OPENMP FOUND")
40.      set(CMAKE_C_FLAGS "${CMAKE_C_FLAGS} ${OpenMP_C_FLAGS}")
41.      set(CMAKE_CXX_FLAGS "${CMAKE_CXX_FLAGS} ${OpenMP_CXX_FLAGS}")
42.      set(CMAKE_EXE_LINKER_FLAGS
         "${CMAKE_EXE_LINKER_FLAGS} ${OpenMP_EXE_LINKER_FLAGS}")
43. else(OPENMP_FOUND)
44.      option(USE_OPENMP "not find OpenMP" OFF)
45. endif(OPENMP_FOUND)
46.
47. find_package(QPANDA REQUIRED)
48. if (QPANDA_FOUND)
49.      include_directories(${QPANDA_INCLUDE_DIR})
50. endif (QPANDA_FOUND)
51.
```

326

```
52.  add_executable(${PROJECT_NAME} test.cpp)
53.  target_link_libraries(${PROJECT_NAME} ${QPANDA_LIBRARIES})
```

(2) MinGW 调用 QPanda 2 库

MinGW 调用 QPanda 2 库的 CMakeList 的写法为

```
1.   cmake_minimum_required(VERSION 3.1)
2.   project(testQPanda)
3.   SET(CMAKE_INSTALL_PREFIX   "C:/QPanda2")  # QPanda2安装的路径
4.   SET(CMAKE_MODULE_PATH ${CMAKE_MODULE_PATH}
     "${CMAKE_INSTALL_PREFIX}/lib/cmake")
5.
6.
7.   add_definitions("-w -DGTEST_USE_OWN_TR1_TUPLE=1")
8.   set(CMAKE_BUILD_TYPE "Release")
9.   set(CMAKE_CXX_FLAGS_DEBUG "$ENV{CXXFLAGS} -O0 -g -ggdb")
10.  set(CMAKE_CXX_FLAGS_RELEASE "$ENV{CXXFLAGS} -O3")
11.  add_compile_options(-fpermissive)
12.
13.  set(LIBRARY_OUTPUT_PATH ${PROJECT_BINARY_DIR}/lib)
14.  set(EXECUTABLE_OUTPUT_PATH ${PROJECT_BINARY_DIR}/bin)
15.
16.  find_package(OpenMP)
17.  if(OPENMP_FOUND)
18.      option(USE_OPENMP "find OpenMP" ON)
19.      message("OPENMP FOUND")
20.      set(CMAKE_C_FLAGS "${CMAKE_C_FLAGS} ${OpenMP_C_FLAGS}")
21.      set(CMAKE_CXX_FLAGS "${CMAKE_CXX_FLAGS} ${OpenMP_CXX_FLAGS}")
22.      set(CMAKE_EXE_LINKER_FLAGS
         "${CMAKE_EXE_LINKER_FLAGS} ${OpenMP_EXE_LINKER_FLAGS}")
23.  else(OPENMP_FOUND)
24.      option(USE_OPENMP "not find OpenMP" OFF)
25.  endif(OPENMP_FOUND)
26.
27.  find_package(QPANDA REQUIRED)
28.  if (QPANDA_FOUND)
29.      include_directories(${QPANDA_INCLUDE_DIR})
```

```
30.  endif (QPANDA_FOUND)
31.
32.  add_executable(${PROJECT_NAME} test.cpp)
33.  target_link_libraries(${PROJECT_NAME} ${QPANDA_LIBRARIES})
```

(3) Linux、MacOS 下使用 QPanda 2

Linux、MacOS 使用 QPanda 2 的方式是相同的，其 CMakeList.txt 的写法为

```
1.   cmake_minimum_required(VERSION 3.1)
2.   project(testQPanda)
3.   SET(CMAKE_INSTALL_PREFIX   "/usr/local")  # QPanda2安装的路径
4.   SET(CMAKE_MODULE_PATH ${CMAKE_MODULE_PATH}
     "${CMAKE_INSTALL_PREFIX}/lib/cmake")
5.
6.
7.   add_definitions("-w -DGTEST_USE_OWN_TR1_TUPLE=1")
8.   set(CMAKE_BUILD_TYPE "Release")
9.   set(CMAKE_CXX_FLAGS_DEBUG "$ENV{CXXFLAGS} -O0 -g -ggdb")
10.  set(CMAKE_CXX_FLAGS_RELEASE "$ENV{CXXFLAGS} -O3")
11.  add_compile_options(-fpermissive)
12.
13.  set(LIBRARY_OUTPUT_PATH ${PROJECT_BINARY_DIR}/lib)
14.  set(EXECUTABLE_OUTPUT_PATH ${PROJECT_BINARY_DIR}/bin)
15.
16.  find_package(OpenMP)
17.  if(OPENMP_FOUND)
18.      option(USE_OPENMP "find OpenMP" ON)
19.      message("OPENMP FOUND")
20.      set(CMAKE_C_FLAGS "${CMAKE_C_FLAGS} ${OpenMP_C_FLAGS}")
21.      set(CMAKE_CXX_FLAGS "${CMAKE_CXX_FLAGS} ${OpenMP_CXX_FLAGS}")
22.      set(CMAKE_EXE_LINKER_FLAGS "${CMAKE_EXE_LINKER_FLAGS}
         ${OpenMP_EXE_LINKER_FLAGS}")
23.  else(OPENMP_FOUND)
24.      option(USE_OPENMP "not find OpenMP" OFF)
25.  endif(OPENMP_FOUND)
26.
27.  find_package(QPANDA REQUIRED)
```

```
28.  if (QPANDA_FOUND)
29.      include_directories(${QPANDA_INCLUDE_DIR})
30.  endif (QPANDA_FOUND)
31.
32.  add_executable(${PROJECT_NAME} test.cpp)
33.  target_link_libraries(${PROJECT_NAME} ${QPANDA_LIBRARIES})
```

注解：

test.cpp 为使用 QPanda 2 的一个示例。有兴趣的可以试着将其合并在一起形成一个跨平台的 CMakeList.txt。

通过一个示例介绍 QPanda 2 的使用，下面的例子可以在量子计算机中构建量子纠缠态 ($|00\rangle+|11\rangle$)，对其进行测量，重复制备 1000 次。预期的结果是约有 50% 的概率使测量结果分别在 00 或 11 上。

```
1.   #include "QPanda.h"
2.   #include <stdio.h>
3.   using namespace QPanda;
4.   int main()
5.   {
6.       init(QMachineType::CPU);
7.       QProg prog;
8.       auto q = qAllocMany(2);
9.       auto c = cAllocMany(2);
10.      prog << H(q[0])
11.          << CNOT(q[0],q[1])
12.          << MeasureAll(q, c);
13.      auto results = runWithConfiguration(prog, c, 1000);
14.      for (auto result : results){
15.          printf("%s : %d\n",
             result.first.c_str(), result.second);
16.      }
17.      finalize();
18.  }
```

编译方式与编译 QPanda 库的方式基本类似，在这里就不多做赘述。

编译之后的可执行文件会生成在 build 下的 bin 文件夹中，进入 bin 目录下就可以执行自己编写的量子程序了。

计算结果如下所示:

```
1.   00 : 493
2.   11 : 507
```

B.2　pyQPanda

1. 系统配置和安装

我们通过 pybind 11 工具,以一种直接和简明的方式,对 QPanda 2 中的函数、类进行封装,并且提供了几乎完美的映射功能。封装部分的代码在 QPanda 2 编译时会生成动态库,从而可以作为 Python 的包引入。

2. 系统配置

pyQPanda 是以 C++ 为宿主语言,其对系统的环境要求如表 B.2.1 所示。

表 B.2.1　环境要求

software	version
GCC	>= 5.4.0
Python	>= 3.6.0

3. 下载 pyQPanda

如果您已经安装好了 Python 环境和 Pip 工具,在终端或者控制台输入下面命令:

```
pip install pyqpanda
```

注解:

在 Linux 下若遇到权限问题需要加 sudo 。

B.3　Qurator

Qurator 是一种基于 VSCode 的量子程序开发工具。

qurator-vscode 是本源量子推出的一款可以开发量子程序的 VSCode 插件。其支持 QRunes 2 语言量子程序开发,并支持 Python 和 C++ 语言作为经典宿主语言。

在 qurator-vscode 中,量子程序的开发主要分为编写和运行两个部分。

● 编写程序:插件支持模块化编程,在不同的模块实现不同的功能,其中量子程序的编写主要在 qcodes 模块中。

● 程序运行:即是收集结果的过程,插件支持图表化数据展示,将运行结果更加清晰地展现在您的面前。

1. 设计思想

考虑到目前量子程序的开发离不开经典宿主语言的辅助，qurator-vscode 插件设计时考虑到以下几点。

1) 模块编程

qurator-vscode 插件支持模块编程，将整体程序分为三个模块：settings、qcodes 和 script 模块。在不同的模块完成不同的功能。在 settings 模块中，您可以进行宿主语言类型、编译还是运行等设置；在 qcodes 模块中，您可以编写 QRunes 2 语言程序；在 script 模块中，您可以编写相应的宿主语言程序。

2) 切换简单

qurator-vscode 插件目前支持两种宿主语言，分别为 Python 和 C++。您可以在两种宿主语言之间自由地切换，您只需要在 settings 模块中设置 language 的类型，就可以在 script 模块中编写对应宿主语言的代码。插件会自动识别您所选择的宿主语言，并在 script 模块中提供相应的辅助功能。

3) 图形展示

qurator-vscode 插件提供图形化的结果展示，程序运行后会展示 json 格式的运行结果，您可以点击运行结果，会生成相应的柱状图，方便您对运行结果的分析。

2. 准备工作

使用 qurator-vscode 插件之前需要做一些准备工作，以确保量子程序能够正确地运行。

需要依赖的运行环境有：

- Python (版本 3.6.4—3.6.8)
- Pip (版本 10.1 及以上)
- Microsoft Visual C++ Redistributable (Windows)
- MinGW-w64 (Windows 64 位版本)

其中，Pip 负责下载宿主语言为 Python 时程序运行所依赖的包。Microsoft Visual C++ Redistributable 和 MinGW-w64 是宿主语言为 C++ 时程序运行所依赖的包。

1) 安装插件

首先需要您安装 VSCode，然后打开 VSCode 安装 qurator-vscode 插件：使用 Ctrl + Shift + X 快捷键打开插件页面，或者您可以在最左侧栏找到 Extensions 点击进入，然后输入 qurator-vscode 来搜索插件，点击 Install 按钮进行插件的安装 (图 B.3.1)。

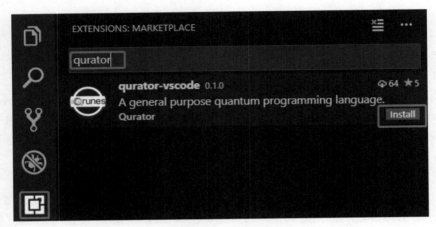

图 B.3.1　插件安装

2) 检测运行环境

插件安装好之后，您可以创建以.qrunes 结尾的文件，此时插件会自动检测是否存在程序运行所依赖的环境。您也可以自己检测程序运行环境，使用 Ctrl + Shift + P 快捷键打开 VSCode 命令行，输入 qurator-vscode 时您可以看到 qurator-vscode: Check Qurator VSCode Extension dependencies 选择项，点击此项就可以进行运行环境的检测 (图 B.3.2)。

图 B.3.2　运行环境检测

检测到运行时所需环境，会在右下角展示软件及版本号 (图 B.3.3):

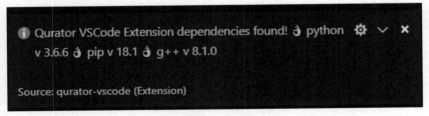

图 B.3.3　软件及版本号

3. 快速入门

在做好准备工作之后，下面就可以编写属于您自己的量子程序了。

1) 项目文件夹中启动 VSCode

在命令提示符或终端上，创建一个名为 "test" 的空文件夹，切换到该文件夹，然后输入命令 code . 在该文件夹中打开 VSCode：

```
mkdir test
cd test
code .
```

或者，您可以点击运行 VSCode，然后点击 "File" > "Open File···" 打开项目文件夹。在文件夹中启动 VSCode，该文件夹将成为您的 "工作区"。您可以在 .vscode/settings.json 文件中更改工作区的相关设置。

2) 创建一个 qrunes 文件

在文件资源管理器工具栏中，点击 "TEST" 文件夹上的 "New File" 按钮，并命名该文件为 qurator_test.qrunes (图 B.3.4)。

图 B.3.4　创建一个 qrunes 文件

3) 编写量子程序

qrunes 文件创建完成之后，便可以编写量子程序了。整个量子程序分为三个部分：settings、qcodes 和 script 三个模块 (图 B.3.5)。其中，settings 模块中可以设置宿主语言，编译还是运行；qcodes 模块中可以编写 QRunes 2 量子语言代码；script 模块中可以编写宿主语言代码，目前支持 Python 和 C++ 两种宿主语言。

4) 编译运行

点击右上方 Run this QRunes 运行程序，或者使用命令提示符 qurator-vscode: Run this QRunes 来运行程序 (快捷键 F5)，如图 B.3.6 所示。

上述示例程序的运行结果如图 B.3.7 所示。

```
≡ qurator_test.qrunes  ✕
 1    @settings:
 2        language = Python;
 3        autoimport = True;
 4        compile_only = False;
 5
 6    @qcodes:
 7    // The D_J Algorithm of 2 quantum bits
 8
 9    D_J(qvec q, cvec c) {
10        RX(q[1], Pi);
11        H(q[0]);
12        H(q[1]);
13        CNOT(q[0], q[1]);
14        H(q[0]);
15        Measure(q[0], c[0]);
16    }
17
18    @script:
19    init(QuantumMachine_type.CPU_SINGLE_THREAD)
20
21    q = qAlloc_many(2)
22    c = cAlloc_many(1)
23    qprog = D_J(q, c)
24    result = directly_run(qprog)
25    print(result)
26
27    finalize()
28
```

图 B.3.5　编写量子程序

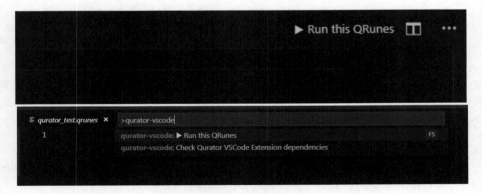

图 B.3.6　编译运行

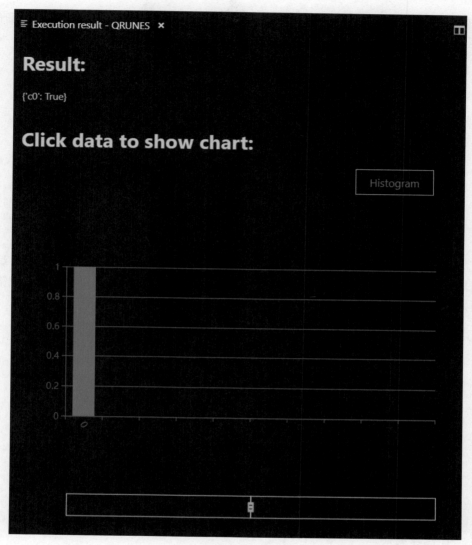

图 B.3.7　运行结果

4. 功能介绍

相信在快速入门步骤之后，您已大体了解插件的整体功能，下面将介绍您在编辑量子程序过程中插件提供的辅助功能。

1) 自动补全

对于 QRunes 2 语言内设的关键字可以智能提示，根据输入的字符列为您提供当前上下文中适用的最相关符号列表并提示其功能，以便您可以更快地选择（图 B.3.8）。

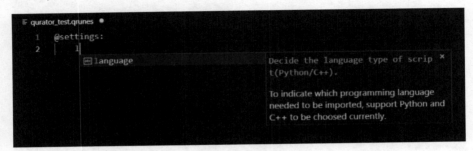

图 B.3.8　自动补全

2) 验证提示

对于输入进行验证并提示。每当插件检测到您编写的代码发生语法错误时，编辑器中会显示红色波浪线，鼠标放上去可看到一系列错误信息，您可以准确定位错误发生的位置（图 B.3.9）。

图 B.3.9　验证提示

3) 高亮展示

不同的模块有不同的颜色划分，您可以清晰地编写每一个模块的代码，一目了然，快速开发（图 B.3.10）。

4) 悬浮提示

QRunes 2 语言中的方法、变量都有详细的解释及用法。当您编写 QRunes 2 语言内设关键字时，将鼠标放在该关键字上，编辑器将会显示该关键字的功能信息（图 B.3.11）。

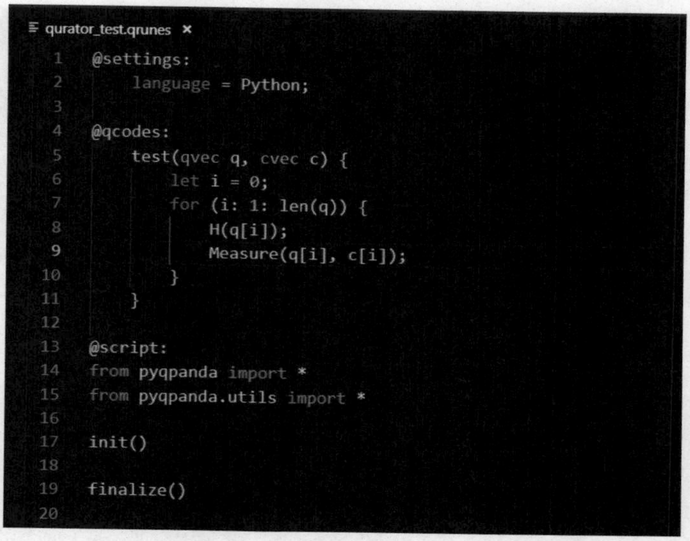

图 B.3.10　高亮展示

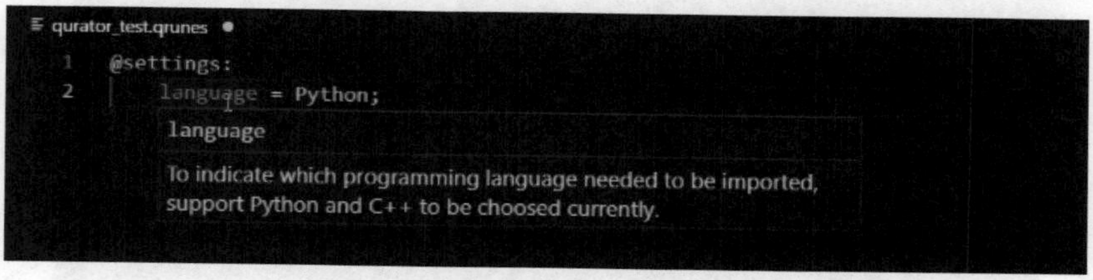

图 B.3.11　悬浮提示

5) 智能片段

智能片段功能是指用户输入简短的触发指令而生成完整的代码片段, 在本插件中内置了自定义代码片段, 可帮助您整理一些重复性代码, 提高开发效率 (图 B.3.12)。

6) 语言切换

目前 QRunes 2 语言可以支持 Python 及 C++ 宿主语言, 您可以在 settings 模块的 language 关键字来设置所需支持的语言类型, 就可以在 script 模块编写相应语言的代码 (图 B.3.13)。

7) 编译运行

运行 QRunes 2 语言代码, 编译器会根据设定的语言去编译该代码, 从而实现不同的语言编写生成相同的结构 (图 B.3.14)。

337

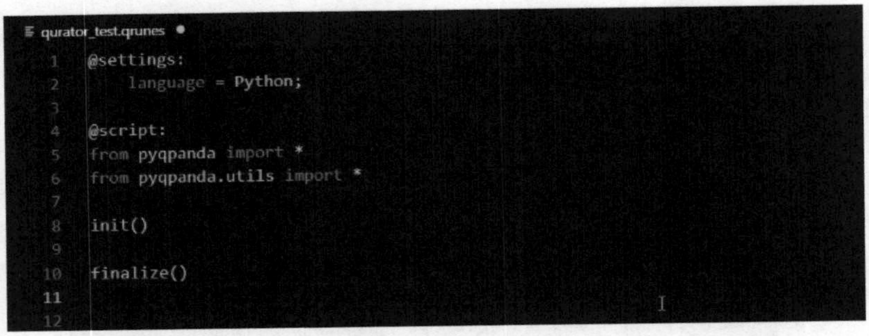

图 B.3.12　智能片段

图 B.3.13　语言切换

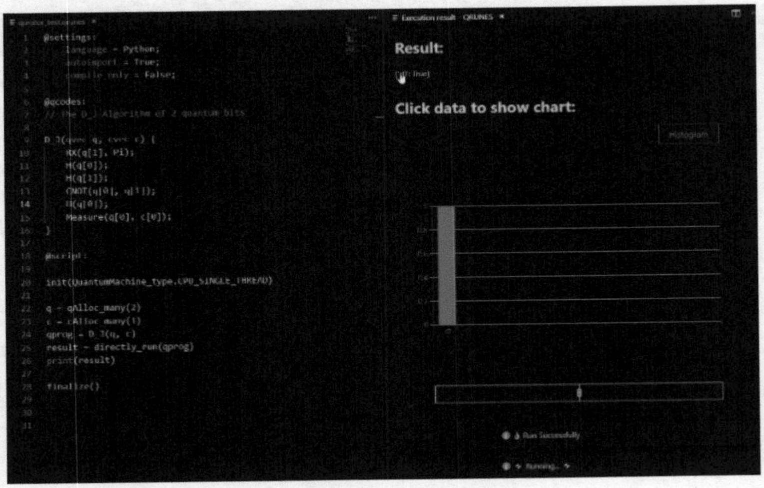

图 B.3.14　编译运行

B.4 量子学习机

简介: 欢迎大家使用本源量子学习机, 这款专为量子计算行业学习和从业人员设计的量子学习机, 可以提供量子算法及量子软件的学习、培训、开发、实验、应用等五种强大功能。我们还提供了配套的学习文档和视频资料, 这些软件和资料都是为了让同学们更好地学习量子计算概念, 学习怎么在量子计算机上编程。

教程学习: https://learn-quantum.com

论坛交流: https://qcode.qubitonline.cn/qcode/forumtopic/community.html

安装使用问题 QQ 群: 663486686

编程技术交流 QQ 群: 905550304

B.4.1 使用说明

我们提供了两种安装使用的方式: 一种是基于 docker 镜像的完整环境安装, 可以直接导入使用, 方便快捷, 适用于对 Linux 系统不熟悉以及想在 Windows 上安装体验的用户。另一种方式是本地化手动安装, 只能安装在 Linux 系统, 且过程相对复杂, 耗时较长 (约 2 小时), 但是容易维护, 可以实现数据持久化。下面对两种方式分别做详细的部署说明。

B.4.2 容器化部署

1. docker 服务安装 (参考)

Centos6.5:

yum install -y http://mirrors.yun-idc.com/epel/6/i386/epel-release-6-8.noarch.rpm

yum install docker-io

service docker start

chkconfig docker on

Centos7.6:

yum -y install yum-utils

yum-config-manager - -add-repo http://mirrors.aliyun.com/docker-ce/linux/centos/docker-ce.repo

yum install docker-ce -y

systemctl start docker

chkconfig docker on

Ubuntu 16.04:

sudo apt-get install apt-transport-https ca-certificates curl software-properties-common

curl -fsSL https://download.docker.com/linux/ubuntu/gpg | sudo apt-key add-

sudo apt-key fingerprint 0EBFCD88

sudo add-apt-repository "deb [arch=amd64] https://download.docker.com/linux/ubuntu $(lsb_release -cs) stable"

sudo apt-get update

apt-get install docker-ce

Ubuntu 18.04:

curl -fsSL https://get.docker.com | bash -s docker - -mirror Aliyun

Windows 10

首先要确保 cp 开启了虚拟化功能。打开"任务管理器"—"性能"—"CPU"可以看到 (图 B.4.1)。

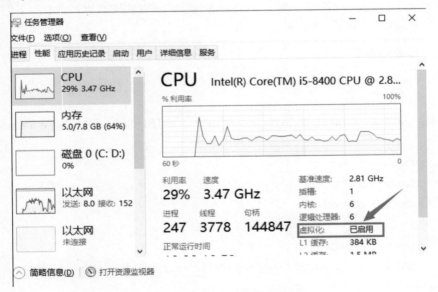

图 B.4.1　开启虚拟化功能

安装 Hyper-V 虚拟化服务。依次打开"控制面板"—"程序"—"启用或关闭 Windows 功能",勾选选项框中的"Hyper-V",然后"确定" (图 B.4.2)。

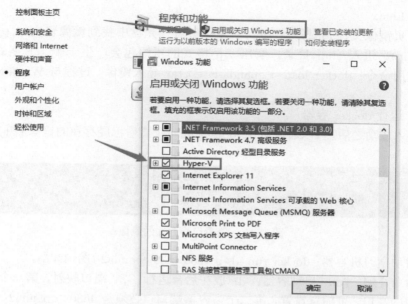

图 B.4.2 安装 Hyper-V 虚拟化服务

下载 docker 安装程序 (地址: https://ncloud.qpanda.cn/s/PGf5rBcQmM9p-KwA)。

双击运行安装程序, 默认安装即可。双击桌面快捷方式 运行 docker。

2. 导入学习机镜像

1) Windows

拷贝镜像文件到本地, 可在光盘中找到镜像包文件 (qpanda-latest.zip)。进入镜像文件所在的目录, 解压 zip 格式的压缩包会产生一个 tar 格式的包。cmd 进入当前目录后, 输入导入镜像命令 (或者使用绝对路径): docker load -i qpanda-latest.tar。导入过程可能需要几分钟 (图 B.4.3)。

图 B.4.3 导入过程

2) Linux

拷贝镜像文件到服务器/tmp 目录下。可在光盘中找到镜像包文件 (qpanda-latest.zip)。进入/tmp 目录，解压 zip 格式的压缩包会产生一个 tar 格式的包。然后使用命令：docker load -i qpanda-latest.tar 导入镜像。过程与 Windows 过程一致。

3. 运行 docker 容器

导入成功之后，可以通过命令：docker images 查看已经存在的镜像 (图 B.4.4)。

```
C:\Users\QuantumBYLZ050401>docker images
REPOSITORY          TAG                 IMAGE ID            CREATED             SIZE
qpanda2             latest              e81a4141beb6        2 days ago          3.89GB
```

图 B.4.4　查看已经存在的镜像

启动学习机容器：docker run -d -p 4630:4630 qpanda2 (图 B.4.5)。

命令详解　run：启动容器；-d：放在后台运行；-p：端口映射，第一个为映射到本地的端口，可随意设置，第二个为容器端口，必须是 4630；qpanda2：此处为镜像名称，也可为 IMAGE ID。

```
[root@localhost mnt]#
[root@localhost mnt]# docker run -d -p 4630:4630 qpanda2
6404ceef0ba80e711ec0d4703d9567f0af352721ae6a30b9529ec302924b7459
```

图 B.4.5　启动学习机容器

启动之后可以通过命令：docker ps 查看当前正在运行的容器，如图 B.4.6 所示。

```
[root@localhost mnt]#
[root@localhost mnt]# docker ps
CONTAINER ID        IMAGE               COMMAND                  CREATED             STATUS              PORTS
6404ceef0ba8        qpanda2             "/bin/bash -c /start…"   5 seconds ago       Up 4 seconds        0.0.0.0:4630->463
```

图 B.4.6　查看当前正在运行的容器

4. 访问容器

浏览器访问http://ip:4630 (ip 地址为镜像服务器所在地址，若是本地则为 localhost，图 B.4.7)。

图 B.4.7　访问容器

B.4.3　手动安装 (以 centos7 为例)

备注: 此种方法不适合初学者, 推荐 docker 容器运行方式。

1. 导入安装包

将安装包程序 (base_packages) 上传到服务器中的/tmp 目录下 (图 B.4.8)。

```
[root@localhost ~]# ls base_package/
cmake-3.3.2.tar.gz    jdk.tar          Python-3.6.4.tgz    quantumCloud-web.tar
files.tar             mysql            qruns1.tar          start.sh
gcc-7.3.0.tar.gz      pyqpanda.tar     qruns2.tar          tomcat-qcloud.tar
[root@localhost ~]#
```

图 B.4.8　导入安装包

2. 安装基础环境

yum install zlib* openssl-devel make vim gcc gcc-c++ glibc-headers bzip2 mysql-devel ntpdate -y

3. 安装 gcc

1) 编译安装

cd /tmp/base_packages

tar -xf /gcc-7.3.0.tar.gz & & cd gcc-7.3.0

../configure --enable-checking=release --enable-languages=c,c++ --disable-multilib

make -j4

rpm -e 'rpm -q gcc-c++' & & rpm -e 'rpm -q gcc'

make install

cp -f x86_64-pc-linux-gnu/libstdc++-v3/src/.libs/libstdc++.so.6* /usr/lib

ln -s /usr/local/bin/gcc /usr/bin/gcc

rm -f /usr/lib64/libstdc++.so.6

ln -s /usr/lib/libstdc++.so.6.0.24 /usr/lib64/libstdc++.so.6 & & rm -rf /tmp/gcc-7.3.0/

2) 测试

命令：gcc-v (图 B.4.9)。

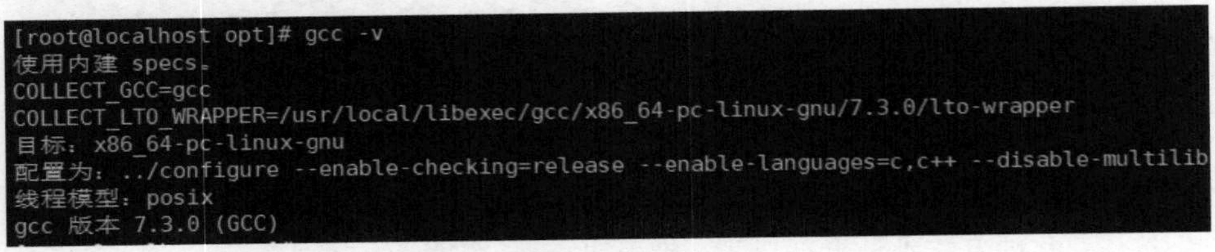

```
[root@localhost opt]# gcc -v
使用内建 specs.
COLLECT_GCC=gcc
COLLECT_LTO_WRAPPER=/usr/local/libexec/gcc/x86_64-pc-linux-gnu/7.3.0/lto-wrapper
目标: x86_64-pc-linux-gnu
配置为: ../configure --enable-checking=release --enable-languages=c,c++ --disable-multilib
线程模型: posix
gcc 版本 7.3.0 (GCC)
```

图 B.4.9　命令：gcc-v

4. 安装 cmake

1) 编译安装

cd /tmp

tar -xf cmake-3.3.2.tar.gz && cd cmake-3.3.2

./bootstrap

make && make install

2) 测试

命令：cmake-version (图 B.4.10)。

```
[root@localhost opt]# cmake -version
cmake version 3.3.2

CMake suite maintained and supported by Kitware (kitware.com/cmake).
```

图 B.4.10　命令：cmake-version

5. 安装 Python

1) 编译安装

cd /tmp

tar -xf Python-3.6.4.tgz && cd Python-3.6.4

./configure - -with-ssl - -enable-shared

make && make install

rm -rf /usr/bin/python

ln -s /usr/local/bin/python3 /usr/bin/python

echo "/usr/local/lib/" >> /etc/ld.so.conf

ldconfig

2) 导入 pyqpanda 库

cd /tmp

tar -xf pyqpanda.tar

mv /tmp/pyqpanda/ /usr/local/lib/python3.6/site-packages/

3) 测试

命令：python(查看 Python 版本是否为 3.6.4，并且可以正常 import pyqpanda)，如图 B.4.11 所示。

图 B.4.11　命令：python

6. 安装 mysql

1) 在线安装

rpm -ivh http://repo.mysql.com/mysql-community-release-el6-5.noarch.rpm

cd /tmp/mysql

yum install mysql-* -y

sed -i "/socket/a\\character_set_server=utf8" /etc/my.cnf

2) 启动 mysql

/etc/init.d/mysqld start

3) 修改账号密码和登录权限

(注意修改红色部分为您的密码)

mysql -e "grant all privileges on *.* to 'root'@'%' identified by 'passwd';"

mysql -e "grant all privileges on *.* to 'root'@'localhost' identified by 'passwd';"

mysql -uroot -ppasswd -e "grant all on *.* to root@'%' identified by 'passwd' WITH GRANT OPTION;"

mysql -uroot -ppasswd -e "grant all on *.* to root@'localhost' identified by 'passwd' WITH GRANT OPTION;"

4) 导入数据库

mysql -uroot -ppasswd < /tmp/mysql/qcloud.sql

mysql -uroot -ppasswd < /tmp/mysql/qcode_web_new.sql

7. 设置 jdk 环境

1) 安装 jdk

cd /tmp

tar -xf jdk.tar && mv /tmp/jdk /usr/local

chmod -R 755 /usr/local/jdk

2) 添加环境变量

echo '

export JAVA_HOME=/usr/local/jdk

export JAVA_BIN=/usr/local/jdk/bin

export PATH=$JAVA_HOME/bin:$PATH

export CLASSPATH=.:$JAVA_HOME/bin/dt.jar:$JAVA_HOME/bin/tools.jar

export JAVA_HOME JAVA_BIN PATH CLASSPATH' >> /etc/profile

source /etc/profile

3) 测试

命令: java-version (图 B.4.12)。

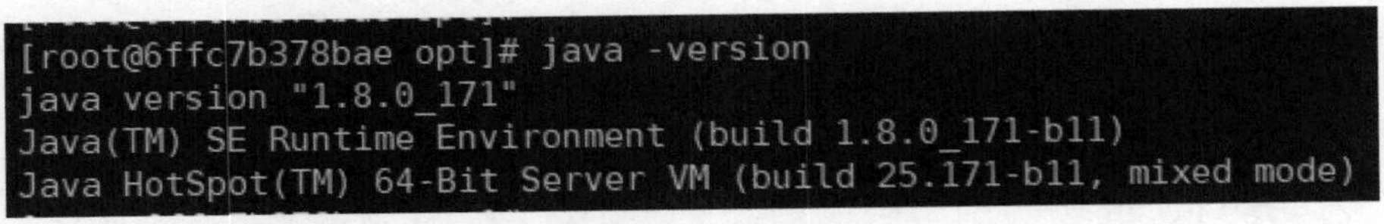

```
[root@6ffc7b378bae opt]# java -version
java version "1.8.0_171"
Java(TM) SE Runtime Environment (build 1.8.0_171-b11)
Java HotSpot(TM) 64-Bit Server VM (build 25.171-b11, mixed mode)
```

图 B.4.12　命令: java-version

8. 安装 qruns1 服务

1) 编译

cd /opt

tar -xf /tmp/qruns1.tar && cd qruns1

mkdir build && cd build

cmake ..

make

2) 修改配置

vim/opt/qruns1/build/bin/Config/SQLConfig.json (默认为配置为本地)，如图 B.4.13 所示。

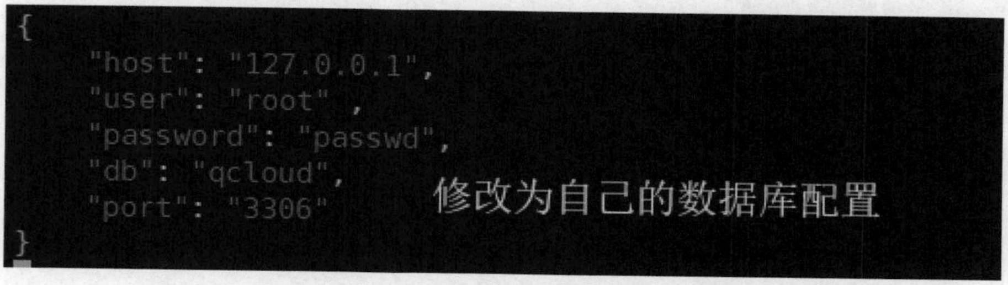

```
{
    "host": "127.0.0.1",
    "user": "root" ,
    "password": "passwd",
    "db": "qcloud",
    "port": "3306"
}
```


图 B.4.13　修改配置

3) 运行服务

cd /opt/qruns1/build/bin/

./ComputingServiceProgram 1 6001 >> 6001.out &

9. 安装 qruns2 服务

1) 编译

cd /opt

tar -xf /tmp/qruns2.tar && cd qruns2

mkdir build && cd build

cmake ..

make

2) 修改配置

vim/opt/qruns2/build/bin/Config/config.json (默认配置为本地)，如图 B.4.14 所示。

3) 运行服务

cd /opt/qruns2/build/bin/

./ComputingServiceProgram &

10. 部署调度服务

1) 解压安装包

tar -xf /tmp/tomcat-qcloud.tar -C /opt/

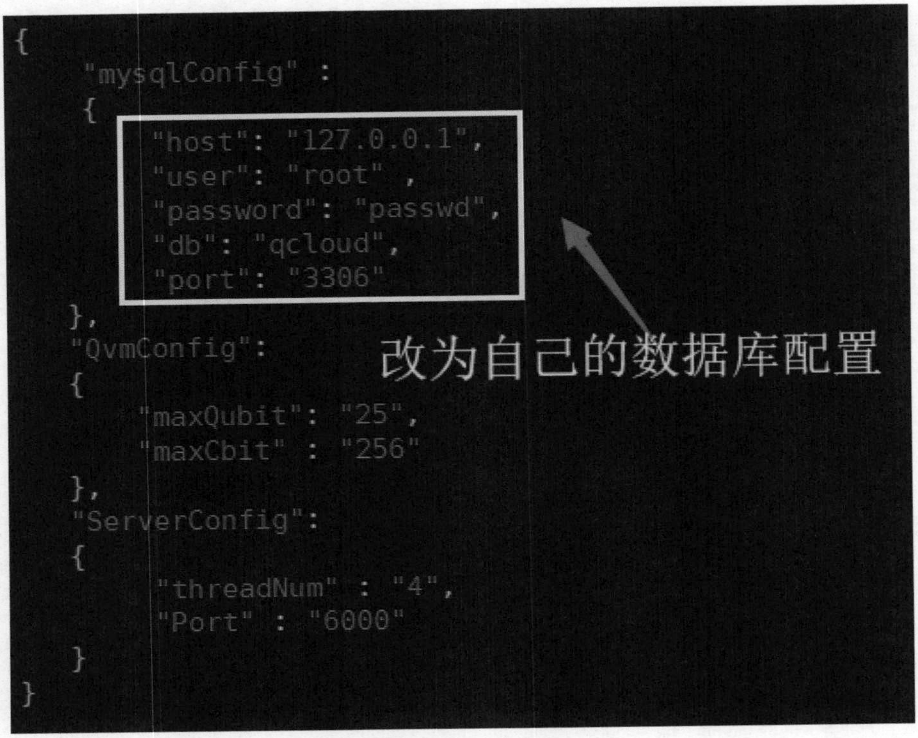

```
{
    "mysqlConfig" :
    {
        "host": "127.0.0.1",
        "user": "root" ,
        "password": "passwd",
        "db": "qcloud",
        "port": "3306"
    },
    "QvmConfig":
    {
        "maxQubit": "25",
        "maxCbit" : "256"
    },
    "ServerConfig":
    {
        "threadNum" : "4",
        "Port" : "6000"
    }
}
```

改为自己的数据库配置

图 B.4.14　修改配置

2) 修改配置

cd /opt/tomcat-qcloud/

vim webapps / qcloud / WEB-INF / classes / jdbc.properties（默认为本地），如图 B.4.15 所示。

```
DriverClassName=com.mysql.jdbc.Driver
jdbc.url=jdbc:mysql://127.0.0.1:3306/qcloud
jdbc.username=root
jdbc.password=mysql@bylz
~
~
~
```

修改为自己的数据库配置

图 B.4.15　修改配置

依次修改下面四个配置文件中的 ip 地址为 qruns1 服务所在地址 (默认为本地), 如图 B.4.16 所示。

vim webapps/qcloud/WEB-INF/classes/ip/midpr.properties

vim webapps/qcloud/WEB-INF/classes/ip/MonteCarloLarge.properties

vim webapps/qcloud/WEB-INF/classes/ip/MonteCarlo.properties

vim webapps/qcloud/WEB-INF/classes/ip/smapr.properties

```
#Large
IP1=127.0.0.1:6001
~
~         四个配置文件此处都改为qruns1服务的地址
~
```

图 B.4.16　四个配置文件都改为 qruns1 服务的地址

依次修改下面四个配置文件中的 ip 地址为 qruns2 服务所在地址 (默认为本地), 如图 B.4.17 所示。

vim webapps/qcloud/WEB-INF/classes/ip2/L.properties

vim webapps/qcloud/WEB-INF/classes/ip2/M.properties

vim webapps/qcloud/WEB-INF/classes/ip2/smapr.properties

vim webapps/qcloud/WEB-INF/classes/ip2/S.properties

```
#Large
IP1=127.0.0.1:6000
~
~  四个配置文件此处都改为qruns2服务的地址
~
~
```

图 B.4.17　四个配置文件都改为 qruns2 服务的地址

3) 启动服务

./bin/startup.sh

11. 部署平台服务

1) 解压安装包

tar -xf /tmp/quantumCloud-web.tar -C /opt

cd /opt/quantumCloud-web/webapps/quantumCloud-service-core-1.0/

tar -xf /tmp/files.tar -C /opt/

2) 修改配置

vim WEB-INF/classes/jdbc.properties (默认为本地)，如图 B.4.18 所示。

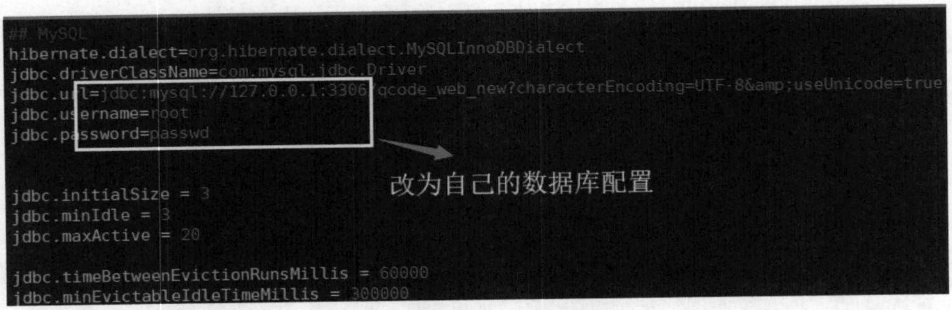

图 B.4.18　修改配置

vim WEB-INF/classes/setting.properties (默认为本地)，如图 B.4.19 所示。

```
rmi.registryPort=7312
rmi.servicePort=7312

        改为调度服务的地址

#redis,simple
cache.type=simple
cache.names=menu,dict
ip=http://127.0.0.1:8080/qcloud/Transaction
qrunes2Ip=http://127.0.0.1:8080/qcloud/QRunes2
```

图 B.4.19　改为调度服务的地址

3) 启动服务

cd /opt/quantumCloud-web/

./bin/startup.sh

12. 访问测试

关闭防火墙

systemctl stop firewalld

浏览器访问：http://localhost:4630 (地址为平台服务的地址)，如图 B.4.20 所示。

图 B.4.20　浏览器访问

附录 C　量子化学工具的安装与使用

C.1　PSI4 的安装与使用

安装步骤如下：

(1) 安装 Miniconda(https://docs.conda.io/en/latest/miniconda.html)；

(2) conda install -c raimis -c conda-forge psi4=1.3 (Windows)，
conda install -c psi4 psi4 (Linux/Mac OS)；

(3) 配置 PSI_SCRACH 环境变量；

(4) pip install pyqpanda。

需要安装 Miniconda 软件，并根据使用的操作系统选择不同的 conda 命令来安装 PSI4 计算包；然后在系统环境变量中配置 PSI_SCRACH 环境变量；最后需要安装 pyQPanda 来驱动 PSI4 计算包。

C.2　可视化化学模拟软件 ChemiQ 安装与使用

1. ChemiQ 可视化应用

本源量子提供的 ChemiQ 量子计算软件，已经将 PSI4 计算包放入该软件内部，用户不需要在额外安装 Miniconda 和 PSI4 计算包，也不需要配置环境变量。该软件以项目包的形式管理计算，通过配置带计算的分子模型、设置计算参数、运行计算，即可调用内置的 VQE 算法得到分子模型对应的基态能量。

2. ChemiQ 软件安装

首先进入本源量子的官方网站：http://originqc.com.cn/ (图 C.2.1)。

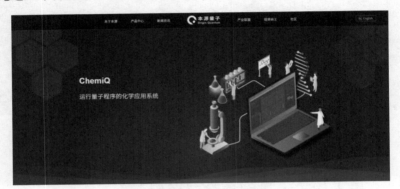

图 C.2.1　本源量子的官方网站

在 "产品中心" 这一栏 "量子软件" 找到 "ChemiQ"，如图 C.2.2 所示。

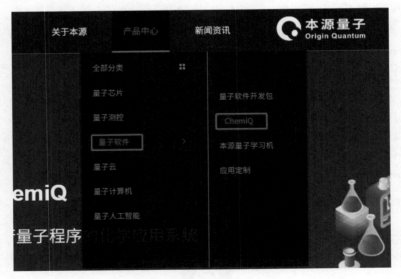

图 C.2.2　找到 ChemiQ

然后找到其下载的地方，点击下载即可 (图 C.2.3)。

图 C.2.3　下载

下载完成后，双击安装该软件，点击同意 (图 C.2.4)。

ChemiQ 安装 — □ ×

许可证协议
在安装 ChemiQ 之前，请检阅授权条款。

检阅协议的其余部分，按 [PgDn] 往下卷动页面。

欢迎使用量子化学应用

Copyright 2017-2019 合肥本源量子计算科技有限责任公司　版权所有

<http://originqc.com.cn/>.

如果你接受协议中的条款，单击 [我同意(I)] 继续安装。必须要接受协议才能安装
ChemiQ。

ChemiQ 1.0.0

图 C.2.4　ChemiQ 安装 —— 许可证协议

然后点击 "下一步"（图 C.2.5）。

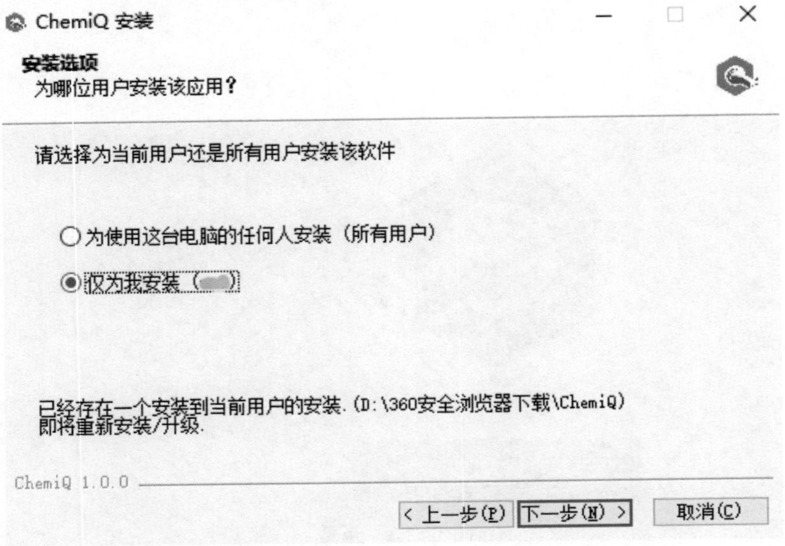

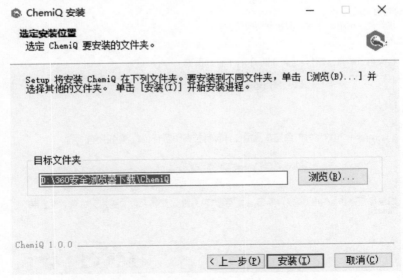

图 C.2.5　ChemiQ 安装 —— 安装选项

再安装到默认目录，点击 "安装"（图 C.2.6）。

图 C.2.6　ChemiQ 安装 —— 选定安装位置

安装完成后，运行该软件 (图 C.2.7)。

图 C.2.7　运行 ChemiQ

3. ChemiQ 软件应用示例

(1) 先新建一个项目，这个项目名称我们叫作 "test H2"；创建人、保存路径，项目描述为 "计算氢分子基态能量"；最后，点击 "确定" (图 C.2.8)。

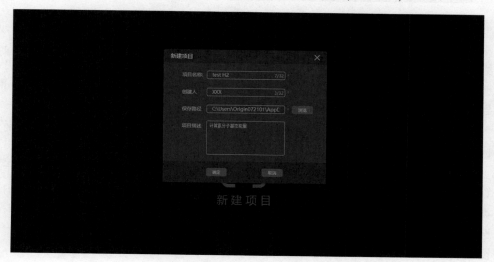

图 C.2.8　新建项目

(2) 该软件左侧显示的是该项目的基本信息；中间显示的是计算结果；右侧显示的是计算配置；右下方显示的是分子模型，由于还没有配置它的模型所以暂时看不到 (图 C.2.9)。

图 C.2.9　项目信息、计算结果、计算配置和分子模型

(3) 计算模型配置。由于要计算氢分子的基态能量，所以需要再加一个氢原子，给它一个默认距离为 74。这里需要注意的是，这里的原子坐标单位是 pm。然后快速生成一组计算坐标，再扫描第二个氢原子，改变它的位置，调整起始值，从 20pm 到 250pm，起点个数是 23，最后点击"快速生成" (图 C.2.10)。

(4) 下方可以看到生成的一组氢分子坐标，也可以在这里面添加计算的分子坐标，然后点击"确定" (图 C.2.11)。

(5) 计算参数配置。这里默认使用的计算基是 STO-3G，也可以选择其他的计算基；UCC 模式选择 UCCS；氢分子电荷数设置 0；重数设置 1；变换 (Transform) 类型设置 J-W 变换；EQ_TOLERANCE 设置 1e-6 次；优化器选择 Nelder-Mead；迭代次数和函数调用次数默认设置 200；变量收敛阈值和函数值收敛阈值我们统一设置成 1e-4 次；最后点击确定 (图 C.2.12)。

(6) 运行计算。中间蓝色块显示的是计算进度，可以看到计算是否完成 (图 C.2.13)。

(7) 计算完成。可以看到计算结果已经展示出来，同时也可以看到每个氢分子坐标计算得到能量如下 (图 C.2.14)。

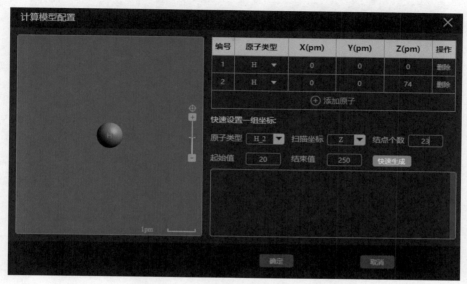

图 C.2.10　计算模型配置

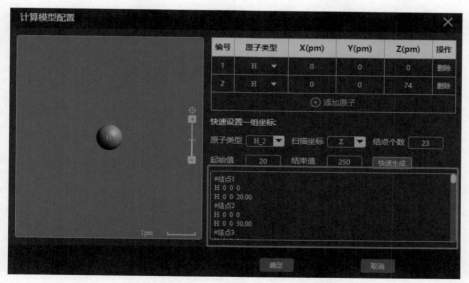

图 C.2.11　一组氢分子坐标

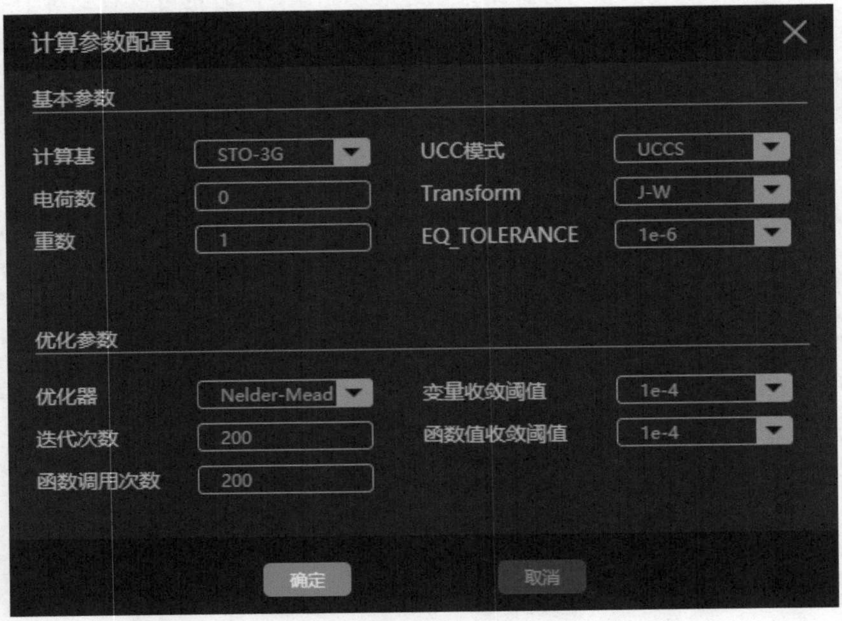

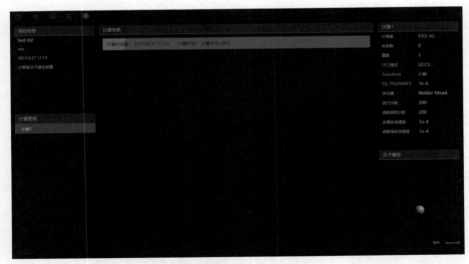

图 C.2.12　计算参数配置

图 C.2.13　运行计算

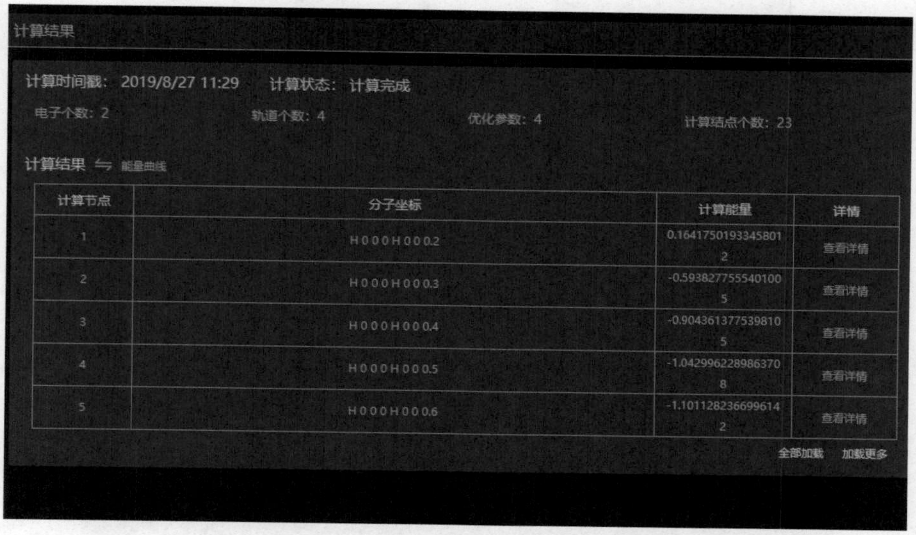

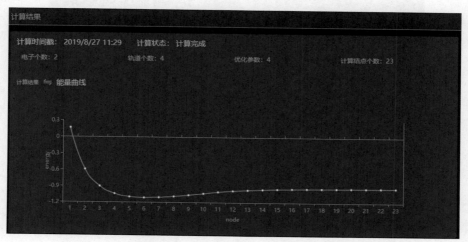

图 C.2.14　计算结果

(8) 把它全部加载出来, 可以将这些能量绘制成曲线图, 可以直观地看到每次计算的能量值 (图 C.2.15)。

图 C.2.15　计算结果 —— 能量曲线

(9) 分析计算结果。可以看到在 0.7 的时候达到了最低, 也可以继续针对某一个节点进行详细解析, 它的能量、它使用优化器的迭代次数、函数调用次数、最优值对应的系数, 以及该模型对应的哈密顿量; 下面的数据显示的是优化记录的中间

结果 (图 C.2.16 和图 C.2.17)。

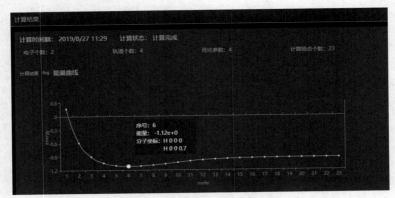

图 C.2.16　分析计算结果

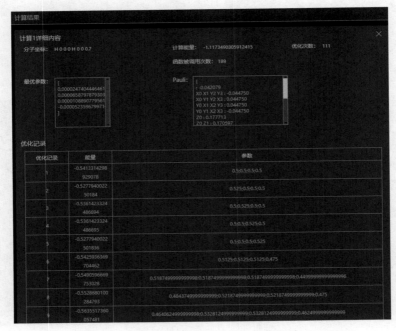

图 C.2.17　计算结果 —— 优化记录

C.3　ChemiQ 接口介绍与使用

使用封装的 ChemiQ 计算接口 (表 C.3.1) 进行实现。

表 C.3.1 列出的是 ChemiQ 封装的计算接口。

表 C.3.1　ChemiQ 封装的计算接口

接口名称	描述
initialize	初始化量子化学计算的环境
finalize	释放量子化学计算的环境
setMolecule	设置单个分子模型
setMolecules	设置一组分子模型
setMultiplicity	设置重数
setCharge	设置电荷数
setBasis	设置计算基
setTransformType	设置费米子到泡利算子的转换类型
setUccType	设置 UCC 模型类型
setOptimizerType	设置优化器类型
setOptimizerIterNum	设置优化器迭代次数
setOptimizerFuncCallNum	设置优化器函数调用次数
setOptimizerXatol	设置优化器参数收敛阈值
setOptimizerFatol	设置优化器函数收敛阈值
setLearningRate	设置学习率
setEvolutionTime	设置演化时间
setHamiltonianSimulationSlices	设置哈密顿量模拟切片数
setSaveDataDir	设置中间数据存放目录
setRandomPara	设置随机优化参数
setDefaultOptimizedPara	设置默认优化参数
setToGetHamiltonianFromFile	设置从文件获取体系哈密顿量
setHamiltonianGenerationOnly	设置只生成体系哈密顿量
exec	执行计算
getLastError	获取最后一条错误日志

initialize 接口，作用是用来初始化量子化学计算的环境，它需要传入一个变量就是量子化学计算包的路径，这里已经把 PSI4 安装在了 Python 能检索到的环境路径下，使用时只需要传入空的字符串即可。

下面演示一下如何使用 ChemiQ 计算接口来实现氢分子的基态能量计算。

首先构造一组不同距离下的氢分子模型；然后生成 ChemiQ 的一个实例，调用 setMolecules 接口设置一组氢分子模型，设置氢分子的电荷数为 0，重数为 1；使用的计算基是 sto-3g；UCC 模型我们使用的是 UCCS，费米子哈密顿量到泡利哈密顿量的转换这里用的是 J-W 变换；这里使用的优化器是 Nelder-Mead，优化器迭代次数为 200，函数调用次数为 200，显示优化器计算的中间结果；最后执行计算。

```
1.   import matplotlib.pyplot as plt
2.
3.   from pyqpanda import *
4.
5.   if __name__=="__main__":
6.
7.       distances = [x * 0.1 for x in range(2, 25)]
8.       molecule = "H 0 0 0\nH 0 0 {0}"
9.
10.      molecules = []
11.      for d in distances:
12.          molecules.append(molecule.format(d))
13.
14.      chemiq = ChemiQ()
15.      chemiq.initialize("")
16.      chemiq.setMolecules(molecules)
17.      chemiq.setCharge(0)
18.      chemiq.setMultiplicity(1)
19.      chemiq.setBasis("sto-3g")
20.      chemiq.setUccType(UccType.UCCS)
21.      chemiq.setTransformType(TransFormType.Jordan_Wigner)
22.      chemiq.setOptimizerType(OptimizerType.NELDER_MEAD)
23.      chemiq.setOptimizerIterNum(200)
24.      chemiq.setOptimizerFatol(200)
25.      chemiq.exec()
26.      chemiq.finalize()
27.
28.      value = chemiq.getEnergies()
29.
30.      plt.plot(distances , value, 'r')
31.      plt.xlabel('distance')
32.      plt.ylabel('energy')
33.      plt.title('VQE PLOT')
34.      plt.show()
```

获取优化后的能量，绘制曲线图。这条曲线就是优化得到的氢分子在不同距离

下对应的基态能量 (图 C.3.1)。

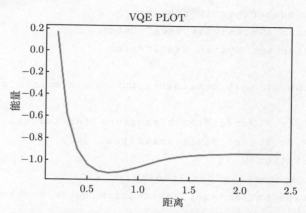

图 C.3.1　优化得到的氢分子在不同距离下对应的基态能量

C.4　非梯度下降算法实现 VQE 算法代码示例

首先，导入 pyqpanda 和 psi4_wrapper 中的所有模块，以及一些其他组件模块准备。

```
1.  from pyqpanda import *
2.  from psi4_wrapper import *
3.  import numpy as np
4.  from functools import partial
5.  from math import pi
6.  import matplotlib.pyplot as plt
```

然后，定义非梯度下降优化器使用的损失函数为 loss_func。loss_func 接收的一组参数为待优化的参数列表、轨道个数、电子个数、体系哈密顿量。这个接口是先用 ccsd 模型构造的费米子哈密顿量，然后利用 J-W 变换将费米子哈密顿量转换为泡利哈密顿量，接着将 CC 转化成 UCC，再计算体系哈密顿量在试验态下的期望，最后返回期望值来实现的。

```
1.  def loss_func(para_list, qubit_number, electron_number,
    Hamiltonian):
2.      '''
3.      < ψ∧*|H|ψ >, Calculation system expectation of Hamiltonian
    in experimental state.
```

```
4.        para_list: parameters to be optimized
5.        qubit_number: qubit number
6.        electron_number: electron number
7.        Hamiltonian: System Hamiltonian
8.        '''
9.        fermion_cc =get_ccsd(qubit_number, electron_number, para_
   list)
10.       pauli_cc = JordanWignerTransform(fermion_cc)
11.       ucc = cc_to_ucc_hamiltonian(pauli_cc)
12.       expectation=0
13.       for component in Hamiltonian:
14.           expectation+=get_expectation(qubit_number, electron_
   number, ucc, component)
15.       expectation=float(expectation.real)
16.       print(expectation)
17.       return ("", expectation)
```

下面将对 loss_func 使用到的接口逐个进行讲解：

get_ccsd_n_term 接口的作用是返回构造 CCSD 模型需要用到的参数个数，这个接口接收的参数是轨道个数和电子个数。

```
1.    def get_ccsd_n_term(qn, en):
2.        '''
3.        coupled cluster single and double model.
4.        e.g. 4 qubits, 2 electrons
5.        then 0 and 1 are occupied,just consider
          0->2,0->3,1->2,1->3,01->23
6.        '''
7.
8.        if n_electron >n_qubit:
9.            assert False
10.
11.       return int((qn - en) * en + (qn - en)* (qn -en - 1) * en *
          (en - 1) / 4)
```

get_ccsd 接口则是用来构造普通参数对应的 CCSD 模型费米子哈密顿量。该接口接收的参数是轨道个数、电子个数和单激发双激发前面对应的系数。

```
1.    def get_ccsd(qn, en, para):
2.        '''
3.        get Coupled cluster single and double model.
4.        e.g. 4 qubits, 2 electrons
5.        then 0 and 1 are occupied,just consider
          0->2,0->3,1->2,1->3,01->23.
6.        returned FermionOperator like this:
7.        {{"2+ 0":var[0]},{"3+ 0":var[1]},{"2+ 1":var[2]},
          {"3+ 1":var[3]},
8.        {"3+ 2+ 1 0":var[4]}}
9.
10.       '''
11.       if n_electron>n_qubit:
12.           assert False
13.       if n_electron==n_qubit:
14.           return FermionOperator()
15.
16.       if get_ccsd_n_term(qn, en) != len(para):
17.           assert False
18.
19.       cnt = 0
20.       fermion_op = FermionOperator()
21.       for i in range(en):
22.           for ex in range(en, qn):
23.               fermion_op += FermionOperator(str(ex) +
                  "+ " + str(i), para[cnt])
24.               cnt += 1
25.
26.       for i in range(n_electron):
27.           for j in range(i+1,n_electron):
28.               for ex1 in range(n_electron,n_qubit):
29.                   for ex2 in range(ex1+1,n_qubit):
30.                       fermion_op += FermionOperator(
31.                           str(ex2)+"+ "+str(ex1)+"+ "+str(j)+
                            " "+str(i),
32.                           para[cnt]
```

```
33.                          )
34.                          cnt += 1
35.
36.      return fermion_op
```

JordanWignerTransform 接口的作用是将费米子哈密顿量转换成泡利哈密顿量。

```
1.    def JordanWignerTransform(fermion_op):
2.        data = fermion_op.data()
3.        pauli = PauliOperator()
4.        for i in data:
5.            pauli += get_fermion_jordan_wigner(i[0][0])*i[1]
6.        return pauli
```

get_fermion_jordan_wigner 接口则是将费米子哈密顿量的子项转换成泡利哈密顿量。

```
1.    def get_fermion_jordan_wigner(fermion_item):
2.        pauli = PauliOperator("", 1)
3.
4.        for i in fermion_item:
5.            op_qubit = i[0]
6.            op_str = ""
7.            for j in range(op_qubit):
8.                op_str += "Z" + str(j) + " "
9.
10.            op_str1 = op_str + "X" + str(op_qubit)
11.            op_str2 = op_str + "Y" + str(op_qubit)
12.
13.            pauli_map = {}
14.            pauli_map[op_str1] = 0.5
15.
16.            if i[1]:
17.                pauli_map[op_str2] = -0.5j
18.            else:
19.                pauli_map[op_str2] = 0.5j
20.
```

```
21.          pauli *= PauliOperator(pauli_map)
22.
23.      return pauli
```

cc_to_ucc_hamiltonian 接口的作用是 CC 模型对应的哈密顿量转成 UCC 模型对应的哈密顿量。

```
1.   def cc_to_ucc_hamiltonian(cc_op):
2.       '''
3.       generate Hamiltonian form of unitary coupled cluster
4.       based on coupled cluster,H=1j*(T-dagger(T)),
5.       then exp(-iHt)=exp(T-dagger(T))
6.       '''
7.       return 1j*(cc_op-cc_op.dagger())
```

get_expectation 接口的作用是计算体系哈密顿量在试验态下的期望, 接收的参数是轨道个数、电子个数、UCC 模型、体系哈密顿量的一个子项。

```
1.   def get_expectation(n_qubit, n_en, ucc,component):
2.       '''
3.       get expectation of one hamiltonian.
4.       n_qubit: qubit number
5.       n_en: electron number
6.       ucc: unitary coupled cluster operator
7.       component: paolioperator and coefficient,e.g.
         ('X0 Y1 Z2',0.2)
8.       '''
9.
10.      machine=init_quantum_machine(QMachineType.CPU)
11.      q = machine.qAlloc_many(n_qubit)
12.      prog=QProg()
13.
14.      prog.insert(prepareInitialState(q, n_en))
15.      prog.insert(simulate_hamiltonian(q, ucc, 1.0, 4))
16.
17.      for i, j in component[0].items():
18.          if j=='X':
19.              prog.insert(H(q[i]))
```

```
20.          elif j=='Y':
21.              prog.insert(RX(q[i],pi/2))
22.
23.      machine.directly_run(prog)
24.      result=machine.get_prob_dict(q, select_max=-1)
25.      machine.qFree_all(q)
26.
27.      expectation=0
28.  #奇负偶正
29.      for i in result:
30.          if parity_check(i, component[0]):
31.              expectation-=result[i]
32.          else:
33.              expectation+=result[i]
34.      return expectation*component[1]
```

prepareInitialState 接口的作用是制备初态，接收的参数是一组量子比特和电子个数。

```
1.  def prepareInitialState(qlist, en):
2.      '''
3.      prepare initial state.
4.      qlist: qubit list
5.      en: electron number
6.      return a QCircuit
7.      '''
8.      circuit = QCircuit()
9.      if len(qlist) < en:
10.         return circuit
11.
12.     for i in range(en):
13.         circuit.insert(X(qlist[i]))
14.
15.     return circuit;
```

simulate_hamiltonian 接口的作用是构造哈密顿量的模拟线路，接收的参数是一组量子比特、泡利哈密顿量、演化时间和演化次数。

```
1.  def simulate_hamiltonian(qubit_list,pauli,t,slices=3):
2.      '''
3.      Simulate a general case of hamiltonian by Trotter-Suzuki
4.      approximation. U=exp(-iHt)=(exp(-i H1 t/n)*exp(-i H2 t/n)
    )^n
5.      '''
6.      circuit =QCircuit()
7.
8.      for i in range(slices):
9.          for op in pauli.data():
10.             term = op[0][0]
11.             circuit.insert(
12.                 simulate_one_term(
13.                     qubit_list,
14.                     term, op[1].real,
15.                     t/slices
16.                 )
17.             )
18.
19.     return circuit
```

simulate_one_term 是构造哈密顿量子项的模拟线路。

```
1.  def simulate_one_term(qubit_list, hamiltonian_term, coef, t):
2.      '''
3.      Simulate a single term of Hamilonian like "X0 Y1 Z2" with
4.      coefficient and time. U=exp(-it*coef*H)
5.      '''
6.      circuit =QCircuit()
7.
8.      if not hamiltonian_term:
9.          return circuit
10.
11.     transform=QCircuit()
12.     tmp_qlist = []
13.     for q, term in hamiltonian_term.items():
14.         if term is 'X':
```

```
15.              transform.insert(H(qubit_list[q]))
16.          elif term is 'Y':
17.              transform.insert(RX(qubit_list[q],pi/2))
18.
19.          tmp_qlist.append(qubit_list[q])
20.
21.      circuit.insert(transform)
22.
23.      size = len(tmp_qlist)
24.      if size == 1:
25.          circuit.insert(RZ(tmp_qlist[0], 2*coef*t))
26.      elif size > 1:
27.          for i in range(size - 1):
28.              circuit.insert(CNOT(tmp_qlist[i], tmp_qlist[size
    - 1]))
29.          circuit.insert(RZ(tmp_qlist[size-1], 2*coef*t))
30.          for i in range(size - 1):
31.              circuit.insert(CNOT(tmp_qlist[i], tmp_qlist[size
    - 1]))
32.
33.      circuit.insert(transform.dagger())
34.
35.      return circuit
```

parity_check 是对量子态中指定比特 1 的个数做奇偶校验。

```
1.  def parity_check(number, terms):
2.      '''
3.      pairty check
4.      number: quantum state
5.      terms: a single term of PauliOperator, like
        "[(0, X), (1, Y)]"
6.      '''
7.      check=0
8.      number=number[::-1]
9.      for i in terms:
10.         if number[i]=='1':
```

```
11.            check+=1
12.      return check%2
```

　　optimize_by_no_gradient 是非梯度下降优化算法的主体接口，需要传入的一组参数是体系哈密顿量、轨道个数、电子个数和优化器迭代次数。

　　接口的具体实现步骤是：首先初始化一组待优化的参数，然后构造一个非梯度下降优化器，这里构造的优化器是 Nelder-Mead，设置优化器的迭代次数并向优化器注册计算期望的损失函数，然后执行优化器，最后返回优化器优化的最低期望值。

```
1.   def optimize_by_no_gradient(mol_pauli, n_qubit, n_en, iters):
2.       n_para = get_ccsd_n_term(n_qubit, n_electron)
3.
4.       para_vec = []
5.       for i in range(n_para):
6.           para_vec.append(0.5)
7.
8.       no_gd_optimizer = OptimizerFactory.makeOptimizer(
     OptimizerType.NELDER_MEAD)
9.       no_gd_optimizer.setMaxIter(iters)
10.      no_gd_optimizer.setMaxFCalls(iters)
11.      no_gd_optimizer.registerFunc(partial(
12.          loss_func,
13.          qubit_number = n_qubit,
14.          electron_number = n_en,
15.          Hamiltonian=mol_pauli.toHamiltonian(1)),
16.          para_vec)
17.
18.      no_gd_optimizer.exec()
19.      result = no_gd_optimizer.getResult()
20.      print(result.fun_val)
21.
22.      return result.fun_val
```

　　getAtomElectronNum 接口作用是返回原子对应的电子个数。

```
1.   def getAtomElectronNum(atom):
2.       atom_electron_map = {
```

```
3.          'H':1, 'He':2, 'Li':3, 'Be':4, 'B':5, 'C':6, 'N':7,
    'O':8, 'F':9, 'Ne':10,
4.          'Na':11, 'Mg':12, 'Al':13, 'Si':14, 'P':15, 'S':16,
    'Cl':17, 'Ar':18
5.      }
6.
7.      if (not atom_electron_map.__contains__(atom)):
8.          return 0
9.
10.     return atom_electron_map[atom]
```

该算法演示示例对应的主函数，首先构造一组不同距离下的氢分子模型，然后计算每个氢分子模型对应的基态能量，最后将计算的结果绘制成曲线图。

```
1.  if_name_=="_main_":
2.      distances = [x * 0.1 for x in range(2, 25)]
3.      molecule = "H 0 0 0\nH 0 0 {0}"
4.
5.      molecules = []
6.      for d in distances:
7.          molecules.append(molecule.format(d))
8.
9.      chemistry_dict = {
10.         "mol":"",
11.         "multiplicity":1,
12.         "charge":0,
13.         "basis":"sto-3g",
14.     }
15.
16.     energies = []
17.
18.     for d in distances:
19.         mol = molecule.format(d)
20.
21.         chemistry_dict["mol"] = molecule.format(d)
22.         data = run_psi4(chemistry_dict)
23.         #get molecule electron number
```

```
24.        n_electron = 0
25.        mol_splits = mol.split()
26.        cnt = 0
27.        while (cnt < len(mol_splits)):
28.            n_electron += getAtomElectronNum(mol_splits[cnt])
29.            cnt += 4
30.
31.        fermion_op = parsePsi4DataToFermion(data[1])
32.        pauli_op = JordanWignerTransform(fermion_op)
33.
34.        n_qubit = pauli_op.getMaxIndex()
35.
36.        energies.append(optimize_by_no_gradient(pauli_op, n_
    qubit, n_electron, 200))
37.
38.    plt.plot(distances , energies, 'r')
39.    plt.xlabel('distance')
40.    plt.ylabel('energy')
41.    plt.title('VQE PLOT')
42.    plt.show()
```

该示例对应的输出结果如图 C.4.1 所示，曲线是氢分子在不同距离下对应的基态能量。

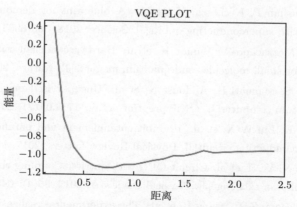

图 C.4.1　氢分子在不同距离下对应的基态能量

参考文献

[1] 卧卧网络平台. 同济量子力学, 量子力学发展史 (1)[OL]. 2019.3.14.

[2] 卧卧网络平台. 同济量子力学, 量子力学发展史 (2)[OL]. 2019.3.18.

[3] 卧卧网络平台. 同济量子力学, 量子计算发展史 (4)[OL]. 2019.3.22.

[4] 卧卧网络平台. 同济量子力学, 量子计算发展史 (3)[OL]. 2019.3.21.

[5] 郭光灿, 张昊, 王琴. 量子信息技术发展概况 [J]. 南京邮电大学学报 (自然科学版), 2017, 37(3): 1-14.

[6] Devoret M H, Schoelkopf R J. Superconducting circuits for quantum information: An outlook[J]. Science, 2013, 339(6124): 1169-1174.

[7] DiCarlo L, Chow J, Gambetta J, et al. Demonstration of two-qubit algorithms with a superconducting quantum processor[J]. Nature, 2009, 460: 240-244.

[8] Kelly J, Barends R, Fowler A G, et al. State preservation by repetitive error detection in a superconducting quantum circuit[J]. Nature, 2015, 519(7541): 66-69.

[9] O'Malley P J J, Babbush R, et al. Scalable quantum simulation of molecular energies[J]. Physical Review X, 2016, 6(3): 031007.

[10] Neill C, Roushan P, Kecheszhi K, et al. A blueprint for demonstrating quantum supremacy with superconducting qubits[J]. Science, 2018, 360(6385): 195-199.

[11] Kandala A, Mezzacapo A, Temme K, et al. Hardware-efficient variational quantum eigensolver for small molecules and quantum magnets[J]. Nature, 2017, 549: 242-246.

[12] Otterbach J S, Manenti R, Alidoust N, et al. Unsupervised machine learning on a hybrid quantum computer[J]. arXiv preprint arXiv: 1712.05771, 2017.

[13] Song C, Xu K, Liu W X, et al. 10-qubit entanglement and parallel logic operations with a superconducting circuit[J]. Physical Review Letters, 2017, 119: 180511.

[14] Zhao P, Tan X, Yu H, et al. Circuit QED with qutrits: Coupling three or more atoms via virtual-photon exchange[J]. Physical Review A, 2017, 96(4): 043833.

[15] Wang T H, Zhang Z X, Xiang L, et al. The experimental realization of high-fidelity "shortcut-to-adiabaticity" quantum gates in a superconducting Xmon qubit[J]. New Journal of Physics, 2018, 20(6): 065003.

[16] Li H O, Cao G, Yu G D, et al. Controlled quantum operations of a semiconductor three-qubit system[J]. Physical Review Applied, 2016, 9(2): 024015.

[17] Zajac D M, Sigillito A J, Russ M, et al. Resonantly driven CNOT gate for electron spins[J]. Science, 2017, 359(6374): eaao5965.

[18] Muhonen J, Dehollain J, Laucht A, et al. Storing quantum information for 30 seconds in a nanoelectronic device[J]. Nature Nanotech, 2014, 9: 986-991.

[19] Veldhorst M, Yang C H, Hwang J C C, et al. A two-qubit logic gate in silicon[J]. Nature, 2015, 526(7573): 410-414.

[20] Watson T F, Philips S G J, Kawakami E, et al. A programmable two-qubit quantum processor in silicon[J]. Nature, 2018, 555(7698): 633-637.

[21] Yoneda J, Takeda K, Otsuka T, et al. A quantum-dot spin qubit with coherence limited by charge noise and fidelity higher than 99.9%[J]. Nature Nanotech., 2018, 13: 102-106.

[22] Cao G, Li H O, Tu T, et al. Ultrafast universal quantum control of a quantum-dot charge qubit using Landau-Zener-Stückelberg interference[J]. Nature Communications, 2013, 4: 1401.

[23] Li H O, Cao G, Yu G D, et al. Conditional rotation of two strongly coupled semiconductor charge qubits[J]. Nature Communications, 2015, 6: 7681.

[24] Cao G, Li H O, Yu G D, et al. Tunable hybrid qubit in a GaAs double quantum dot[J]. Physical Review Letters, 2016, 116(8): 086801.1-086801.5.

[25] Guide S, Riebe M, Lancaster G P T, et al. Implementation of the Deutsch-Jozsa algorithm on an ion-trap quantum computer[J]. Nature, 2003, 421(6918): 48-50.

[26] Monroe C, Kim J. Scaling the ion trap quantum processor[J]. Science, 2013, 339(6124): 1164-1169.

[27] Debnath S, Linke N M, Figgatt C, et al. Demonstration of a small programmable quantum computer with atomic qubits[J]. Nature, 2016, 536(7614): 63-66.

[28] Linke N M, Maslov D, Roetteler M, et al. Experimental comparison of two quantum computing architectures.[J]. Proceedings of the National Academy of Ences, 2017, 114(13): 3305.

[29] Zhang J, Pagano G, Hess P, et al. Observation of a many-body dynamical phase transition with a 53-qubit quantum simulator[J]. Nature, 2017, 551: 601-604.

[30] Schäfer V M, Ballance C J, Thirumalai K, et al. Fast quantum logic gates with trapped-ion qubits[J]. Nature, 2018, 555(7694): 75-78.

[31] Zhang X, Zhang K, Shen Y, et al. Experimental quantum simulation of fermion-antifermion scattering via boson exchange in a trapped ion[J]. Nat. Commun, 2018, 9: 195.

[32] Cui J M, Huang Y F, Wang Z, et al. Experimental trapped-ion quantum simulation of the Kibble-Zurek dynamics in momentum space[J]. Scientific Reports, 2016, 6(1): 33381.

[33] Briegel H J, Calarco T, Jaksch D, et al. Quantum computing with neutral atoms[J]. Journal of Modern Optics, 2000, 47(2-3): 415-451.

[34] Theis L S, Motzoi F, Wilhelm F K, et al. High-fidelity Rydberg-blockade entangling gate using shaped, analytic pulses[J]. Physical Review A, 2016, 94(3): 032306.

[35] Dai H N, Yang B, Reingruber A, et al. Generation and detection of atomic spin entanglement in optical lattices[J]. Nature Physics, 2016, 12: 783-787.

[36] Bloch I, Dalibard J, Zwerger W. Many-body physics with ultracold gases[J]. Reviews of Modern Physics, 2008, 80(3): 885-964.

[37] Bernien H, Schwartz S, Keesling A, et al. Probing many-body dynamics on a 51-atom quantum simulator[J]. Nature, 2017, 551(7682): 579-584.

[38] Wu Z, Zhang L, Sun W, et al. Realization of two-dimensional spin-orbit coupling for Bose-Einstein condensates[J]. Science, 2016, 354(6308): 83-88.

[39] Gershenfeld N A. Bulk spin-resonance quantum computation[J]. Science, 1997, 275(5298): 350-356.

[40] Jones J A, Mosca M. Implementation of a quantum search algorithm on a quantum computer[J]. Nature, 1998, 393(5): 1648-1653.

[41] Vandersypen L M K, Steffen M, Breyta G, et al. Experimental realization of Shor's quantum factoring algorithm using nuclear magnetic resonance[J]. Nature, 2001, 414(6866): 883-887.

[42] Ryan C A, Laforest M, Laflamme R. Randomized benchmarking of single- and multi-qubit control in liquid-state NMR quantum information processing[J]. New Journal of Physics, 2009, 11(1): 013034.

[43] Stern A, Lindner N H. Topological quantum computation-from basic concepts to first experiments[J]. Science, 2013, 339(6124): 1179-1184.

[44] Mourik V, Zuo K, Frolov S M, et al. Signatures of majorana fermions in hybrid superconductor-semiconductor nanowire devices[J]. Science, 2012, 336(6084): 1003-1007.

[45] Zhang H, Liu C X, Gazibegovic S, et al. Quantized majorana conductance[J]. Nature, 2018, 556(7699).

[46] Gazibegovic S, Car D, Zhang H, et al. Epitaxy of advanced nanowire quantum devices[J]. Nature, 2017, 548(7668): 434-438.

[47] Vaitiekėnas S, Whiticar A M, Deng M T, et al. Selective area grown semiconductor-superconductor hybrids: A basis for topological networks[J]. Physical Review Letters,

2018, 121: 147701.

[48] He Q L, Pan L, Che X Y, et al. Chiral majorana fermion modes in a quantum anomalous Hall insulator-superconductor structure[J]. Science, 2017, 357(6348): 294-299.

[49] 孔伟成. 基于 transmon qubit 的量子芯片工作环境的研究与优化 [D]. 合肥: 中国科学技术大学, 2018: 1-159.

[50] Ball H, Oliver W D, Biercuk M J, et al. The role of master clock stability in quantum information processing[J]. npj Quantum Information, 2016, 2: 16033.

[51] Hornibrook J M, Colless J I, Lamb I D C, et al. Cryogenic control architecture for large-scale quantum computing[J]. Phys. Rev. Applied, 2015, 3: 024010.

[52] Cederbaum L S, Zobeley J, Tarantelli F. Giant intermolecular decay and fragmentation of clusters[J]. Physical Review Letters, 1997, 79(24): 4778-4781.

[53] Jahnke T. Interatomic and intermolecular Coulombic decay: The coming of age story[J]. Journal of Physics B: Atomic, Molecular and Optical Physics, 2015, 48(8): 082001.

[54] Tsigelny I F, Baron P, Sharikov Y, et al. Dynamics of alpha-synuclein aggregation and inhibition of pore-like oligomer development by beta-synuclein[J]. Febs Journal, 2007, 274(7): 1862-1877.

[55] Peruzzo A, Mcclean J, Shadbolt P, et al. A variational eigenvalue solver on a quantum processor[J]. Nature Communications, 2013.

[56] 同济大学数学系. 高等数学 (上册)[M]. 第六版. 北京: 高等教育出版社, 2007.

[57] James Stewart. Calculus[M]. 8th Edition. Boston: CENGAGE Learning, 2015.

[58] 丘维声. 高等代数 (上册)[M]. 北京: 清华大学出版社, 2010.

[59] 同济大学数学系. 高等数学 (下册)[M]. 第六版. 北京: 高等教育出版社, 2007.

[60] 丘维声. 高等代数 (下册)[M]. 北京: 清华大学出版社, 2010.

[61] Law J. Quantum computation and quantum information[J]. Acm Sigsoft Software Engineering Notes, 2001, 26(4): 91.

[62] Nakahara M , Ohmi T . Quantum computing (From linear algebra to physical realizations)//Quantum computing with neutral atoms[J]. CRC Press, 2008, 10.1201/978142-0012293: 311-328.

[63] Dieter H. Principles of quantum computation and information-volume i: basic concepts[J]. Journal of Physics A Mathematical & Theoretical, 1926, (10): xvi, 256.

后 记

现在，呈现在读者面前的是一本关于量子计算与编程的专业教材，您可以从量子计算发展的源头重新认识这一令世界各国都在"倾力一搏"的科技，同时您也能通过书中对于量子计算机结构及量子计算编程技术的详细阐释来了解当前量子计算的发展现状和未来趋向。

本源量子成立于 2017 年 9 月 11 日，是国内第一家从事量子计算行业的初创型公司，总部位于合肥高新区，在合肥经开区和深圳设有分支机构。本源量子作为从中国科学院量子信息重点实验室孵化出来的企业，在量子计算技术的研究方面起步较早，其创始人郭国平教授在实用化量子计算领域取得了多个重要成果，入选国家杰出青年基金获得者、国家"万人计划"领军人才、长江教授青年学者。从高校教师到带领博士研究团队创立企业，这一系列改变的背后，承载着一位科技工作者对于量子计算技术未来的深刻洞察与坚定信心。

本教材的出版离不开每一位本源人的付出，在这里要特别感谢本源量子研发团队的同事们为本教材添砖加瓦，感谢本源量子教育组的同事们为本教材汇编撰写，感谢本源量子设计师团队为本教材添姿增彩，同时，也感谢出版社编辑们的倾力相助。

本书作为本源量子编写出版的第一本专业教材，难免有所疏漏。如果有关于本教材的任何意见，如文字风格、遗漏或补充、对于量子计算的讨论等，都可以发邮件到本源量子官方邮箱 oqc@originqc.com，欢迎各位读者朋友来信斧正。